GUIDE PRATIQUE

DE

MINÉRALOGIE

BIBLIOTHÈQUE DES PROFESSIONS INDUSTRIELLES ET AGRICOLES

SÉRIE D, Nº 15,

GUIDE PRATIQUE

DE

MINÉRALOGIE

USUELLE

EXPOSITION SUCCINCTE ET MÉTHODIQUE

DES MINÉRAUX

DE LEURS CARACTÈRES, DE LEUR COMPOSITION CHIMIQUE,

DE LEURS GISEMENTS

E LEURS APPLICATIONS AUX ARTS ET A L'INDUSTRIE

PAR **M. DRAPIEZ**

PARIS

LIBRAIRIE SCIENTIFIQUE INDUSTRIELLE ET AGRICOLE

EUGÈNE LACROIX

Imprimeur-Éditeur du Bulletin officiel de la Marine et de plusieurs
Sociétés savantes.

54, RUE DES SAINTS-PÈRES, 54

MINÉRALOGIE

La minéralogie ou la science des minéraux, dont l'utilité s'est fait sentir dès les premiers âges de la civilisation, est encore aujourd'hui l'une des branches les plus importantes des connaissances humaines : c'est donc un devoir, un besoin que d'en répandre les principes, que de chercher à la mettre à la portée de toutes les classes de la société.

On est convenu de considérer comme minéraux tous les corps produits directement par la nature, et faisant partie de la masse solide du globe, qui ne sont point doués de la vie, qui ne présentent aucun caractère d'origine et d'accroissement organiques, constamment uniformes qui, en un mot, ne sont point assujettis aux lois immuables d'une existence limitée. A la rigueur, cette division n'est point nettement tranchée, puisqu'elle laisse incertaine la place de quelques produits ou immédiats ou éloignés des corps organiques; mais la plupart de ces produits diffèrent assez des minéraux pour que l'on y soit difficilement trompé; et les autres, par leur long séjour dans le sein de la terre, ont acquis des propriétés qui les ont fait assimiler aux substances minérales.

La minéralogie peut être envisagée sous deux points de

vue différents; et même les savants ont, de nos jours, posé de grandes limites dans cette science : ils ont tracé deux marches bien distinctes, qu'il faut suivre tour à tour, pour parvenir à l'étude, complète et générale des minéraux. L'une tend à la connaissance des espèces minérales prises isolément, et de toutes les modifications dont elles sont susceptibles sans changer de type : elle a pour but la détermination de tous les caractères et la désignation du rang que les espèces doivent occuper dans les distributions systématiques : c'est la *minéralogie* proprement dite. L'autre partie de la science, que l'on a nommée *géologie,* embrasse les minéraux dans leurs masses et sous leurs rapports les plus généraux : on y considère ces masses dans leurs positions respectives, suivant leur élévation, leur composition; on cherche à déterminer leur mode de formation ; enfin on tient compte des changements naturels ou accidentels qu'elles ont pu subir, soit par l'effet des déluges ou des submersions, soit par les explosions des feux souterrains, soit aussi par ces énormes éboulements dont les causes ont toujours paru si éventuelles. La géologie est véritablement l'histoire de la terre et des grandes catastrophes qui en ont successivement changé la surface ; la minéralogie est l'histoire naturelle de chacun des nombreux matériaux qui constituent cette même terre. Le *Traité de minéralogie* n'étant destiné qu'à présenter cette science dans les termes les plus simples, toute discussion de géologie sera rigoureusement écartée; il ne sera même question de cette partie qu'autant qu'on ne pourra s'en dispenser dans les descriptions particulières de gîtes ou de gisements. Lorsque des motifs d'intérêt général autoriseront des détails plus étendus sur l'une ou l'autre des substances qui, successivement, vont être l'objet d'un examen concis, on préférera faire porter ces détails sur les méthodes les plus correctes d'analyse, sur les moyens les plus avantageux pour la recherche et l'exploitation des mines, sur les améliorations éprouvées dans les procédés pour le traitement et la purification des minerais, sur les applications nouvelles que l'on peut faire des minéraux et de leurs produits aux usages, aux besoins de la société.

Avant de passer à l'exposé des caractères généraux dont certain assemblage ou réunion constitue l'espèce, il est indispensable de définir particulièrement ce que l'on entend en minéralogie par espèce. Bien différente de l'espèce zoologique dont l'existence est subordonnée à l'intégralité constante dont chaque partie de formes, dissemblable au tout, concourt par des fonctions variées et nécessaires à l'accroissement et au développement qui s'opèrent de l'intérieur par une élaboration, une assimilation cachées; non moins différente encore de l'espèce botanique qui vit et croît comme l'animal, mais qui ne paraît point jouir, comme lui, de cette étonnante supériorité d'organisation, et surtout de la faculté de sentir, de se transporter librement d'un lieu dans un autre, l'espèce minéralogique, produite par superposition suivie ou interrompue, accélérée ou retardée, de parties toujours homogènes et semblables au tout, peut ensuite être divisée en tout temps et en autant de parties possibles, sans qu'il en résulte dans son état d'autre changement qu'une simple division, qu'une réduction de volume. L'accroissement des minéraux s'opère donc à l'extérieur, et les parties qui viennent successivement s'accumuler, sont ordinairement d'une ténuité si grande, qu'elles échappent à la vue. Ce sont ces parties extrêmement ténues que les chimistes ont, les premiers, désignées par l'épithète de *molécule*. Les minéraux peuvent être simples, c'est-à-dire formés d'une substance qui, jusqu'ici, a résisté à tous les agents de décomposition avec lesquels on l'a mise en contact; ils peuvent être composés d'un, deux, trois ou quatre principes. Dans le premier cas, les molécules sont toujours *élémentaires*; dans le second, elles peuvent être élémentaires et intégrantes: elles sont intégrantes aussi longtemps qu'elles n'ont cédé qu'à une simple force mécanique, qu'elles ne sont que le résultat de la division; elles peuvent devenir élémentaires si à l'action mécanique on substitue celles des agents chimiques, si l'on parvient par la décomposition à isoler chacun des principes dont est composé le minéral, alors par l'isolement on obtient autant de sortes de molécules qu'il y avait de principes dans le minéral, et ces molécules doivent nécessairement avoir des formes et des propriétés différentes. Les molécules intégrantes, toujours homogènes comme le tout dont elles ont été détachées, sont composées des mêmes principes que lui, et conservent, quelque soit leur état de ténuité, des formes pareilles, ou de la tendance à reproduire par leur réunion des formes semblables.

Les molécules sont maintenues à l'état de division extrême ou de ténuité, à l'aide d'un fluide quelconque, au milieu duquel elles roulent et se balancent librement; ce fluide est ordinairement ou le calorique ou l'eau. Elles y

resteraient constamment en suspension si on ne détermi-
nait la réunion de ces mélocules par la soustraction du
fluide, et si elles n'étaient constamment sollicitées à se
rapprocher, à se lier entre elles, par une force naturelle
que l'on a appelée *affinité*. Une molécule, par la force d'affinité qui la pousse, est donc sollicitée à s'unir à une autre
molécule, et lorsque toutes les conditions ont été remplies,
il préside à cette réunion une régularité qui cause toujours
à l'observateur du phénomène un nouveau sujet d'admi-
ration. On a vu que deux molécules homogènes avaient
une forme rigoureusement symétrique : même symétrie
règne dans les surfaces par lesquelles ces molécules contractent de l'adhérence; or, que l'on se figure une troisième, une quatrième, une foule de molécules semblables,
se réunissant en vertu de l'affinité, aussitôt on aura l'idée
de plans superposés autour d'une molécule première qui,
par le résultat, peut être considérée comme le noyau d'un
solide régulier. Ce phénomène qui se reproduit toujours
de la même manière dans des circonstances semblables,
est celui de la *cristallisation*. Lorsqu'elle n'a été trou-
blée, ni par l'agitation, ni par une élévation de température, ni par la présence d'un corps étranger, la cristallisation est *régulière*, et quand les cristaux qui en résultent,
présentent, dans leur structure, des modifications dépendantes d'une variation dans l'arrangement des molécules
intégrantes, on peut toujours, à l'aide d'une formule analytique, ramener ces modifications à une même force primitive.

La cristallisation est *confuse* quand l'une ou l'autre des
causes ci-dessus rapportées, est venue exercer sur elle son

influence. Cependant quand le désordre n'a point été trop grand dans l'attraction simultanée des molécules intégrantes, lorsqu'on aperçoit encore les joints naturels produits par les plans sur lesquels se sont alignées les molécules, on peut encore, par la percussion à l'aide d'une lame d'acier placée dans le sens de ces joints, dégager le noyau qui représente la forme primitive. Cette opération se nomme la *division mécanique*; il en sera parlé souvent dans la description des espèces.

DES CARACTÈRES DES MINÉRAUX.

La première condition dans l'étude des sciences naturelles, est de se former une idée bien juste des propriétés que peuvent offrir les objets particuliers de cette étude. Ces propriétés, qui dans la zoologie et la botanique, sont assez saillantes pour qu'on puisse les considérer comme des caractères fixes et invariables, présentent, dans la minéralogie, des modifications nombreuses en raison du degré de pureté de l'individu. On pourrait, selon leur importance et leur degré de certitude, diviser les caractères minéralogiques en *essentiels* et en subsidiaires : les premiers seraient ceux qui tiennent à l'essence et à la composition de l'espèce; en un mot, qui la constituent ; on y placerait les résultats de l'action des réactifs, de celle du feu, l'impression sur les sens. Viendraient ensuite ceux dont la manifestation plus ou moins directe ou prononcée, contribue à la détermination de l'espèce, tels sont la forme, la cohésion, la densité, l'action de la lumière, l'électricité, le magnétisme, la phosphorescence, la structure, la texture, la cassure, etc., etc. On fait usage, pour découvrir, développer et faire ressortir ces caractères, afin de pouvoir en établir la valeur, de divers moyens que procurent la chimie, la physique et le calcul ; souvent le minéralogiste est forcé de les employer tous simultanément, avant d'être persuadé qu'il ne s'est point trompé sur la nature de l'espèce qui fait l'objet de ses recherches.

DE L'ACTION DES RÉACTIFS.

Il est ici question non de constater rigoureusement la composition des minéraux, travail long et délicat, tout entier du domaine de la chimie, et que l'on appelle *analyse,* mais de rechercher purement et simplement leurs propriétés ; conséquemment les moyens à employer doivent être expéditifs et concluants. Les réactifs dont on fait usage sont toujours liquides ou à l'état de dissolution, lorsque ce sont des corps naturellement solides. Alors on en verse une ou plusieurs gouttes sur un plan de verre ou dans une petite capsule de même matière, et l'on place au milieu un très-petit fragment ou un peu de poussière du minéral que l'on essaie ; on observe minutieusement la manière d'être du fragment au milieu du liquide ; on note soigneusement s'il s'y dissout en totalité ou en partie, immédiatement ou après un certain temps, avec effervescence vive ou lente ou bien paisiblement, s'il se résout en gelée, s'il forme une sorte de magma, s'il perd sa couleur, s'il en acquiert, et s'il en communique au liquide, s'il dégage un fluide odorant, etc., etc. ; enfin, poussant les recherches plus loin, et avec une sagacité qui n'est ordinairement le fruit que d'une longue expérience, on divise en plusieurs parties la petite quantité de dissolution obtenue, et on traite successivement chacune d'elles par autant d'autres réactifs secondaires qui puissent déceler. par un précipité quelconque, la présence de corps qui deviennent sensibles ou insolubles à l'aide d'une combinaison nouvelle que l'on aura provoquée.

Les réactifs que l'on emploie immédiatement sont l'eau, les teintures de tournesol, de violettes ou de curcuma, les acides sulfurique, nitrique, hydrochlorique, acétique, le sulfure d'ammoniaque, etc. Parmi les réactifs secondaires qui sont plus nombreux, on peut mettre au premier rang l'ammoniaque, la potasse et la soude, les nitrates de baryte et d'argent, l'oxalate d'ammoniaque, le sulfate de soude, l'hydro-cyanate ferruginé de potasse, l'hydrochlorate de platine, etc., etc. On peut quelquefois se contenter dans l'usage de ces réactifs, de plonger un tube de verre bien propre dans la dissolution d'essai, et le porter rapidement dans le réactif; la précipitation, si elle doit avoir lieu, s'effectue sur les parois du tube, et l'on voit le précipité se répandre dans le réactif sous forme de stries floconneuses.

Il arrive souvent que l'on fait concourir simultanément l'action des réactifs et celle de la chaleur au développement des caractères des minéraux ; on place à cet effet la petite capsule sur du sable échauffé, sur des charbons ardents ou bien on l'expose au-dessus d'une bougie, ou sur la cheminée d'une lampe à courant d'air.

DE L'ACTION DU FEU.

L'essai des minéraux par le feu s'opère presque toujours à l'aide d'un instrument connu sous le nom de chalumeau.

Cet instrument, dont on a tour-à-tour varié, perfectionné, simplifié et compliqué la forme et l'usage, est ordinairement en métal; on en fabrique aussi de verre, et c'est même le plus simple : il consiste en un tube de huit à dix pouces, tiré capillairement à l'une de ses extrémités, puis renflé en boule à peu de distance de cette extrémité, et finalement coudé presque à angle droit immédiatement auprès de la boule. On souffle dans le chalumeau que d'une main l'on dirige sur la flamme d'une bougie : le dard de la flamme s'incline vers un support en charbon que de l'autre main l'on gouverne de manière que la pointe du dard se trouve constamment sur le petit fragment à essayer, placé au milieu d'une petite cavité pratiquée à dessein dans le support de charbon. On devine facilement ce qui se passe dans cette opération : l'air que l'on tire des poumons, et que l'on chasse violemment sur la flamme, augmente considérablement l'intensité de sa chaleur ; le dard, en contact avec le charbon, l'allume sur tous les points de la cavité, et le fragment de minéral, environné partout d'une température des plus ardentes, en éprouve en peu d'instants toute l'action. Il faut avoir soin que le fragment d'essai soit détaché de la partie du minéral qui paraît jouir de la plus grande pureté, et qu'il soit placé sur le support de manière à présenter au dard de la flamme des angles bien vifs. On tiendra note de tous les changements que subira le fragment, s'il perd de sa transparence et de sa couleur, s'il décrépite (1), s'il s'exfolie,

(1) Lorsqu'il y a décrépitation, il faut modérer l'action de la chaleur, et ne l'augmenter que progressivement. Quelquefois elle est

s'il éprouve une fusion complète ou simplement un commencement de fusion, et vers quel point elle se manifeste, s'il fond avec ou sans bouillonnement, s'il se boursouffle avant ou après la fusion, s'il se volatilise soit entièrement soit en laissant un résidu, et dans le cas où il y aurait dégagement de vapeur ou de fumée, quelles en seraient l'odeur et la couleur. On constatera la nature du résultat de l'essai par le chalumeau : si c'est un verre parfait et de quelle couleur, si c'est de l'émail ou simplement une fritte, une scorie, etc., etc.

L'essai par le chalumeau se fait quelquefois avec addition d'un réactif qui détermine la fusion, et que l'on nomme flux ou fondant. C'est ou le borax desséché et fondu, ou le carbonate et le phosphate de soude. Dans ce cas, on commence presque toujours par écraser le minéral dans un petit mortier de quartz, on le broie ensuite avec le fondant, on en forme une pâte au moyen d'un peu d'eau, et on la place dans la cavité du support. On fait jouer le chalumeau et l'on examine de quelle manière le minéral se comporte avec le fondant; s'il se fond en entier, s'il laisse un bouton métallique, etc.

Lorsqu'on soupçonne que le charbon peut influer sur les résultats de l'essai, on applique sur ce support une lame très-mince de platine à laquelle on fait prendre la forme de la cavité creusée dans le charbon; c'est dans cette enveloppe presque inaltérable qui intercepte toute communication avec le charbon, sans nuire à l'effet de la

---

si forte que l'on est contraint de broyer le fragment de minéral et d'en appliquer la poussière contre la cavité du support, à l'aide d'un peu d'humidité.

chaleur qu'on peut en obtenir, que l'on place le mélange
d'essai. On se contente quelquefois pour tout support
d'une pince très-déliée de platine avec laquelle on saisit
le minéral à essayer, pour le tenir constamment au contact de la pointe du dard de flamme.

L'essai par le feu se fait quelquefois par la simple projection de la poussière sur des charbons ardents ; il peut
en résulter un dégagement de vapeur, de fumée ou de
lumière, ce qui caractérise la *phosphorescence.*

IMPRESSION SUR LES SENS.

Elle consiste dans l'odeur, la saveur, et le tact.

L'*odeur* a souvent besoin d'être développée, et les
moyens que l'on emploie à cet effet sont le frottement, le
choc, la trituration ou l'échauffement pur et simple ; par
ces moyens différents l'on arrive à une même fin qui est
de volatiliser quelques atômes du minéral ou seulement
de l'un de ses principes. On développe aussi de l'odeur
dans quelques minéraux en les imprégnant d'un peu
d'humidité, et pour cela il ne s'agit que de promener à
leur surface la vapeur qui s'exhale par l'insufflation. Cette
dernière odeur que l'on retrouve dans un assez grand
nombre de minéraux composés ou agrégés, a été nommée
improprement argileuse.

La *saveur* se décèle, soit par l'apposition de la langue
sur les minéraux, soit par le transport sur le même organe,
d'une ou plusieurs gouttes d'une solution aqueuse du minéral. On associe assez souvent au caractère de la saveur
celui que présente le *happement,* adhérence momentanée

que contracte la surface de la langue avec celle.de certains minéraux ; cette propriété est attribuée à l'extrême avidité avec laquelle la surface du minéral absorbe l'humidité.qui se trouve sur la langue ; et en effet, lorsque cette surface est imprégnée, le happement cesse.

L'impression sur le *tact* peut se prendre du minéral en masse ou de sa poussière : on passe le doigt, avec une sorte de frottement, sur une surface de l'échantillon où l'on frotte l'un contre l'autre le pouce et l'index, entre lesquels se trouve un peu de poussière. On juge ainsi de la douceur, de l'onctuosité, de la rudesse, de l'âpreté ou de l'aridité de la masse. Les traces que laissent assez souvent sur les doigts les minéraux que l'on a touchés, ou sur le papier qui en a été frotté, sont encore une propriété caractéristique qui peut être déterminée par la couleur de la souillure. Enfin la sensation de froid que l'on éprouve en touchant certains minéraux, peut encore être prise en considération.

DE LA FORME.

Le caractère que l'on peut tirer de la forme des minéraux, est celui auquel beaucoup de minéralogistes accordent le premier rang dans la détermination des espèces ; il le mériterait sans doute, si toutes en étaient douées, et s'il pouvait être constamment observé ; mais un assez grand nombre d'entre elles n'affectent aucune forme régulière déterminable, et, d'un autre côté, un savant cristallographe (M. Mitscherlich) a prouvé, par des recherches concluantes, qu'une même espèce pouvait offrir deux

formes différentes, indépendantes l'une de l'autre, en
outre qu'une même forme, comme cela avait été reconnu
déjà précédemment, se retrouvait dans plusieurs espèces
différentes d'ailleurs, ou par leur nature particulière, ou
par leurs éléments de composition. Quoi qu'il en soit, pour
ne point accorder une confiance, exclusive au caractère
que fournit la forme, il serait absurde de rejeter une
indication dont on obtient, des résultats extrêmement
précieux ; rien n'a encore prouvé que sa variation, dans
la même espèce, affecte [jusqu'à la molécule intégrante
qui pourrait bien rester constamment la même et ne varier
que dans l'arrangement symétrique qu'elle prend pendant
l'acte de la cristallisation ; de plus, qu'une espèce se
présente sous une forme constante ou sous deux formes
différentes, le caractère n'est point détruit, il existe toujours ; il y a seulement complication.

Les formes sont ou *régulières* et déterminables, ou
irrégulières et indéterminables. Les formes régulières
résultent, comme on l'a déjà vu, de l'arrangement symétrique des molécules ; elles présentent un certain nombre
de faces ou d'angles, dont la valeur se mesure à l'aide
d'un instrument appelé *goniomètre* ; elles varient considérablement par la multiplicité des facettes accidentelles ;
mais toutes ces formes peuvent être facilement ramenées
par le calcul, à d'autres plus simples, véritables noyaux
de toute cristallisation, et surnommées, à cause de cela,

primitives. Le nombre de celles-ci ne s'élève qu'à six, savoir :

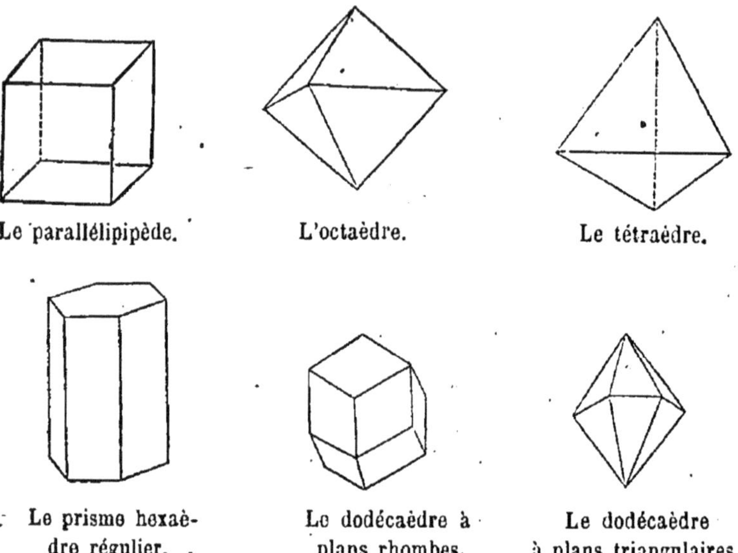

Le parallélipipède.   L'octaèdre.   Le tétraèdre.

Le prisme hexaè-   Le dodécaèdre à   Le dodécaèdre
dre régulier.   plans rhombes.   à plans triangulaires.

Les formes primitives ou noyaux sont à leur tour le produit de l'agrégation de parties similaires ou intégrantes, sòlides des formes les plus simples, qui se réduisent à trois : le parallélipipède, le tétraèdre, et le

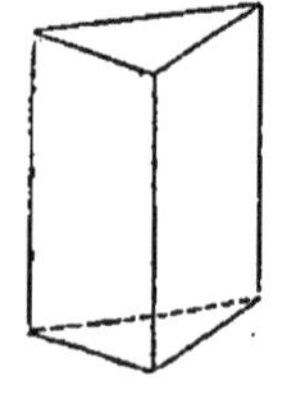

Prisme triangulaire.

On considère comme *secondaires* toutes les formes résultantes de la superposition au noyau de plans qui n'ont pu parvenir à une étendue parallèle aux faces de ce noyau : il s'est fait alors des décroissements d'une ou

.plusieurs rangées de molécules intégrantes sur différentes
faces du polyèdre. Ce décroissement, soumis à une loi de
symétrie invariable, détermine la substitution aux angles
aigus de la forme primitive, de facettes plus ou moins
nombreuses qui modifient cette forme, au point quelquefois de ne pouvoir la retrouver qu'aidé de la théorie.

Le goniomètre dont on se sert pour mesurer la valeur
des angles, consiste en deux lames d'acier A B, F G,

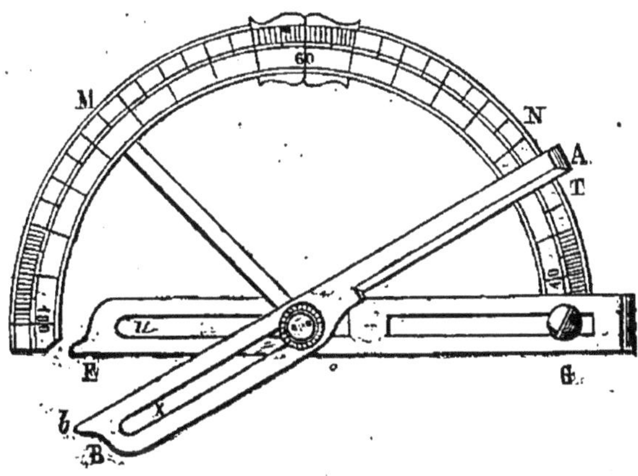

Le goniomètre.

réunies par un axe K, autour duquel elles peuvent à la
fois tourner et glisser au moyen de rainures u x, pour
s'allonger, ou se raccourcir à volonté. On applique les
extrémités r b de ces lames sur deux plans incidents d'un
cristal ; elles indiquent, par leur ouverture, la valeur
exacte de l'angle, et on la trouve inscrite sur le rapporteur
M N fixé à dessein à la lame F G, au point où s'est arrêtée
l'extrémité T de la lame mobile A B. Telle est, en peu de
mots, la description de cet instrument d'une haute importance, inventé par M. Carengeau, perfectionné par différents géomètres, et surtout par M. Wollaston, qui l'a

tendu d'une plus grande simplicité, tout en y faisant concourir les lois de la réflexion de la lumière sur les corps dont la surface est plane, lisse et brillante; propriétés que l'on retrouve dans la plupart des cristaux. M. Adelman a donné tout récemment la description et la figure d'un nouveau goniomètre, qui, quoique plus compliqué paraît néanmoins d'un usage plus sûr et non moins facile.

Comme sur la croûte pierreuse du globe et dans les anfractuosités où l'on a pu pénétrer jusqu'ici, l'on a rencontré plus communément des formes *indéterminables* que des cristallisations régulières, comme aussi le nombre des variétés de ces formes est assez borné relativement à celui des autres; on a cru pouvoir, sans ajouter beaucoup à cet aperçu général des caractères des minéraux, entrer dans quelques détails explicatifs; quant aux formes qui ont éprouvé des altérations qui ne permettent plus d'y suivre les traces d'une agglomération symétrique et prévue. Cela évitera d'ailleurs beaucoup de redites dans les descriptions spécifiques. Ainsi en traitant des formes indéterminables, on est convenu d'entendre par :

Aciculaire : des cristaux allongés et si déliés qu'on ne peut mesurer la valeur des angles A: *Radiée* des aiguilles partant d'un point central et divergeant vers la circonférence:

Apicée (apiciforme) : des aiguilles réunies par leur base, prenant la figure d'une houppe:

Arénacée : de très-petits fragments anguleux ou roulés, libres ou réunis, mais avec une faible adhérence.

Bacillaire : le prisme qui, par arrondissement de ses angles, est devenu semblable à une baguette.

Botryoïde : un assemblage de grains imitant une grappe de raisin.

Canaliculée : des cristaux allongés ayant leurs faces creusées en gouttière.

Capillaire : des prismes arrondis, offrant l'apparence de cheveux.

Cariée : un aspect analogue au bois piqué par les vers.

Céroïde : une ressemblance à de la cire.

Cloisonnée : le résultat de l'infiltration d'une matière cristalline dans les fentes occasionnées par le retrait d'une substance terreuse dont ensuite, par une circonstance quelconque, les molécules ont disparu ; il n'est resté que les minces parois du minéral qui s'est solidifié dans les fentes.

Compacte : un tissu serré, ne se rapportant à aucune figure que l'on puisse citer.

Conchoïde : quand des grandes faces de cristaux, réunies par leurs arêtes, divergeant ensuite en s'arrondissant, représentent une espèce de coquille bivalve.

Conchylioïde : quand des molécules cristallines, après s'être logées dans les espaces libres des coquilles, ont conservé le moule de ces dernières qui n'ont pu résister à l'action destructive du temps.

Concrétionnée : le résultat d'un arrangement de molécules, exempt de toute règle, déterminé par des points d'attache, des supports, des moules, ou par toute autre circonstance locale qui peut donner lieu à une production de figures plus ou moins bizarres.

Contournée : l'inflexion et l'arrondissement successifs des faces cristallines.

Convexe : un arrondissement des faces donnant au polyèdre l'apparence globuleuse.

Coralloïde : des ramifications cylindriques en rameaux contournés, imitant le polypier corail.

Cretée : des cristaux amincis par le rapprochement deux faces parallèles, puis contournés comme une crête de coq.

Cruciaire (cruciforme) : deux cristaux qui se croisent à angle droit, et dont les axes se confondent.

Curviligne : quand des faces du cristal s'élèvent en bosses.

Cyamoïde : la figure d'une petite fève.

Cylindroïde : l'oblitération des arêtes du prisme, d'où il résulte un cylindre assez ordinairement strié ou cannelé dans sa longueur.

Dentritique : lorsque des molécules colorées, et quelquefois métalliques, ont pénétré le tissu lâche d'un minéral, et qu'il en résulte des ramifications ou arborisations sur les tranches du minéral ou dans l'intérieur des cristaux.

Écailleuse : des petits cristaux aplatis, irréguliers, appliqués les uns sur les autres.

Fibreuse : la réunion de prismes très-fins, très-déliés, accolés et serrés les uns contre les autres.

Filamenteuse (filiforme) : l'apparence de fils réunis ou contournés en sens divers.

Filicaire (féliciforme) : lorsque des molécules métalliques ont pénétré entre le tissu feuilleté d'un minéral et y ont produit des cristaux qui se sont arrangés et étendus en forme de feuille de fougère.

Fissile : une tendance à se diviser en feuillets.

Fistulaire : Lorsque le cylindre qui résulte d'une

stalactite se trouve évidé dans sa longueur comme une flûte.

Flabellaire (flabelliforme) : des cristaux ordinairement aplatis par deux faces parallèles, réunis par un point et se développant en·éventail.

Floconneuse : l'aspect de flocons de neige.

Foliacée : des lames d'une grande surface, appliquées les unes sur les autres.

Fongiaire (fongiforme) : la similitude avec certains champignons où l'on remarque une calotte sphérique portée sur un cylindre.

Fuligineuse : une matière tachante semblable à la suie.

Géodique : une cavité ordinairement sphérique dont les parois sont tapissées de cristaux.

Globulaire (globuliforme) : une sphère solide presque toujours composée de couches concentriques.

Granulaire : le résultat d'une agglomération de grains distincts.

Guttulaire : des grains de la grosseur d'un petit pois déformés par le prolongement d'un des points de la surface.

Incrustante : lorsque les molécules se sont déposées sur un corps quelconque, et que, dans leur agglomération, elles ont conservé l'empreinte de ce corps.

Infundibulaire (infundibuliforme) : la ressemblance avec un entonnoir ou une trémie.

Lamellaire (lamelliforme) : l'assemblage de petits cristaux extrêmement aplatis.

Laminaire (laminiforme) : la même chose que ci-dessus, mais quand les lames présentent déjà des surfaces d'une certaine étendue.

Lenticulaire : des cristaux arrondis de manière à prendre l'aspect d'une lentille.

Ligneuse (ligniforme) : un minéral qui offre quelques points de ressemblance avec le bois.

Mamelonnée : une surface composée d'élévations arrondies.

Massive : un agrégat de parties sans figure qui puisse se rapporter à l'espèce.

Mixtiligne : le résultat d'une déviation dans l'arrangement symétrique des molécules intégrantes, où l'une des faces d'un cristal est plane, tandis que celle opposée est toujours arrondie.

Muscoïde : des filaments déliés et semblables à de la mousse, que l'on trouve sur quelques minerais de cuivre.

Nivaire (niviforme) : une cristallisation confuse comme celle que présente la neige.

Plumeuse : un assemblage de petits cristaux disposés à la suite les uns des autres, imitant les barbes d'une plume.

Prismatoïde : un cristal dérivant d'un prisme dont la base a éprouvé un arrondissement.

Pseudomorphique : quand une matière pierreuse a remplacé molécule à molécule, une autre matière susceptible d'altération, mais dont les caractères extérieurs sont restés les mêmes ; il en résulte un type faux et trompeur.

Ramuleuse : une réunion de cristaux imparfaits accrochés les uns aux autres, et s'étendant comme les rameaux des plantes.

Résinoïde ou *résinite* : l'aspect et le luisant de la résine.

Réticulée : la forme ramuleuse, mais dont les ramifications se croisent en tous sens.

Saccharoïde : l'aspect cristallin du sucre blanc.

Schistoïde : la tendance à se déliter en feuillets plus ou moins épais.

Sédimentaire : le résultat d'nne précipitation récente sur des matières de formation beaucoup plus ancienne.

Spéculaire : une surface unie, semblable à un miroir.

Spiculaire : quand les pointes des cristaux sont tellement allongées qu'elles font paraître le minéral hérissé de petits dards.

Sphéroïdale : des arrondissements sur toutes les faces du cristal.

Spongieuse : il s'agit plutôt ici d'une propriété qne d'une forme, et c'est celle de se laisser pénétrer par une grande quantité d'eau à la manière des éponges ; il est peu de minéraux doués de cette propriété.

Squammaire (squammiforme) : des petits cristaux très-minces appliqués les uns sur les autres comme des écailles.

Stalactites : des productions ordinairement fistulaires qui sont le résultat des infiltrations, des suintements d'eau chargée de substances terreuses. A mesure que l'eau s'évapore elle abandonne une partie de la substance qu'elle tenait en dissolution, et celle-ci s'amasse en couches très-minces à l'endroit du suintement : ce n'est d'abord qu'une goutte qui insensiblement s'allonge et finit par former des colonnes cristallines qui décorent majestueusement l'intérieur des cavernes.

Stalagmites : des productions semblables aux précédentes, mais qui s'élèvent du sol sur lequel tombe l'eau d'infiltration et finissent souvent par se réunir.

Stratifiée (stratiforme) : le résultat de la superposition d'un certain nombre de couches.

Striée : lorsque les surfaces sont chargées d'incrustations linéaires dans le sens de leur longueur.

Testacée : la réunion de petits cristaux aplatis superposés comme les tuiles sur un toit.

Tuberculeuse : lorsque la surface est parsemée de petites élévations arrondies.

Xyloïde : la pseudomorphique où tous les caractères du bois sont si bien conservés que l'on se méprendrait facilement sur la nature de la substance.

DE LA DURETÉ.

Quoique la dureté ne fournisse pas toujours un caractère identique, à cause de l'élasticité plus ou moins grande dont peuvent jouir certaines parties du minéral soumis au choc qui, par là, se trouve amorti, ou à la pression dont l'effet devient insensible, on peut néanmoins lui faire accorder assez de confiance lorsqu'on choisit pour le faire ressortir, des échantillons bien purs et bien cristallisés. Le moyen le moins équivoque est de choisir un point anguleux et de l'appuyer successivement sur des plans de quartz, de verre, de chaux carbonatée, de chaux fluatée, de chaux sulfatée, de mica, etc , en cherchant à les entamer, à les rayer. On répéte ensuite l'épreuve sur le minéral lui-même, c'est-à-dire que l'on cherche à entamer l'une de ses faces avec un angle de mica, de chaux sulfatée de

- 23 -

chaux carbonatée, de verre, de quartz, une pointe d'acier trempé, etc., etc. Il est encore d'autres moyens plus expéditifs, mais moins exacts de constater la dureté des minéraux : c'est l'emploi du briquet, du marteau, de la lime, etc., etc.

DE LA SOLIDITÉ.

La solidité ne doit pas être confondue avec la dureté ; elle exprime la force d'agrégation avec laquelle sont réunies les molécules, et cette force peut être modifiée par une foule de causes et de circonstances qui ne tiennent pas à la nature particulière de l'espèce, comme, par exemple, l'interposition de l'air, de l'eau ou de substances hétérogènes entre les molécules intégrantes ; elle peut encore être altérée par une élévation de température qui écarte plus ou moins les molécules et rompt quelquefois totalement leur adhérence. Malgré ces motifs qui rendent assez faible l'importance du caractère de la solidité, on ne doit cependant pas le négliger dans l'examen soigné d'un minéral. On considère cette propriété sous plusieurs points de vue différents, et, selon chacun d'eux, elle prend la qualification de ténacité, fragilité et flexibilité.

La *ténacité* s'entend de la résistance qu'un minéral oppose soit à la traction, et même à la division par un instrument tranchant. On doit constater ce caractère de différentes manières suivant l'espèce de minéral chez lequel on le soupçonne, et même l'exprimer par des noms différents. Si c'est une pierre ou une substance qui en présente les propriétés, l'action du marteau suffit pour opérer la division : on casse alors le minéral, et la *cassure* selon qu'elle s'opère longitudinalement ou transversalement à l'axe des cristaux, peut avoir une apparence régulière ou irrégulière, vitreuse ou résineuse, écailleuse ou conchoïde, et fournir ainsi des caractères secondaires. Si c'est une substance métallique dont on cherche à connaître la force de ténacité, on éprouve alors plus de difficulté : la substance s'aplatit, s'étend et se déchire au lieu de se briser ; on dit alors que c'est de la *ductilité*. On a prétendu que certains corps terreux, étant humectés, acquéraient de la ductilité, mais on ne peut considérer cela que comme un abus et du mot et de la propriété. Quelques minéraux (parmi les substances métalliques natives) jouissent d'un si haut degré de ductilité que comprimés entre deux cylindres, ou percutés à coups de marteaux entre deux membranes très-élastiques se laminent en feuilles extrêmement minces. D'autres métaux se laissent tirer en fils d'une épaisseur beaucoup moindre que celle des cheveux ; c'est au moyen de ces fils que l'on estime la ténacité des métaux ductiles : on attache une de leurs extrémités à une hauteur convenue, et l'on suspend à l'autre un bassin que l'on charge de poids ; on tient compte de la quantité qu'ils supportent avant de se rompre.

La *fragilité* exprime la propriété inverse de la ténacité, et comme entre ces deux extrêmes, il est presque impossible d'assigner une limite, il en résulterait que la ténacité et la fragilité devraient se confondre en un seul caractère, s'il n'était pas avantageux de saisir dans l'étude des minéraux toute nuance, toute modification dans les différences caractéristiques.

La *flexibilité* qui se démontre sans peine dans des plaques d'une certaine étendue, est rarement sensible dans la plupart des échantillons d'un volume ordinaire. Il en est cependant où d'assez petites surfaces la dénotent, et il s'agit pour cela d'appuyer le fragment par ses deux extrémités, et de presser avec effort sur le centre ou d'y placer un corps pesant; on examine alors quelle courbure prend la surface. La flexibilité devient *élasticité*, lorsque le corps après avoir fléchi, reprend sa forme primitive à l'instant où l'on enlève le poids qui le faisait obéir.

DE LA DENSITÉ ET DE LA PESANTEUR SPÉCIFIQUE.

La quantité de matière contenue sous un voulume déterminé constitue la densité d'un corps ; plus un corps a de densité plus son volume doit être petit ; conséquemment la densité doit être proportionnelle à la pesanteur spécifique, et les deux propriétés peuvent être appréciées par une seule et même opération. Les choses étant ainsi, il sera suffisant d'indiquer la manière de constater le poids spécifique d'un corps pour établir sa densité.

Pour obtenir le poids spécifique de différents minéraux, il n'est point indispensable de les réduire tous à un volume rigoureusement semblable ; il suffit de pouvoir toujours ramener exactement le corps que l'on a choisi pour mesure commune, au même volume que celui qu'on veut lui comparer, et d'établir le rapport que l'on a trouvé entre leurs poids. On a adopté, pour terme de comparaison, l'eau distillée à 17°, 5 du thermomètre centrigrade et son poids, pris pour l'unité, est exprimé par 1,000. Ainsi, lorsqu'on veut trouver le poids d'un minéral, comparaparativement à celui de l'eau distillée, on commence par le peser à la manière ordinaire; après avoir annoté la quantité, on suspend le même minéral, à l'aide d'un fil très-mince, au crochet disposé pour cela sous le bassin de la balance, on le fait plonger dans un vase contenant de l'eau distillée ; on pèse de nouveau, et l'on tient note du poids, comme il a été fait dans la première partie de l'opération. La différence de poids du minéral pesé dans l'air, puis plongé dans l'eau, donne exactement le poids d'un volume d'eau égal à celui d'un minéral ; on établit la comparaison entre les deux corps, et le résultat fait trouver la pesanteur spécifique du solide. Que A, par exemple, soit le corps soumis à l'expérience ; qu'il pèse dans l'air 27, que dans l'eau son poids ne soit plus que 23 ; le poids du volume de l'eau égal au volume de A, sera donc comme 4 à 27 ; conséquemment, en divisant 27 par 4, on aura 3,750 pour poids spécifique de A.

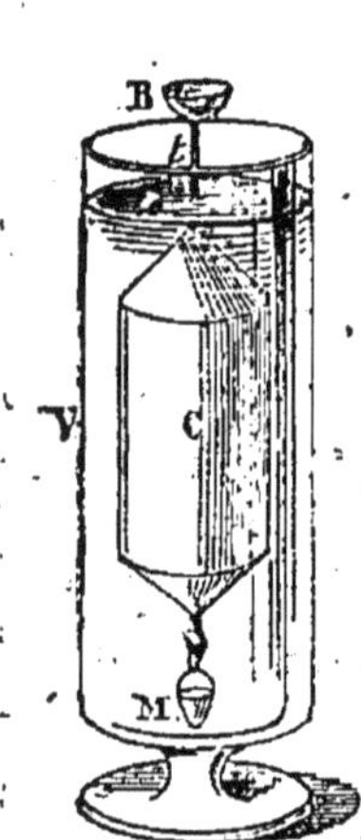

Nicholson a inventé un appareil, qui d'un usage plus commode et d'un transport plus facile que la balance, répond également aux désirs du minéralogiste : il consiste en un tube C, exactement fermé aux deux extrémités dont l'une T est terminée par une tige sur laquelle s'emboîte un petit bassin B ; vers le milieu de cette tige est gravé un trait circulaire t. L'autre extrémité supporte, au moyen d'un crochet, une cuvette conique et mobile M, suffisamment lestée pour maintenir le tube droit et affleuré. Lorsqu'on veut faire usage de l'appareil, on remplit d'eau distillée, à la température ci-dessus indiquée, le vase V, et l'on y plonge le tube C, garni de la cuvette M. On charge de poids le bassin B, jusqu'à ce que le trait t soit descendu au niveau de l'eau ; on enlève ces poids, on y substitue le minéral dont on veut connaître la pesanteur spécifique, et dont le volume, bien entendu, doit être tel que le trait t ne soit pas enfoncé dans l'eau ; on réitère l'affleurement, et la différence entre les nouveaux poids et les précédents est précisément la valeur du corps pesé dans l'air. Ensuite on transporte le minéral du bassin dans la cuvette, sans rien changer aux poids qui se trouvent dans la première, et l'on affleure une troisième fois, en ajoutant dans le bassin de nouveaux poids, lesquels indiquant exactement la perte qu'a faite le minéral pesé successivement dans l'air et dans l'eau, forment la pesanteur spécifique cherchée. Quoique le caractère de la densité ne soit point assez concluant pour déterminer à lui seul l'espèce minéralogique, il est néanmoins un de ceux qui, employés simultanément, exercent une très-grande influence dans la détermination analytique. Il est, d'après les mêmes principes, des moyens particuliers de déterminer la pesanteur spécifique des minéraux plus légers que l'eau, et même de ceux solubles dans ce liquide Ces cas étant beaucoup plus rares et le caractère n'offrant que des indices médiocrement certains. l'on peut se dispenser d'entrer pour cela dans des développements qui exigeraient d'ailleurs beaucoup d'étendue.

DE L'ÉLECTRICITÉ.

Malgré l'importance que l'un des plus célèbres minéralogistes de l'époque actuelle a cru pouvoir accorder au caractère de l'espèce, l'électricité que manifestent, dans des circonstances très-variées, la plupart des minéraux, il n'est point encore prouvé que ce caractère soit bien constant; il paraît qu'il offre, au contraire, de grandes anomalies dans des substances analogues, et que non-seulement tel échantillon développe beaucoup d'électricité, tandis que tel autre, de même nature, et après l'usage de moyens semblables, n'en présente aucun signe, mais que la même instabilité se fait remarquer sur deux faces opposées d'un cristal. Ne pouvant rendre un compte exact de cette instabilité, on l'a attribuée à diverses circonstances, telles que la différence, dans l'état d'agrégation, des molécules intégrantes, leur degré de pureté, l'interposition entre elles de particules étrangères, l'éclat et le poli des surfaces, etc. Tous les minéraux acquièrent la propriété électrique, soit immédiatement, et ce sont les isolants, soit après avoir été isolés, comme les conducteurs; ils la conservent plus ou moins longtemps, selon les moyens que l'on a employés pour la développer; ces moyens sont la pression, en comprimant le minéral avec les doigts; le frottement, en le passant vivement, et à plusieurs reprises, sur le drap; la chaleur, en élevant sa température. On a observé, quant à ce dernier mode, que le développement de l'électricité ne s'opère pas au même degré dans tous les minéraux et dans toutes les parties du même minéral, qu'il en est dont l'échauffement doit être beaucoup plus considérable que d'autres, pour en obtenir une électricité semblable, et que la propriété électrique s'affaiblit et s'éteint différemment dans les mêmes cas d'accroissement et de décroissement de température, etc. Pour constater la nature de l'électricité et sa quantité développées par ces divers moyens, Haüy a imaginé et décrit des petits instruments qu'il a nommés *électroscopes*. L'un deux consiste en une aiguille d'argent, terminée d'un côté par une petite boule du même métal, et de l'autre par une petite lame de spath d'Islande, disposée de manière que deux de ses faces latérales opposées soient situées verticalement; l'aiguille pivote, au moyen d'une chape en cristal, sur une pointe d'acier, supportée par un culot de laque. Pour mettre cet appareil en action, il suffit de tenir d'une main l'aiguille par la boule, de l'enlever de dessus le pivot, et de la presser entre deux doigts de l'autre main, puis de la rétablir sur le pivot. La pression qui en résulte développe l'électricité.

Un autre appareil est une aiguille, terminée des deux côtés par une petite boule; elle est en entier de cuivre ou d'argent, et pivote comme la précédente. Pour faire agir cet appareil, on frotte un bâton de laque contre une surface de drap, puis on l'approche d'une extrémité qui se trouve aussitôt repoussée. L'électricité que dénote l'appareil est la résineuse.

Une aiguille en argent ou en cuivre, avec des boules de même métal et chape de cristal, pivotant sur un support aussi d'argent ou de cuivre, constitue un troisième appareil. Celui-ci, se trouvant isolé par la chape, peut être mis dans l'état d'électricité résineuse par le simple contact du bâton de laque frotté sur le drap, ou dans celui d'électricité vitrée, par un contact semblable, mais accompagné de circonstances différentes, c'est-à-dire que l'on tient entre deux doigts d'une main l'une des boules, tandis que l'on approche avec l'autre main le bâton frotté. On donne plus de temps au contact, et l'on a soin de ne l'interrompre qu'après avoir abandonné la boule d'entre les doigts.

Les choses étant ainsi disposées, on peut chercher à connaître l'espèce de l'électricité que possède un minéral : on développe son électricité par l'un ou l'autre moyen, et on le présente aux appareils ; s'il repousse la boule de l'aiguille du premier, il sera électrisé vitreusement ; si, au contraire, il l'attire, et s'il repousse l'une des boules du second, il sera électrisé résineusement ; enfin s'il attire et repousse la boule du troisième, suivant que l'on aura rempli les conditions pour faire agir l'aiguille, il manifestera encore l'une ou l'autre électricité. Ces phénomènes n'ont lieu que lorsque le minéral est véritablement électrisé ; s'il ne l'était pas, s'il n'avait pas son électricité naturelle, l'effet serait tout différent. On s'assure qu'il est électrisé ; en le présentant d'abord à une aiguille non isolée : si elle est attirée, il n'y a point de doute que le minéral soit électrisé. On peut, en ne s'écartant point du principe fondamental, varier ou modifier à son gré la construction des électroscopes.

DU MAGÉNTISME.

Quelques minéraux jouissent de la propriété singulière d'attirer le fer par une force cachée, propriété à laquelle les découvertes récentes ont fait reconnaître de grands rapports avec l'électricité. Laissant de côté toute explication du phénomène, qui rentre entièrement dans le domaine de la physique, il ne sera question ici que des moyens de constater, comme caractère, cette propriété dans les minéraux qui la possèdent ; néanmoins il est indispensable de définir, par quelques mots, les deux principales modifications du magnétisme, adoptées par les minéralogistes, savoir : le magnétisme simple et le magnétisme polaire. Ils entendent, par le premier, la propriété que manifestent certains minéraux, d'attirer, par toutes leurs parties indifféremment, les deux extrémités ou pôles d'une aiguille aimantée. Le magnétisme polaire est celui qui donne à quelques substances minérales, la faculté d'attirer l'un des pôles, et de repousser l'autre. Pour rendre évidente l'une, et l'autre propriétés magnétiques, on se sert d'un barreau aimanté, ou simplement d'une aiguille de boussole ordinaire, extrêmement mobile, on sait qu'elle est formée d'une lame d'acier fort mince, taillée en losange très-allongé, trempée et passée sur un aimant des plus vigoureux ; cette lame porte à son centre une chape d'un corps très-dur, tel que le quartz, qui facilite la rotation sur un pivot très-acéré.

DE LA PHOSPHORESCENCE.

Cette propriété, l'une des plus surprenantes des corps naturels, se retrouve dans un assez grand nombre de substances minérales ; mais, chez toutes, elle ne se développe pas avec une intensité semblable, ni sous la même nuance lumineuse : elle est tantôt bleuâtre, d'autres fois elle tire sur le rouge ou le jaune ; plus souvent elle tend au verdâtre. On emploie différents moyens pour exciter la phosphorescence dés minéraux, et afin qu'elle n'échappe point à l'observateur, une certaine obscurité est presque toujours nécessaire; car la lumière produite par le phénomène est ordinairement si douce, qu'à la vive clarté du jour elle ne pourrait pas être aperçue; ces moyens sont la collision, la chaleur, l'insolation et l'électricité. On donne lieu à la phosphorescence par collision, en frottant avec plus ou moins de force, l'un contre l'autre, deux fragments d'un même minéral : il apparaît une traînée lumineuse aux points de contact. Pour la développer par la chaleur, il faut réduire le minéral en poussière, puis le projeter sur un support (qui est ordinairement une plaque métallique, ou même un charbon) non phosphorescent, dont on aura suffisamment élevé la température. L'insolation consiste à exposer, pendant un temps plus ou moins long, à toute l'ardeur des rayons solaires le minéral que l'on soumet à la recherche du caractère, puis à le porter immédiatement dans l'obscurité. La lueur qui se manifeste par ce procédé, se conserve chez quelques substances pendant un temps assez long. Enfin l'on s'est aperçu qu'en soumettant à l'action réitérée de l'étincelle électrique différents minéraux phosphorescents, ils ne devenaient pas moins lumineux que quand ils avaient été exposés à l'action des rayons du soleil.

MODIFICATIONS DÉPENDANTES DE LA LUMIÈRE.

La lumière agit sur les minéraux, et ceux-ci exercent réciproquement sur ce fluide extrêmement subtil une action d'où résultent, pour la détermination des espèces,

différentes modifications que l'usage convertit en autant
de caractères secondaires. On peut ranger sous deux
séries les propriétés optiques des minéraux : la première
comprendra tout ce qui tient à la composition intime des
espèces, au mode d'arrangement de leurs molécules intégrantes; et dans cette catégorie, il faut placer les phénomènes de la transmission des rayons lumineux, la
transparence, la translucidité, l'opacité, la réfraction, etc.
Dans l'autre seront reléguées une foule de propriétés qui,
dues à la réflexion des mêmes rayons, ne sont qu'accidentelles, et ne méritent qu'une confiance beaucoup plus res-
treinte : de ce nombre sont les couleurs, l'éclat, le chatoyement, l'irridation, et autres accidents analogues. .

Un minéral est *transparent*, lorsqu'il se laisse librement
traverser par la lumière, et quand, placé entre l'œil et
une image quelconque, il n'apporte point d'obstacle à la
distinction des traits qui composent cette image. Il est
translucide, quand une sorte de nébulosité ne permet,
point à l'œil d'apercevoir distinctement des figures tracées
sur une surface contiguë au minéral sur lequel on fait
tomber le rayon visuel. Enfin il est *opaque*, lorsque la lumière ne peut le pénétrer. On voit qu'il est bien difficile,
pour ne pas dire impossible, d'établir des limites entre
ces trois modifications; mais en cela, comme dans la
plupart des signes caractéristiques adoptés en minéralogie, dont la valeur est presque toujours relative, il faut
que l'habitude d'observer supplée à l'imperfection des
caractères.

Un rayon lumineux, tombant obliquement sur un corps
transparent, éprouve, au point où il change de milieu, un

écartement de la direction primitive, et il dévie d'autant plus fortement, c'est-à-dire, qu'il se rapproche d'autant plus de la perpendiculaire que le milieu dans lequel il entre, jouit de plus de dureté ou de combustibilité. Cette déviation, que les physiciens ont nommée *réfraction*, se fait observer dans les substances minérales qui remplissent les conditions nécessaires à la production du phénomène ; et l'on a remarqué que, dans un certain nombre d'entre elles, le rayon lumineux, en les traversant, se séparait en deux faisceaux ; d'où il résultait que l'œil apercevait double l'image que l'on présentait à la face du cristal, opposée à celle par où se faisait l'observation. Les minéralogistes ont conséquemment nommé *double réfraction*, le caractère constant qu'ils ont pu tirer de cette singulière propriété de plusieurs substances minérales ; il est à regretter qu'il soit si difficile à observer que toutes les parties du minéral ne puissent se prêter à son développement, qu'enfin il faille pour cela, des cristaux bien transparents. Le moyen le plus simple dont on fait usage pour constater la double réfraction, consiste à regarder un corps quelconque, très-délié, tel qu'une aiguille, à travers deux faces opposées, appelées *faces réfringentes*, d'un cristal. En faisant mouvoir l'aiguille en tous sens, et à quelque distance du cristal, il arrivera que, dans certaine position, on apercevra très-distinctement cette aiguille former deux images placées l'une au-dessus de l'autre. Il est inutile d'ajouter que l'observation doit être faite à une vive clarté ; lorsqu'on ne l'a point à sa disposition, on peut employer une lumière artificielle ; mais alors on se sert d'un petit appareil extrêmement simple : c'est une carte que l'on perce avec une épingle ; on l'applique contre la face du cristal, et l'on regarde à travers le petit trou une bougie allumée que l'on a placée à une certaine distance de la face opposée à celle par où se fait l'observation. On ne tarde pas à apercevoir deux images de la flamme de la bougie. La physique emploie des instruments plus compliqués pour observer la double réfraction, et mesurer même avec une rigoureuse exactitude tous les degrés d'écartement des deux faisceaux.

Les *couleurs*, comme caractère des minéraux, sont ou propres ou accidentelles, elles sont propres quand elles résultent de la nature et de l'arrangement des molécules intégrantes qui réfléchissent constamment les mêmes, sans autre changement, sans autre altération qu'un peu plus ou un peu moins d'intensité de nuance, ce que l'on peut attribuer à l'état d'agrégation des molécules, d'où dépend celui de densité. Elles sont accidentelles, quand leur production ne peut être attribuée qu'à la présence d'un corps étranger à la constitution particulière de la substance, mais qui peut cependant s'y trouver combiné, comme simplement mélangé.

Le *chatoyement* paraît tenir à une disposition particulière des molécules qui renvoient de l'intérieur du minéral transparent ou translucide des reflets blanchâtres ou nébuleux ; ces reflets semblent y être mobiles, et varient d'intensité selon que l'on change par rapport à l'œil, la position du minéral dans lequel on les observe.

Il arrive assez souvent que les reflets, au lieu d'être seulement blanchâtres, présentent un plus grand nombre de couleurs, et même toutes celles du spectre, réfléchies de mille manières. On considère alors le minéral comme irisé. L'*iridation* peut aussi être l'effet de l'air interposé en couches très-minces, dans le tissu même du minéral, y formant des fissures ; d'autres fois encore elle est le résultat de couches appliquées à la surface qui a été altérée et dont la nature a été changée par une sorte de réaction des principes dissous dans l'atmosphère et par un commencement de combinaisons nouvelles.

L'extrême vivacité avec laquelle la lumière est réfléchie et renvoyée par certains minéraux, surtout ceux dont la densité est très-grande, a fait admettre pour propriété caractéristique, outre les couleurs, l'*éclat* ; il est *brillant* dans les métaux, leurs alliages et la plupart de leurs combinaisons avec les combustibles ; *métalloïde* dans les substances qui n'ont que l'apparence des métaux ; ce dont on s'assure par la division ou le broiement : alors la poussière, au lieu de conserver la couleur brillante, devient terne et blanchâtre. Ce résultat a même fait donner généralement à la *poussière* ou à la *râpure* une valeur dans l'étude des minéraux. L'éclat est *gras* quand il fait paraître la substance comme enduite d'une couche d'huile ; *perlé* ou *nacré*, lorsqu'il part de la surface des reflets qui, trompant l'œil, semblent s'élancer de l'intérieur du minéral ; *soyeux*, si son tissu étant composé de fibres très-déliées, le minéral jouit d'un lustre qui se rapproche de celui de la soie.

Ici paraît devoir se terminer l'examen des propriétés les plus importantes des minéraux ; il en est encore de moindre valeur que l'on pourrait évoquer au besoin ; pour

celles-là, leur simple énoncé suffira ; la sagacité de l'observateur, fût-il le moins exercé, suppléera à tout développement. Il reste à dire quelques mots sur la marche que
l'on doit suivre pour la description des espèces. Il est
avantageux qu'elle soit la plus simple possible ; et si, après
avoir tiré de l'observation des caractères toutes les indi-
cations qui peuvent conduire à la classification spécifique,
on n'a pu y parvenir, il faudra se décider à recourir à
l'analyse chimique, le plus extrême, mais aussi le plus sûr
des moyens, et qui malheureusement ne se trouve pas
toujours à la portée de tous ceux qui s'occupent de
minéralogie. Ce moyen, qui appartient à une science
indépendante de celle dont ce livre n'est destiné qu'à
présenter une esquisse, ne peut y trouver place ; et les
naturalistes, que des études plus étendues ont familiarisés
avec les travaux des chimistes, savent, sans qu'il soit utile
de le leur rappeler, que plusieurs auteurs, et notamment
le professeur Thénard, dans le cinquième volume de son
Traité de Chimie (4ᵉ édition), ont prescrit de la manière la
plus lumineuse les règles générales à observer dans
l'analyse.

Quand à la distribution systématique, plusieurs méthodes se présentent : on ne cherchera pas à critiquer l'une
pour faire adopter l'autre, rien n'y force ; chacune offre
des facilités, chacune aussi est parsemée d'entraves : c'est
une condition inévitable dans ces sortes de travaux ; et
toutes, naturelles aussi bien qu'artificielles, n'ont encore
atteint qu'une partie du but que se sont proposé leurs
auteurs. Néanmoins comme il en faut une, et qu'en cherchant à produire quelque chose de meilleur que ce qui a

paru jusqu'à ce jour, on courrait la chance presque certaine de se trouver beaucoup au-dessous, il est préférable de s'en tenir à celle qui paraît le plus généralement adoptée : or, c'est à celle de Haüy qu'il convient de donner la préférence.

DESCRIPTION

DES

ESPÈCES MINÉRALES

D'APRÈS LA DISTRIBUTION MÉTHODIQUE

DE HAÜY

PREMIÈRE CLASSE

ACIDES LIBRES

La nature ne présente que très-rarement, et en très-faibles quantités, le petit nombre des corps qui constituent cette classe; ils se distinguent de toutes les autres substances minérales par la propriété de changer en rouge les couleurs bleues végétales, de se dissoudre dans l'eau, de laisser sur la langue une impression d'aigreur plus ou moins forte.

Ire ESPÈCE.

Acide sulfureux.

Synonymie : *Esprit de soufre. — Acide vitriolique phlogistiquée*, Bergman. ,

Caractères : Odeur âcre, suffocante et telle qu'on l'éprouve en brûlant du soufre ; sa solution dans l'eau précipitant en blanc le nitrate de Barytc.

Saveur : Aigre.

Sous forme de fluide élastique et quelquefois en dissolution dans les eaux qui communiquent avec le caractère des volcans.

Pesanteur spécifique : 2,25 ; celle de l'air atmosphérique étant 1.

Composition : Oxygène, 50 ; soufre, 50.

L'acide sulfureux, quoique très-abondant au Vésuve, à l'Etna, au Stromboli, au Chimborazo, à la Guadeloupe, à Ténériffe, à l'Hécla, etc., ne saurait y être utilisé. On le fabrique de toute pièce avec la plus grande facilité : il ne s'agit pour cela que de brûler du soufre dans un vase fermé que l'on alimente avec précaution d'air atmosphérique. Il se produira de l'acide sulfureux aussi longtemps que le fluide aériforme contiendra de l'oxygène. Si l'on veut opérer la dissolution de l'acide dans l'eau, on introduira dans le vase un peu de ce liquide, et l'on multipliera par l'agitation le contact des deux corps.

IIe ESPÈCE.

Acide sulfurique.

Syn. *Huile de vitriol.* — *Acide vitriolique.* Romé-de-l'Isle.

Car. Susceptible de s'échauffer en s'unissant à l'eau ; sa solution précipitant en blanc le nitrate de Baryte.

Inodore.

Liquide, épais, oléagineux ; cristallisant par un abaissement de température à 12°, en prisme à six pans, terminés par des pyramides hexaèdres.

Pesanteur spécifique : 1,85, au plus haut degré de concentration, l'eau étant 1.

Composition : Soufre, 40 ; oxygène, 60.

On l'a trouvé en Toscane, dans le royaume de Naples, en Sicile, dans l'île de Milo, dans celle de Java, etc., etc., dans l'intérieur de quelques grottes volcaniques dont il imprégne les parois gypseuses, ou quarzeuses. On l'obtenait autrefois de la distillation des vitriols résultant de l'efflorescence des pyrites, d'où lui était venu, ainsi que de sa consistance, le nom d'huile de vitriol. Maintenant on le fabrique très en grand par la combustion du soufre et sa saturation complète d'oxigène, dans des chambres de plomb de grandes dimensions. Ses usages dans les arts sont extrêmement étendus.

III° ESPÈCE.

Acide hydrochlorique.

Syn. *Acide muriatique. — Esprit de sel marin. — Acide marin. — Chlorure d'hydrogène*, Beud.

Car. Odeur forte, piquante.

Sa solution dans l'eau précipitant en flocons blancs le nitrate d'argent.

Fluide aériforme.

Pesanteur spécifique : 1,2847 ; celle de l'air étant 1.

Composition : 1 volume de chlore et 1 volume d'hydrogène.

Cet acide accompagne, à l'état gazeux, les déjections volcaniques ; il se trouve assez souvent en dissolution dans les eaux qui baignent ou lavent ces matières.

IV° ESPÈCE.

Acide carbonique.

Syn. *Air fixe. — Air méphitique. — Acide crayeux*, Bucquet. *Acide aérien*, Bergm.

Car. Communiquant à l'eau dans laquelle il est dissous une saveur aigrelette et la propriété de mousser ; éteignant les corps enflammés que l'on plonge dans son atmosphère ; tuant les animaux sur lesquels on le verse à la manière des liquides, ou qui le respirent ; précipitant en blanc l'eau de chaux.

Odeur faible : piquante et particulière.

A l'état naturel de gaz dans les cavités souterraines où la recherche des mines force à descendre, dans les grottes, les cavernes, etc. Sous forme liquide lorsqu'il est dissous par les eaux.

Pesanteur spécifique : 1,5196, celle de l'air étant 1.

Composition : Carbone 27, oxygène, 73.

Cet acide est l'un de ceux que l'on rencontre le plus abondamment dans la nature ; il occasionne souvent la mort de ceux qui, imprudemment, se hasardent dans des excavations où ils n'ont pas eu la précaution de constater la nature du fluide aériforme. En raison de sa pesanteur spécifique, il se dépose sur le sol des cavernes, à une hauteur de huit à dix pouces. En dissolution dans l'eau, il constitue les *eaux minérales* acidules, soit-naturelles, soit artificielles, que l'on administre avec succès dans le traitement de plusieurs maladies.

Vᶜ ESPÈCE.

Acide boracique.

Syn. *Sel sédatif*, Homberg. — *Acide borique*, Beud.

Car. Soluble dans plus de cinquante parties d'eau ; inattaquable par l'acide nitrique ; fusible même à la flamme

d'une bougie, et avec boursouflement, en verre transparent.

Saveur : Médiocrement acide,

En petites masses nacrées, d'un blanc jaunâtre ;

Surface onctueuse.

Pesanteur spécifique : 1,48.

Les masses fondues, acquièrent, par le frottement,
l'électricité résineuse.

Composition : Bore 25,83, oxygène 74,17.

On trouve dans l'acide borique libre dans plusieurs lacs
d'eaux thermales de la Toscane, tels sont ceux de Monte-
Rotondo, Berchiaio, Castel-Nuovo, etc. ; on le rencontre
aussi adhérent à du schiste, sous forme de cristaux
aciculaires, colorés en verdâtre ou en jaunâtre. Lucas,
que la mort a sitôt enlevé aux sciences, l'a observé dans
l'intérieur du cratère de quelques volcans. On sait qu'il
existe également en Perse, dans l'Inde et dans la Chine.

SECONDE CLASSE

SUBSTANCES MÉTALLIQUES HÉTÉROPSIDES

C'est-à-dire, privées naturellement de l'éclat métallique, et ne se montrant que sous un aspect étranger. Aucune n'est réductible par le charbon.

PREMIER GENRE.

CHAUX.

Iʳᵉ ESPÈCE.

Chaux carbonatée.

Syn. *Chaux aérée*, Bergm. — *Carbonate de chaux.* — *Spath calcaire, pierre calcaire. — Marbre.*

Caractères : soluble avec effervescence dans l'acide nitrique, réductible en chaux par l'action prolongée de la chaleur.

Forme primitive et molécule intégrante : le rhomboïde obtus dont les angles plans ont environ 101° 32′ et 78°, 27′ ; incidence de deux faces l'une sur l'autre 104° 28′ et 75° 31′. Susceptible d'un très-grand nombre de modifications déterminables. (Haüy en décrit 154, Traité, 2ᵉ édit.; et Bournon en porte le nombre à 616, Traité complet de la chaux carb., 3 vol. in-4°.)

Formes indéterminables (1); *cristaux imparfaits* :

____

(1) Voyez, pour les déterminations de ces formes, p. 13 et suiv.

rhomboïdes convexes, lenticulaires, spiculaires : S. canaliculés; cylindroïdes conjoints ou divergents (*madréporite*); aciculaires : A. radiés, A. conjoints; fibreux conjoints Amorphes : laminaire, lamellaire; saccharoïde; granulaire; compacte; dendritique; schistoïde; globulaire (*oolithe*) grossière, coquillère; crayeuse; spongieuse (*moëlle de pierre, agarie minéral*); pulvérulente (*farine fossile, lait de lune*).

Formes imitatives : fistulaire; cylindrique; conique; renflée ou fongiforme; stratiforme; tuberculeuse; mamelonnée; globuliforme testacée; géodique; incrustante; sédimentaire; pseudomorphique, figurant des cames, des cornes d'ammon, des térébratules, des oursins, des cérites, des bélemnites, etc. Ces diverses modifications portent vulgairement les noms de *stalactite, stalagmite, albâtre calcaire, pisolithe, ostéocolle, tuf calcaire, etc.*

Rayant la chaux sulfatée, rayée par la chaux fluatée.

Pesanteur spécifique : 2,7.

Fortement électrique par la pression : dans les fragments transparents, le simple contact suffit pour développer l'électricité vitrée.

Transparente, translucide ou opaque.

Réfraction double très-marquée, même à travers deux faces parallèles.

Limpide; blanche; grise; noire; jaunâtre; orangée; rose; rouge; violette; bleuâtre; bleue; vert-sombre; brune.

Composition : Chaux, 56; acide carbonique, 44.

L'existence, comme les usages de la chaux carbonatée, est extrêmement multipliée : aucun terrain n'en est dépourvu; les uns l'admettent comme partie constituante, dans d'autres elle est principe exclusif. Presque toutes les eaux en tiennent en dissolution, et quelquefois les quantités. y sont telles que la seule évaporation suffit pour en décider la précipitation, ce qui donne naissance aux incrustations, aux concrétions, aux pseudomorphoses calcaires.

L'un des premiers usages auxquels on a soumis la chaux carbonatée compacte, fut sans doute la taille; cette substance, par ce moyen, est devenue l'un des meilleurs matériaux de la construction des édifices; toutes les variétés peuvent y concourir, mais on donne, avec raison, la préférence aux masses dont le tissu offre le plus de solidité, à celles dont le grain est le plus fin et le plus serré. Les cavités souterraines d'où l'on détache des masses de calcaire compacte, se nomment *carrières*; et c'est là qu'on les débite en blocs ordinairement cubiques, avant de les amener au jour où on leur fait subir une seconde coupe plus régulière et subordonnée à la destination des pierres.

La facilité et la netteté avec lesquelles, sous le ciseau de l'artiste, les masses de chaux carbonatée peuvent prendre les formes les plus pures et les plus délicates, auront probablement, dès les premiers âges de la civilisation, fait penser à l'employer comme moyen de perpétuer, par une heureuse imitation, des traits chéris, pour éterniser le souvenir de grands services rendus,. pour transmettre aux générations des images durables des divinités qui furent successivement les objets du culte de différents peuples. Des statues ornèrent les temples, les monuments publics et les palais ; des meubles élégants et solides décorèrent les habitations ; on a choisi, pour les premières, le calcaire ou marbre le plus pur et le plus blanc, tel que l'ont fourni aux anciens les carrières de Paros et de Carrare; pour les autres on a varié les couleurs selon le goût et les besoins, et tous les marbres ont été admis. Les carrières de l'Attique ont produit le cipolin ; le bleu antique fut trouvé par les Romains dans celles de Uztemma, en Toscane, d'où on le tire encore ; le vert et le jaune antiques s'exploitaient près de Lacédémone ; on mettait à contribution les carrières de l'Asie et de l'Afrique pour d'autres variétés. Les principaux marbres exploités et mis en œuvre actuellement, sont : le gris, à Elvire, Aix, etc,, etc. ; le gris-jaunâtre, à Château-Landon ; le gris veiné de blanc, à Sainte-Anne, Saint-Remy, Grimonville, Angers ; le gris veiné de rouge, à Hon ; le grisâtre, taché de jaunâtre et veiné de rouge, a Marquise ; le grisâtre veiné de jaune et de noir à Aste ; le noir veiné de blanc, à Barbançon ; le noir veiné de jaune, dit *portor*, à Saint-Maximin ; le noir pur, à Namur, Theu, Spa, Osnabrück ; le jaune pâle, dans la Hesse ; le jaune veiné de gris à Troncas, Sienne ; le jaunâtre veiné de gris, de blanc et de vert à Sky : le rougeâtre, à Molina ; le rouge, à Saint-Romain ; le rouge coquiller, à Véronne ; le rouge veiné de blanc, à Givet, Rochepot, Rancé, Antin ; le rouge veiné de blanc et de gris, à Left ; le rouge veiné de noir, à Naquera ; le rouge bariolé de jaune et de bleuâtre, dans le Bourbonnais ; le rouge veiné de vert et de grisâtre, à Campan ; le vert, à Prato ; le vert veiné de rouge et de blanc, à Saint-Bertrand ; le vert tacheté de gris, à Bergame; le vert veiné de blanc et de rouge, à Campan; et tant d'autres variétés qu'il est presque impossible d'énumérer. Les marbres riches en débris de coquilles sont distingués par le surnom de Lumachelles. Le marbre se travaille à la scie, au ciseau et au tour, ordinairement à l'aide de sable humecté; on l'aplanit avec divers espèces de grès, on l'adoucit avec la pierre ponce, puis on le polit avec un mélange d'os calcinés, réduits en poudre très-fine et d'un peu d'alun. Cette méthode employée pour les marbres blancs qu'il faut chercher à préserver de l'imbibition de tout corps tachant, serait insuffisante pour les marbres colorés qui sont beaucoup plus durs; àlors on a recours à l'émeri : on en frotte les surfaces, au moyen d'une masse de plomb, et l'on donne le dernier lustre avec un linge imprégné successivement d'un mélange de deux parties de limaille de plomb et d'une d'alun, puis de potée d'étain. Depuis que, dans l'art de la verrerie, l'on a substitué à la soude naturelle, cet alcali obtenu de la décomposition du sel marin, le calcaire est entré en proportions assez considérables dans la composition du verre; il s'est établi pour cela un choix dans la qualité de la pierre qui l'a fait rechercher et en a augmenté la valeur. On emploie aussi dans le travail des minerais de fer, comme principal fondant, la chaux carbonatée connue aux forges sous le nom de *Castine*.

Une variété de chaux carbonatée compacte qui paraît destinée à jouer un très-grand rôle dans la propagation des arts du dessin et de l'imprimerie, est celle que l'on trouve dans les environs de Munich. Un heureux hasard a procuré à Snefelder, l'occasion de découvrir dans cette variété, la propriété singulière de multiplier les épreuves des traits ou caractères dessinés sur la pierre avec un crayon gras. Le nouveau mode de gravure résultant de cette découverte, a été nommé *lithographie*, et peut, dans une foule de circonstances, être substitué avec succès à la gravure sur cuivre.

Un homme, d'un génie spéculatif, ayant remarqué avec quelle promptitude s'opéraient les incrustations sédimentaires aux sources de Saint-Philippe en Toscane, crut qu'on pourrait en profiter pour produire à volonté toute espèce d'empreintes et de reliefs ; il imagina de faire tomber goutte à goutte, l'eau de ces sources, sur des moules disposés à cet effet, et il obtint, au bout de quelques mois, un dépôt calcaire assez épais pour conserver, après être détaché du moule, toute la solidité convenable. On sait qu'en d'autres endroits, il suffit de déposer dans l'eau de certaines sources, des fruits, des matières végétales, et même des dépouilles animales, pour les retrouver quelque temps après, entièrement encroûtés de chaux carbonatée dont les molécules ont conservé avec une fidélité admirable tous les contours des objets déposés.

La peinture en détrempe fait une consommation assez grande de chaux carbonatée réduite, par la trituration et le broiement avec de l'eau, en pâte d'une grande finesse, dont on forme des pains qu'on laisse sécher et qui, dans cet état, portent le nom de *blanc de Troyes*, *blanc d'Espagne*, ou *craie*. On peut fabriquer avec ces pains, des crayons, en les taillant en prismes très-allongés.

La craie devient d'un usage plus important et plus étendu dans l'agriculture ; elle est l'une des trois substances dont les justes proportions paraissent être indispensables pour obtenir de la terre tous les fruits qu'elle peut produire ; elle absorbe avec avidité, retient d'abord, puis distribue uniformément, lorsque le besoin s'en fait sentir, l'humidité versée par l'atmosphère. On a observé qu'elle favorise et développe au moyen de la chaleur qu'elle conserve, la fermentation des engrais ; que par l'extrême ténuité à laquelle peuvent être réduites ces molécules elle augmente considérablement les facultés végétatives des plantes ; aussi voit-on le cultivateur soigneux s'empresser d'apporter sur les terrains trop riches en argile comme en sable, les proportions de calcaire qui leur manquent. L'action continue de l'air et de l'eau, opère à la longue ce que ferait aussitôt une force mécanique quelconque, la division des particules ; et c'est autant de main-d'œuvre épargnée.

La chaux carbonatée, dépouillée de l'acide carbonique qui la portait à l'état de sel, et réduite à celui de chaux ou d'oxyde de calcium des chimistes, forme la base de tous les *mortiers ou bétons*. Pour enlever à la pierre son acide, il ne s'agit que de la soumettre à une température fort élevée : la chaleur volatilise l'acide carbonique et la base reste isolée. Cette opération se pratique en grand dans des fours auxquels on donne la forme de cônes renversés. Le fourneau se trouve à l'ouverture inférieure ; on y place d'abord de la houille mêlée de menu bois pour l'allumer ; on ajoute un lit de pierre calcaire, puis un lit de combustible, et ainsi alternativement jusqu'à ce que le four soit rempli ; quand la cuisson est terminée, la pierre calcinée est entièrement refroidie, on enlève les barreaux du fourneau, et la chaux s'écoule par cette ouverture. Lorsqu'au lieu de houille, on est forcé d'employer le bois à la cuisson de la pierre, on donne au four une forme cylindrique, et la combustion du bois s'opère dans le fourneau; on dirige le feu de manière à ce que la flamme parcoure alternativement tous les interstices que laissent les pierres entre elles, afin que l'action du feu soit autant uniforme que possible.

La pierre fournit selon son degré de pureté ou selon l'état d'agrégation de ses molécules, des chaux *maigre* ou *grasse*; la première a rarement une couleur blanche; elle absorbe peu d'eau lorsqu'on l'éteint, et conséquemment augmente peu en volume; elle exige peu de sable pour la confection du mortier, mais elle jouit de la propriété de se durcir considérablement et en très-peu de temps, à l'air comme sous l'eau. La chaux grasse durcit rarement sous l'eau; mais elle absorbe, par son extinction, près de trois fois son volume de ce liquide; elle peut admettre le mélange d'une grande quantité de sable, mais le mortier qui en résulte a peu de solidité, et ne saurait être employé que dans la maçonnerie qui ne doit opposer qu'une faible résistance, soit aux fardeaux, soit aux intempéries. On doit suivre, relativement à la préparation et à l'emploi de la chaux, dans les constructions, les excellents préceptes de lord Stanhope.

Le badigeon dont on recouvre les murailles, n'est autre chose qu'un délaiement de chaux dans une quantité d'eau suffisante pour en former une bouillie claire : on l'applique à la brosse. Cette couche de chaux, absorbant insensiblement l'acide carbonique de l'air, repasse à l'état de carbonate, et récupère sa dureté primitive.

Ainsi que son carbonate, la chaux est employée avec succès à l'amendement de certaines terres de culture; mais, à cause de la grande causticité de cette dernière, son usage exige beaucoup plus de précaution. La chaux est encore d'une grande utilité dans beaucoup d'autres arts : c'est à son action que le tanneur doit la dépilation ou le débourrement des peaux; le savonnier, la causticité des lessives alcalines auxquelles la chaux enlève l'acide carbonique qui les neutralisait.

Cette substance, douée de la propriété de s'opposer aux ravages de la putréfaction, en préserve, jusqu'à un certain point, les matières animales : dans les pays où l'industrie s'attache à dessécher le poisson, l'on a soin de le saupoudrer de chaux éteinte à l'air. L'eau, saturée d'autant de chaux qu'elle peut en dissoudre, sert au fabricant de colle forte à bien dégraisser et nettoyer les matières animales qui font la base de ses fabrications; dans l'art de la teinture, elle donne le pied à certaines couleurs ou les avive; elle procure au raffineur une liqueur désacidifiante qui favorise la cristallisation du sucre.

Mais il est temps de mettre un terme à cette énumération des usages du calcaire; peut-être même la trouvera-t-on déjà trop longue. Cependant, comme il est un des minéraux dont les propriétés utiles sont généralement reconnues, il était assez difficile de garder le silence sur les principales d'entre elles.

APPENDICE.

Chaux carbonatée unie à différentes substances qui en ont altéré la nature, sans la changer totalement.

I. CHAUX CARBONATÉE FERRIFÈRE.

Syn. *Spath fusible,* Romé de l'Isle.

Caractères : Soluble lentement et avec une médiocre effervescence dans l'acide nitrique. Donnant, par l'action du chalumeau, outre de la chaux vive, un petit bouton métallique, attirable à l'aimant. Blanchissant sur un charbon ardent.

Forme primitive et molécule intégrante : le rhomboïde ; comme dans la chaux carbonatée pure et la .plupart de ses modifications, ainsi que de ses formes indétermi-nables, sont les mêmes.

Dureté : un peu supérieure, dans les fragments bien cristallisés, à celle de la chaux carbonatée.

Pesanteur spécifique : 2,814.

Translucide plus souvent opaque.

Blanc-grisâtre ; gris-noirâtre ; brun-noirâtre

Composition : mêmes éléments que ceux de la chaux carbonatée, plus une quantité variable de fer.

On la trouve en Bavière, dans le Tyrol, etc.

II. CHAUX CARBONATÉE FERRO-MANGANÉSIFÈRE.

Syn. *Spath brunissant,* Wern. — *Spath perlé,* R. de L. — *Chaux manganésiée,* D. B.

Car. : Soluble lentement et presque sans effervescenc e

dans l'acide nitrique; noircissant par l'action de la chaleur, devenant ensuite attirable à l'aimant. Variété blanche, brunissant par une longue exposition à l'air; jaunissant aux endroits touchés par l'acide nitrique.

Forme primitive et modifications semblables à celles de la variété précédente.

Rayant la chaux carbonatée.

Pesanteur spécifique : 2,83.

Translucide, opaque.

Blanche, jaune, brune, noirâtre, etc.

Chatoyement qui donne à quelques variétés l'aspect des perles.

Admettant dans sa composition, outre le carbonate de chaux, les peroxydes de fer et de manganèse, une certaine quantité de magnésie.

Cette variété forme ordinairement la gangue d'un assez grand nombre de minerais; elle est très-abondante aux mines de Sainte-Marie, à celles de Pesey, en Piémont, à celle du Hartz; en Bohême, en Hongrie, en Saxe, en Suède, etc.

III. Chaux carbonatée magnésifère rose.

Syn. Variété du *Spath brunissant.*

Car. : soluble avec difficulté et légère effervescence, dans l'acide nitrique; noircissant au feu; brunissant à l'air.

Mêmes formes et modifications que dans les variétés précédentes.

Pesanteur spécifique : 3,17.

Rayant la chaux carbonatée.

Translucide, opaque,

D'une couleur de rose, ordinairement très-pure.

Composition d'après l'analyse de Klaproth : silice 54, carbonate de manganèse 34, carbonate de chaux, 34. D'après ces résultats, il semblerait que cette substance dût être considérée comme un manganèse carbonaté silicifère.

On ne lui connaît encore que deux gisements : les mines de Saint-Marcel, en Piémont, et celle de Nagyag, en Transylvanie.

IV. CHAUX CARBONATÉE QUARTZIFÈRE.

Syn. *Grès calcaire*, R. de l'Isle. — *Spath calcaréo-quartzeux*, Sage. — *Grès cristallisé de Fontainebleau*.

Car. : Soluble en partie et avec effervescence, dans l'acide nitrique.

Forme déterminable : le rhomboïde aigu. En masses compactes ou concrétionnées, divisibles, par la percussion, en rhomboïdes obtus, semblables à ceux de la chaux carbonatée.

Rayant le verre ; donnant assez ordinairement des étincelles sous le choc du briquet.

Cassure : écailleuse, luisante en certain sens.

Pesanteur spécifique, 2,6.

Opaque, quelquefois un peu translucide sur les bords. Blanc-grisâtre.

Composition : Un rhomboïde de cette substance a donné à l'analyse : silice 37,6, chaux 35,6, acide carbonique 26,8.

Pendant longtemps on a cru que le grès cristallisé n'existait qu'en France, dans la forêt de Fontainebleau et aux environs de Nemours; mais plus tard on l'a retrouvé dans la Souabe.

C'est au milieu d'une roche quartzeuse, dans des cavités remplies de détritus arénacés que l'on trouve des cristaux isolés ou groupés de ce singulier minéral. Tout porte à croire que des infiltrations auront amené dans ces cavités des eaux saturées de carbonate calcaire; que peu à peu les molécules salines, sollicitées à se réunir symétriquement, auront obéi à la loi d'attraction; que les particules quartzeuses, placées entre les molécules calcaires, loin de porter obstacle à l'arrangement symétrique, auront été forcées de s'y conformer, et, quoique corps hétérogènes, de faire partie intégrante des cristaux.

V. CHAUX CARBONATÉE MAGNÉSIFÈRE.

Syn. *Spath magnésien.* — *Bitterspasth* W. — *Miéniite.* — *Spath amer.* — *Tharandite.* — *Dolomie.* — *Calcaire magnésien.* — *Gurhofian.*

Car. : Soluble très-lentement, et avec une légère effervescence dans l'acide nitrique.

Forme primitive et modifications en tout semblables à celles de la chaux carbonatée.

Pesanteur spécifique, 2,9.

Phosphorescence : assez souvent sensible par le frottement dans l'obscurité, ou par la projection de la poussière sur les charbons ardents.

Transparente; translucide; opaque.

Réfraction double, très-marquée.

Blanche; blanchâtre; verdâtre.

Éclat très-vif, presque nacré, même dans les morceaux bien transparents.

Composition : Chaux, 31; magnésie, 22; acide carbonique, 47. Ces proportions sont susceptibles de grandes variations.

La chaux carbonatée magnésifère constitue assez souvent des couches puissantes dans les terrains de transition et même dans les primitifs. Ces couches alternent avec les mica-schistes, les serpentines, le calcaire commun, etc.; quelquefois des masses considérables s'élèvent en montagnes d'une grande étendue, et renferment alors accidentellement du mica, de la tourmaline, du corindon, de l'amphibole, du cuivre gris, du plomb, du fer, de l'antimoine, du zinc et de l'arsenic sulfurés. Ses gisements sont très-multipliés en Italie, en Suisse, en Allemagne, en Russie, en Sibérie, en Suède, en Angleterre, etc. On emploie quelquefois, pour la calcination, au lieu de calcaire pur, la chaux carbonatée magnésifère; c'est une grande erreur : la chaux qui en résulte ne peut être que de mauvaise qualité, à cause de la magnésie qui ne se lie ni avec l'eau ni avec le sable. Si l'on pensait employer cette chaux au profit de l'agriculture, on se tromperait encore, car la magnésie, jusqu'à ce qu'elle fût complètement saturée d'acide carbonique par une réaction de l'atmosphère, frapperait de stérélité toutes les terres sur lesquelles on en répandrait.

VI. CHAUX CARBONATÉE NACRÉE.

Syn. *Spath schisteux*, Broch. — *Pierre calcaire testacée.*
— *Écume de terre.* — *Aphrit*, K.

Car. : Soluble, avec une vive effervescence, dans l'acide
nitrique.

Forme primitive : Le rhomboïde obtus. Formes indéterminables : Testacée, lamelliforme, lamellaire.

Blanche.

Eclat nacré.

Elle se trouve en Saxe dans le calcaire compacte; en
Norwége, dans les mines de zinc et de plomb; en Misnie
en Thuringe, en Sardaigne, etc., dans du calcaire stratiforme.

VII. CHAUX CARBONATÉE FÉTIDE.

Syn. *Pierre de porc.* — *Pierre puante*, Sage.

Car. : Répandant, après la percussion une odeur d'œufs
pourris; faisant effervescence avec l'acide nitrique; perdant son odeur, et se convertissant en chaux par l'action
du feu.

Forme : Divisible en rhomboïdes obtus; affectant diverses modifications de la **chaux carbonatée.**

Pesanteur spécifique : 2,7.

Acquérant par l'isolement, l'électricité vitrée.

Blanchâtre; grise; noirâtre.

Opaque.

Dans quelques îles de l'Archipel européen. La variété
d'un gris-noirâtre se trouve en assez grandes masses dans
le Hainaut, où l'on ne peut la confondre avec la variété
suivante.

VIII. CHAUX CARBONATÉE BITUMINIFÈRE.

Syn. *Marbre noir.* — *Chaux bitumineuse.*

Car. : Répandant, par l'action de la chaleur, une odeur de bitume ; soluble avec effervescence dans l'acide nitrique. Blanchissant et se calcinant au feu.

Pesanteur spécifique : 2,7.

Développant par le frottement, de l'électricité résineuse.

Compacte ; lamellaire ; quelquefois fibreuse.

Noire.

Opaque.

De vastes carrières de cette variété se trouvent en Belgique, aux environs de Dinant et de Namur.

Il en existe aussi en Irlande, en Danemark, en Suède, etc.

IIᵉ ESPÈCE.

ARRAGONITE.

Syn. *Spath calcaire prismatique*, de B. — *Chaux carbonatée dure*, Bourn. — *Apatits des Pyrénées*, Nonn. — *Flos ferri.*

Car. : Soluble entièrement et avec effervescence dans l'acide nitrique. Un fragment de cristal, exposé à la flamme d'une bougie, s'y divise en parcelles blanches qui jaillissent autour de la flamme ; les parties opaques ne font que blanchir.

Forme primitive : L'octaèdre rectangulaire.

L'agrégation de plusieurs cristaux primitifs donne lieu

à la formation de cristaux prismatoïdes que l'on serait tenté de regarder comme produits d'un seul jet.

Formes indéterminables : Cylindroïde; aciculaire; fibreuse; radiée; corralloïde lisse ou hérissée; compacte;

Rayant la chaux carbonatée et la chaux fluatée; entamant même quelquefois le verre.

Cassure transversale vitreuse, éclatante.

Pesanteur spécifique : 2,92..

Transparent; translucide; opaque.

Réfraction double à travers deux faces inclinées l'une sur l'autre; simple à travers deux faces parallèles aux joints naturels, ce qui se trouve être en sens inverse de la chaux carbonatée pure.

Blanc; jaunâtre; verdâtre; violet; gris.

Éclatant, sans être nacré; aspect satiné dans les échantillons d'un blanc mat.

Composition. Analysé d'un cristal d'Auvergne : Chaux, 54,2; strontiane, 3,1; acide carbonique, 42,7.

L'arragonite, qui paraît être de formation récente, ne se trouve qu'accidentellement dans les roches. En cela il diffère de la chaux carbonatée, qui fait partie constituante d'un grand nombre de terrains : il en diffère encore par la forme primitive, dont les partisans du système basé sur les caractères géométriques attribuent le changement à la présence de la petite quantité de strontiane. Quoi qu'il en soit, l'arragonite qui tapisse, en s'y concrétionnant, les cavités des mines de fer de la Styrie, de la Carinthie, de la Hongrie, des Vosges, du Dauphiné, etc.; celui qui se cristallise dans les basaltes de l'Auvergne, dans les roches serpentineuses des Alpes, du Piémont, dans les minérais de la Saxe, de la Transylvanie, du Mexique ; les cristaux ou les groupes de cristaux qui naissent au sein de certaines argiles gypsifères en Espagne, au pied des Pyrénées, dans les Landes, etc., etc., présentent entre eux des différences respectivement constantes, non-seulement dans les formes, mais dans les proportions de strontiane, que MM. Thénard et Biot ont trouvées absolument nulles malgré les soins les plus minutieux dans l'analyse de plusieurs arragonites doués des caractères extérieurs les plus saillants en opposition avec ceux de la chaux carbonatée. Des recherches ultérieures fixeront probablement les idées sur cette singulière anomalie de forme avec analogie de composition, et l'on saura s'il faut enfin adopter l'opinion émise par les deux académiciens cités, qu'il se peut que les mêmes principes, en s'unissant dans des proportions semblables, forment des composés qui diffèrent relativement à leurs propriétés physiques, soit que les molécules de ces principes aient par elles-mêmes la faculté de se combiner ensemble de plusieurs manières, soit qu'elles acquièrent cette faculté par l'influence passagère d'un agent étranger qui disparaît ensuite sans que la combinaison soit détruite.

III° ESPÈCE.

Chaux phosphatée.

Syn. *Apatite*, de B. — *Chaux phosphorée*, de B. — *Béril de Saxe*. — *Chrysolithe*, Delam. — *Pierre d'asperge*. Broch. — *Moroxite*, Reuss. — *Asparagolite*. — *Phosphorite*, E. de B. — *Agustite*.

Car. : Soluble, lentement et sans effervescence dans l'acide nitrique. Infusible au chalumeau.

Forme primitive : Le prisme hexaèdre régulier. Molécule intégrante : prisme triangulaire équilatéral.

Formes indéterminables : Laminaire ; lamellaire ; granulaire ; guttulaire ; grossière ; pulvérulente.

Rayant la chaux carbonatée et la chaux fluatée ; n'entamant point ou que très-légèrement le verre.

Pesanteur spécifique : 3 à 3, 2.

Phosphorescence : Sensible dans la poussière projetée sur des charbons ardents.

Transparente ; translucide ; opaque.

Réfraction simple.

Limpide ; blanchâtre ; grise ; jaune-verdâtre ; orangée ; rouge de chair ; violette ; bleue ; vert-grisâtre ; vert-obscur ; brunâtre.

Éclat : Ordinairement vitreux.

Composition : Chaux, 55 ; acide phosphorique, 45.

La chaux phosphatée, qu'à des époques encore très-rapprochées l'on avait persisté à regarder comme une gemme, a pu, en faveur de la vivacité et de l'éclat de couleurs que possèdent certains cristaux, occuper un rang dans l'art de la bijouterie ; mais le peu de dureté dont elle jouit devait un jour ou l'autre l'en exclure ; c'est ce qui est arrivé presque aussitôt que sa véritable composition a été connue. La science minéralogique est redevable aux travaux analytiques du célèbre Klaproth des premières notions exactes sur la nature de cette substance que des apparences ont si longtemps tenu enveloppée d'un voile étranger. Quoique assez abondante dans certaines régions telles que l'Espagne, la Bohême, etc., où elle forme des masses terreuses assez considérables pour être employées à la bâtisse, cette substance ne se rencontre que rarement sous des formes bien déterminées ; on en trouve cependant des cristaux disséminés dans les roches de l'Estramadure, du Saint-Gothard, de la Bavière, de la Saxe, de la Bohême, de l'Angleterre, de l'Amérique septentrionale, du Groenland, des environs de Limoges et de Nantes ; dans les mines de fer d'Arendal, dans celles d'étain de Chreinfriedersof, de Shlachenwald, du Cornouailles etc., etc. Les minéraux qui accompagnent ordinairement la chaux phosphatée sont la chaux fluatée, la silice fluatée, alumineuse, le quartz, le grénat, l'amphibole, le pyrozène, le mica, le talc, le feld-spath, l'étain oxydé, le schéelin, le titane, les fers oxydulé et arsénical, etc., etc.

APPENDICE.

CHAUX PHOSPHATÉE QUARTZIFÈRE.

Car. : Soluble en partie dans l'acide nitrique, y faisant d'abord une légère effervescence.

Rude au toucher.

En petites masses poreuses.

Donnant des étincelles sous le choc du briquet

Poussière phosphorescente sur des charbons ardents.

Cassure terreuse ou grenue ; quelquefois lamellaire dans un sens.

Rouge de chair ; d'un gris sale, nuancé de violet.

Composition : Chaux; acide phosphorique; silice.

A Schneeberg en Saxe.

IVe ESPÈCE

Chaux fluatée.

Syn. *Spath fluor.* — *Spath vitreux*, B *de* L. — *Spath fusible.* — *Fluor spathique.* — *Spath phosphorique.* — *Fluor minéral.* — *Fluorite.* — *Albâtre vitreux.* — *Prisme d'améthyste.* — *Prisme d'émeraude.* — *Spath cubique.* — *Phosphure de calcium*, Beud.

Car. Poussière donnant, par l'acide sulfurique, des vapeurs blanchâtres, âcres, susceptibles de corroder le verre. Fusible au chalumeau en un émail blanc qui, par la prolongation du feu, se transforme en verre transparent.

Forme primitive : L'octaèdre régulier; molécule intégrande : tétraèdre régulier. Formes indéterminables : Sphéroïdale; laminaire; testacée; compacte; terreuse; concrétionnée; stratifiée.

Rayant la chaux carbonatée. Facile à entamer avec une pointe d'acier.

Pesanteur spécifique : 3, 1 à 3, 2.

Phosphorescence sensible dans l'obscurité par le frottement de deux morceaux l'un contre l'autre. La poussière projetée sur des charbons ardents y développe une lueur verdâtre.

Transparente; translucide; opaque.

Limpide; blanchâtre; grisâtre; jaunâtre; jaune; rouge de rose; rouge-violette; violette; violet-noirâtre; bleue;

verdàtre; verte. — Violette par réflexion, et verdàtre par transparence dans certains échantillons.

Éclat : Vitreux.

Composition : Chaux, 67,75 ; acide fluorique, 32, 25.

Plusieurs contrées offrent des gisements considérables de chaux fluatée qui, du reste, se rencontre assez généralement dans les roches de toutes formations, soit interposée par couches continues, soit en simple dépôt. Elle accompagne encore différents minerais dans leurs filons, et leur sert de gangue, principalement au plomb, au fer et au zinc sulfurés, aux cuivres piryteux et gris à l'étain oxydé, au cobalt arsénical, à l'argent natif, etc., etc. On prétend aussi l'avoir découverte dans les déjections volcaniques.

La France, l'Allemagne, la Sibérie, la Suède, et surtout l'Angleterre, renferment en abondance de la chaux fluatée. Dans ce dernier pays, où l'industrie trouve dans toutes les classes de la société de zélés protecteurs, où le rang et la science du commerce ne sont point jugés incompatibles, on a tiré le parti le plus avantageux du beau poli et des formes agréables que prend sur le tour et dans des mains habiles la chaux fluatée, pour en fabriquer toutes espèces d'objets d'ornement, qui assurent à grand nombre d'ouvriers et d'artistes une heureuse existence.

Quelques-uns des minerais qu'accompagne la chaux fluatée ont l'avantage de porter avec eux leur fondant, car il n'est point de substance qui détermine d'une manière plus efficace la vérification des matières terreuses unies aux métaux, et leur séparation sous forme de laitiers ou de scories. Cette observation, faite depuis longtemps par les anciens métallurgistes, a vraisemblablement donné lieu aux noms de *spath fusible*, *spath vitreux*, sous lesquels on trouve la chaux fluatée décrite dans les Traités de minéralogie antérieurs à la découverte de Schéele qui fit sortir ce minéral de l'ordre des pierres pour le ranger parmi les composés acidifères. Cette pierre, quand furent connues les propriétés singulières de l'acide qui forme le principe salifiant du spath fluor, fit naître l'idée à un savant français de profiter de l'action corrosive qu'exerce l'acide fluorique sur le verre, pour graver sur cette matière des caractères aussi inaltérables qu'elle. Le procédé qu'il employa est très-simple : il recouvrit un plan de verre d'une couche de cire molle; puis, avec la pointe d'une aiguille ou d'un stylet, il enleva la cire aux endroits où le verre devait être entamé : il prit ensuite un vase de plomb dont l'orifice avait les mêmes dimensions que le plan de verre, il y introduisit de la chaux fluatée en poudre, sur laquelle il versa de l'acide sulfurique mêlé d'une petite quantité d'eau; il recouvrit ensuite le vase au moyen du plan de verre, en interceptant toute communication du dehors au-dedans. L'acide réduit en vapeurs, se trouvant en contact avec toutes les parties du verre que la cire ne recouvrait plus les corrodait et y laissait un trait ou une suite de traits profonds qui devenaient sensibles après la disparution de la couche de cire.

APPENDICE.

I. CHAUX FLUATÉE QUARZIFÈRE.

Car. Compacte; massive.

Donnant des étincelles sous le choc du briquet.

Grise.

Du comté de Cornouailles.

II. CHAUX FLUATÉE ALUMINIFÈRE.

En cubes isolés.

Opaque ; d'un aspect terreux à la surface ; d'un tissu lamellaire à l'intérieur ; offrant quelquefois dans les fractures des indices, des joints naturels situés parallèlement aux faces de l'octaèdre.

D'un gris sale.

Il paraît que dans ce minéral les particules de l'alumine sont à la chaux fluatée ce que celles de la silice sont à la chaux carbonatée dans le *grès de Fontainebleau.* On le trouve en Angleterre, aux États-Unis, près de Boston.

Vᶜ ESPÈCE.

Chaux sulfatée.

Syn. *Gypse,* R. de L. — *Sélénite,* Bergm. — *Chaux vitriolée.* — *Pierre spéculaire.* — *Pierre à Jésus.* — *Miroir d'âne.* — *Glace de Marie.* — *Talc de Montmartre.* — *Albâtre gypseux.* — *Alabastrite.*

Car. Soluble dans environ cinq cents parties d'eau. Blanchissant par l'application d'une chaleur médiocre, et tombant bientôt en une poussière que l'on connaît sous le nom de plâtre.

Forme primitive : le prisme droit, dont les bases sont des parallélogrammes obliquangles. Formes indéterminables : prismatoïde, lenticulaire, mixtiligne, fibro-soyeuse, aciculaire, laminaire, lamellaire, granulaire, compacte, terreuse, niviforme, concrétionnée.

Très-tendre; rayée par la chaux carbonatée, et même par la pression de l'ongle. Facilement divisible en lames d'une grande finesse, qui se brisent sous des angles qui se rapportent à ceux de la forme primitive.

Pesanteur spécifique : 2,2 à 2,3.

Transparente; translucide; opaque.

Réfraction : double à un faible degré; elle ne se laisse bien déterminer qu'à travers une des grandes faces d'une lame et une face artificielle qui lui soit obliquement opposée.

Limpide; blanchâtre; blanche; jaune-foncé; grisâtre.

Éclat ; nacré; répandu assez souvent sur les grandes faces.

Composition : Chaux, 33 ; acide sulfurique, 46, eau, 21.

La chaux sulfatée constitue des formations secondaires très-étendues, quelquefois même des montagnes fort élevées; elle stratifie les roches primordiales, et se retrouve encore dans les terrains les plus récents. Il est peu d'eaux qui n'en tiennent en dissolution ou en suspension; aussi trouve-t-on souvent entre les feuillets des schistes que ces eaux pénètrent, une foule de petits cristaux de chaux sulfatée, réunis par une de leurs pointes, et représentant des astéries. On retrouve la même disposition, mais avec des cristaux beaucoup plus gros, dans les glaisières; là probablement, les molécules intégrantes, attirées par la force qui les pousse l'une vers l'autre, rencontrent moins de difficultés pour se réunir, et se groupent en plus grand nombre. D'autres minéraux, que les eaux traversent par infiltration, tels que les houilles et les psammites qui les recouvrent, divers minerais de cuivre, de plomb, de fer, etc., offrent des traces sensibles de dépots partiels de gypse.

On rencontre dans le voisinage des volcans et même dans leurs cratères, des poches de chaux sulfatée, qui permettent d'attribuer, dans ces gisements, la production de cette substance à l'action des feux volcaniques. En effet, l'acide sulfurique qui se forme dans ces grands laboratoires, peut se combiner tout aussitôt avec la chaux qui n'y est jamais étrangère, et donner naissance à du gypse. Ordinairement celui-ci sert de gangue à des cristaux de soufre qui ont échappé à l'acidification.

La chaux sulfatée, sous l'ancienne dénomination d'albâtre gypseux, ou d'alabastrite, fut, de tout temps, la matière que les sculpteurs recherchèrent à cause de son extrême blancheur et de son peu de dureté, pour les ouvrages d'une grande délicatesse. On la travaille maintenant encore, et des ateliers considérables son établis dans le voisinage même des carrières, à Voltera, en Toscane. Il y en a aussi à Saint-Claude, à Lagny-sur-Marne, etc., qui fournissent au luxe tout ce qui peut le satisfaire en ce genre.

Citer les gisements de ce minéral, en ce bornant même aux principaux, serait presque faire l'énumération de tous les terrains de nouvelle formation. On pourra, d'après cela, juger de l'importance du rôle qu'il a dû jouer dans les différentes catastrophes du globe.

APPENDICE.

CHAUX SULFATÉE CALCAIRIFÈRE.

Syn. *Pierre à plâtre.*

Car. Soluble en partie, et avec une légère effervescence dans l'acide nitrique. Réductible par la calcination en masses friables, susceptibles d'absorber beaucoup d'eau, et de se solidifier avec elle.

Exhalant, lorsqu'on la frotte, une odeur fétide.

En masses compactes, granuleuses, parsemées de lamelles.

Opaque; rarement un peu translucide.

D'un blanc-jaunâtre ou grisâtre.

Composition : Chaux, 57; acide sulfurique, 34; acide carbonique, 9.

Beaucoup plus rare que la chaux sulfatée, la pierre à plâtre forme cependant, en plusieurs contrées, des bancs d'une richesse précieuse; celui qui compose l'énorme plateau sur lequel s'est élevée la ville de Paris, est le plus considérable que l'on connaisse; viennent après lui ceux que l'on a reconnus dans la vallée de Burgos en Espagne, dans la vallée d'Aix en Provence, aux environs de Strasbourg, à Catalgirone, en Sicile, en Egypte, où des cristaux se forment d'une manière sensible à l'œil, dans les cavités qu'impriment dans le sable gypseux les pieds des chameaux et des chevaux (1).

----

(1) Feu M. Malus, de l'Institut d'Égypte et de France, m'a remis des petits cristaux trapeziens de chaux sulfatée, recueillis par lui dans un semblable gisement.

On emploie la pierre à plâtre comme matériaux propres à des constructions, et comme ciment, après avoir été calcinée; on procède à cette dernière opération dans des espèces de fours que l'on construit avec les pierres mêmes. Ces fours ne sont que des voûtes résultant de l'arrangement des pierres sous lesquelles est placé le combustible, on met le feu à celui-ci; et lorsque les pierres ont atteint le rouge-cerise, on retire le feu, on fait écouler les pierres pour les réduire de suite en poussière, au moyen de battes faites exprès. On a beaucoup moins de peine par ce moyen, que si l'on attendait l'entier refroidissement. Lorsqu'on veut avoir un plâtre cuit avec plus de soin, on emploie des fours semblables à ceux du boulanger, que l'on chauffe fortement avant d'y introduire les pierres: dès qu'elles y sont, on ferme hermétiquement toutes les ouvertures. Tout le monde connaît l'emploi du plâtre dans l'art du modeleur, et les objets élégants qui en résultent. Le stuc est une composition dont le plâtre est la base; on en forme avec de la dissolution de colle forte, une pâte dans laquelle on délaie les couleurs qui doivent imiter les nuances du marbre ou de toute autre pierre; on polit et on frotte les surfaces avec des linges imbibés d'un peu d'huile de lin, elles acquièrent ainsi de la solidité et le brillant des pierres les plus dures. L'huile dont on imbibe ces surfaces, contribue à les préserver de l'action de l'humidité, qui, sans cela, dissolverait les parties avec lesquelles elle se trouverait en contact, et en détruirait aussitôt le poli.

Le plâtre fournit à l'agriculture un puissant moyen pour amender les sols arables. Quoiqu'on ne connaisse pas son action directe sur la végétation, on peut présumer que c'est à la faveur de sa dissolubilité qu'il est charrié dans les organes nourriciers des plantes, et qu'il y agit comme stimulant. On pourrait appuyer cette opinion par l'expérience qui n'exige le renouvellement de ce moyen que tous les quatre ou cinq ans, et qui prouve qu'au dernier comme au premier terme, il est également agissant.

VIe ESPÈCE.

Chaux anhydro-sulfatée.

Syn. *Spath cubique*, Broch. — *Pierre de tripes.* — *Karsténite.* — *Anhydrite.*

Car. Moins soluble dans l'eau que la chaux sulfatée ; ne s'exfoliant point comme elle par l'action de la chaleur ; blanchissant aussi beaucoup plus difficilement.

Forme primitive : le prisme droit rectangulaire.

Formes indéterminables : laminaire ; lamellaire ; fibreuse ; concrétionnée-contournée ; compacte.

Rayant la chaux sulfatée et la chaux carbonatée.

Pesanteur spécifique : 2,5 à 2,9.

Transparente ; translucide ; opaque.

Réfraction : double, très-marquée à travers une face naturelle et une face artificielle qu'on lui oppose obliquement.

Limpide ; blanchâtre ; blanche ; grisâtre ; rouge-de-chair ; rouge-brunâtre ; violette ; bleuâtre ; brunâtre.

Composition : Chaux, 42 ; acide sulfurique, 58.

Ce minéral accompagne assez souvent la chaux sulfatée

et la soude hydrochloratée, avec lesquelles il forme différentes superpositions de couches, dans plusieurs montagnes et terrains stratifiés du Tyrol, de la Suisse, de la Haute-Autriche, de la Pologne, etc., où sont établies d'importantes salines. On le trouve encore allié à divers minerais, comme dans les filons d'exploitation des mines de plomb à Pesey. Dans le Wurtemberg, on l'exploite pour le débiter en tablettes, que l'on polit et vend comme du marbre ; et sa belle couleur bleue le fait préférer au marbre turquin. Dernièrement, des recherches de mines de houille, dans la province de Liége, y ont fait découvrir l'existence du prétendu marbre de Wurtemberg ; il est possible qu'on lui reconnaisse des qualités propres à le faire exploiter.

APPENDICE.

I. CHAUX ANHYDRO-SULFATÉE ÉPIGÈNE.

Car. Donnant du plâtre par la calcination.

En masses écailleuses qui présentent des indices de division en parallélipipèdes rectangles. En masses granulaires.

Rayée par la chaux anhydro-sulfatée.

Pesanteur spécifique : 2,3.

Translucide ; opaque.

Blanche ; bleuâtre.

Composition : Chaux, 36,6 ; acide sulfurique, 55 ; eau, 8,4.

Cette variété paraît être une altération spontanée de la chaux sulfatée qui aurait perdu une certaine quantité de son eau de cristallisation, ou de la chaux anhydro-sulfatée qui en aurait récupéré. Elle a divers gisements, mais on la trouve en plus grande abondance à Pesey.

II. Chaux anhydro-sulfatée muriatifère.

Syn. *Muriacite.*

Car. Ne diffère de la chaux anhydro-sulfatée que par une saveur salée, due à la présence de l'hydro-chlorate de soude qui a pénétré tout le tissu de la pierre.

III. Chaux anhydro-sulfatée quarztifère.

Syn. *Pierre de Vulpino. — Vulpinite.*

Car. Très-fusible par l'action du chalumeau.

En masses lamellaires.

Rayant à peine la chaux carbonatée.

Pesanteur spécifique : 2,8.

Poussière légèrement phosphorescente sur les charbons ardents.

Opaque; translucide sur les bords.

D'un blanc-grisâtre, quelquefois veiné de bleuâtre.

Composition : Chaux, 36,8; acide sulfurique, 55,2, silice, 8.

Cette variété n'a encore été reconnue qu'à Vulpino dans le Bergamase, où Fleuriau-de-Bellevue l'a découverte.

VIIᵉ ESPÈCE.

Chaux nitratée.

Syn. *Nitre calcaire,* de B. — *Phosphore de Beaudoin.*

Car. Déliquescente au contact de l'air humide; précipitant abondamment par l'oxalate de potasse. Fusant sur les charbons allumés, en y laissant un résidu de chaux.

Saveur amère et désagréable.

Cristallisant en prismes hexaèdres réguliers, souvent tellement déliés qu'ils ne présentent que des groupes d'aiguilles.

Fortement desséché, ce minéral devient lumineux dans l'obscurité.

Limpide ou blanchâtre.

Composition : Chaux, 35; acide nitrique, 65.

Les vieux murs, les plâtras sujets aux efflorescences de salpêtre de houssage, produisent aussi la chaux nitratée sous forme de petites aiguilles qui paraissent et s'évanouissent alternativement, selon l'état hygrométrique de l'atmosphère. Les salpétriers recueillent et lessivent les plâtras imprégnés de chaux nitratée, pour traiter ensuite ce sel par carbonate de potasse ; ils obtiennent, au moyen d'une double décomposition, du nitrate de potasse et du carbonate de chaux.

VIIIe ESPÈCE.

Chaux hydro-chloratée.

Syn. *Sélénite marine. — Muria. — Phosphore de Homberg. — Sel marin calcaire. — Muriate de chaux.*

Car. Se liquéfiant à l'air, et la solution donnant un précipité copieux par l'oxalate de potasse.

Saveur âcre, amère et désagréable.

Susceptible de cristalliser en prismes hexaèdres, terminés par des pyramides aiguës ou en petites aiguilles très-déliées.

Pesanteur spécifique : 1,76.

Desséchée et portée à la chaleur rouge, elle conserve après avoir été refroidie, la propriété phosphorescente qu'elle développe dans l'obscurité.

Composition :. Chaux, 26 ; acide hydro-chlorique, 25 ; eau, 49.

Elle existe dans les eaux des sources salées qui fournissent à l'économie domestique la majeure partie du sel commun qu'elle emploie. Elle existe aussi, mais en moindre proportion, dans les eaux de mer.

IXe ESPÈCE.

Chaux arseniatée.

Syn. *Pharmacolithe.*

Car. Soluble sans effervescence dans l'acide nitrique. Développant des fumées blanches, accompagnées d'odeur alliacée, par l'action de la chaleur, et laissant un résidu de chaux.

Forme : Concrétionnée-mamelonnée ; capillaire.

Facile à écraser.

Pesanteur spécifique : 2,5.

Opaque.

Blanche ; quelquefois nuancée de lilas par la présence, à la superficie, d'un peu de cobalt arseniaté.

Composition : Chaux, 25 ; acide arsenique, 50,5 ; eau, 46,5.

Elle se trouve dans la Souabe, à Wittichen et dans le Hanau, à Bieber. Sa gangue, dans le premier gisement, est une espèce de granit mêlé de chaux sulfatée et de baryte sulfatée; dans le second, c'est une argile très-impure et grise.

Xᵉ ESPÈCE.

Chaux boratée siliceuse.

Syn, *Datholite — Botryolithe,* Léonh.

Car. Blanchissant à la flamme d'une bougie, et se réduisant facilement en poudre par le broiement entre les doigts. Le chalumeau la boursouffle d'abord, puis la convertit en globule vitreux, transparent.

Produisant une gelée avec l'acide nitrique chaud.

Forme primitive : Le prisme droit rhomboïdal.

Formes indéterminables : Concrétionnée-mamelonnée, composée de couches concentriques.

Compacte.

Rayant la chaux fluatée, et quelquefois le verre.

Cassure vitreuse.

Pesanteur spécifique : 2,9.

Opaque; quelquefois translucide.

Blanchâtre; verdâtre; rougeâtre.

Composition : Chaux, 35,5; acide borique, 24; silice, 36,5; eau, 4.

Cette substance a été trouvée aux environs d'Arendal en Norwège, accompagnant le quatz et la chaux carbonatée, dans une roche talqueuse qui constitue la gangue d'une mine de fer.

SECOND GENRE

BARYTE

Iʳᵉ ESPÈCE.

Baryte sulfatée.

Syn. *Spath pesant.* — *Spath séléniteux*, R. de L. *Gypse pesant*, Darcet. — *Baryte vitriolée*, de B. — *Barytite*, Delam. — *Pierre de Bologne*. — *Lithéosphore*, Del. — *Albâtre pesant.* — *Barytine*, Beud.

Car. Fusible au chalumeau, en émail blanc qui ne tarde pas à tomber en poussière; placée alors sur la langue, elle y laisse une impression d'œufs pourris.

Forme primitive : Le prisme droit rhomboïdal, dont les angles sont de 101° 32′ 13″, et 78° 27′ 47″. Molécule intégrante : prisme droit triangulaire à bases rectangles.

Formes indéterminables : Crétée; laminaire; lamellaire; bacillaire; radiée; concrétionnée; concrétionnée-fibreuse; granulaire; compacte; schistoïde.

Rayant la chaux carbonatée; rayée par la chaux fluatée.

Pesanteur spécifique : 4,3.

Transparente; translucide; opaque.

Réfraction : Simple lorsqu'une image passe d'une face artificielle parallèle aux petites diagonales, à l'un des pans; double quand c'est une facette oblique à l'une des bases.

Limpide; blanchâtre; blanc-mat; grise; noirâtre; jaunâtre; rouge-de-chair; bleuâtre; olivâtre; brune.

Composition : baryte 68; acide sulfurique 34.

Sans former des couches, sans constituer des terrains, la baryte sulfatée n'en est pas moins une des substances minérales le plus universellement répandues ; elle existe dans toutes les formations, depuis la roche primitive de Wittigen, qu'elle traverse en toutes directions, sous l'apparence de veines et veinules réticulées, jusqu'aux psammites des houillères, où elle se dépose en petites masses cristallisées. C'est ainsi qu'elle a été reconnue tout récemment dans les mines d'Anzin. Elle accompagne un grand nombre de minerais dans leurs filons, et constitue même assez souvent, à elle seule, des filons. C'est ce que l'on observe dans les mines de plomb à Pesey, à Namur, à Durham, à Westmorland, dans le Cumberland, à Pégau en Styrie, en Sibérie, dans les mines de zinc du Hartz, aux États-Unis, en Transylvanie ; dans celles de mercure à Almaden, au duché de Deux-Ponts, au Palatinat ; dans les mines d'antimoine de la Hongrie ; dans les mines d'argent de la Bohême ; dans celles de fer à Kapnic, à Czarles, à Freyberg, à Guesdorf, à Gégentrum, etc., etc. On la trouve concrétionnée, fibreuse, brune, luisante, recouverte de fer oxydé jaune dans les environs de Chaud-Fontaine ; en cristaux libres dont les modifications ainsi que le volume sont extrêmement variés dans l'Auvergne, dans les environs de Mantes.

On a cherché à substituer la baryte sulfatée pulvérisée à la craie, dans la préparation de la céruse ; mais le procédé n'ayant pas paru avantageux a été abandonné. Si l'on ajoute à cette tentative celle d'obtenir de ce minéral un fondant pour quelques métaux, on aura une idée du résultat de toutes les recherches faites jusqu'à ce jour pour utiliser la baryte sulfatée. L'on n'a guère été plus heureux dans l'emploi de sa base à la décomposition du sulfate de soude.

APPENDICE.

BARYTE SULFATÉE FÉTIDE.

Syn. *Pierre hépatique.* — *Pierre puante,* Cronst. — *Hépatite.*

Car. Fusible en émail blanc; dégageant par l'action du feu, et même par le simple choc, une odeur d'œufs gâtés.

En masses lamellaires ou granulaires.

Blanche; jaunâtre; grisâtre; brune; noirâtre.

Quant aux autres caractères, ils ne diffèrent point de ceux de la baryte sulfatée.

On la trouve dans les Alpes où elle sert de gangue au plomb sulfuré; à Konsberg en Suède, dans les filons d'argent natif.

IIᵉ ESPÈCE.

Baryte carbonatée.

Syn. *Withérite,* Delam. — *Baryte aérée,* de B. — *Baro lite,* Kirw.

Car. Soluble avec une légère effervescence dans l'acide nitrique; y formant un magma blanc dont le volume devient plus grand que n'était celui du fragment avant la solution. Infusible au chalumeau.

Forme primitive: Le rhomboïde légèrement obtus. Molé-cule intégrante: tétraèdre semi-symétrique.

Formes indéterminables : Laminaire; aciculaire radiée; fibreuse; compacte.

Rayant la chaux carbonatée; rayée par la chaux fluatée.

Cassure tranversale écailleuse, ondulée.

Pesanteur spécifique : 4,3.

Poussière projetée sur des charbons ardents, répandant une lueur phosphorescente dans l'obscurité.

Translucide; opaque.

Blanchâtre; jaunâtre.

Éclat de la cassure un peu gras.

Composition : Baryte, 78 ; acide carbonique, 22.

Ce minéral jouit de propriétés vénéneuses très-actives ; aussi l'emploie-t-on en Angleterre et en Styrie, les seuls gisements connus, à la destruction des rats et des souris. Le docteur Withering l'a découvert à Anglesark, dans le Lancashire; il existe aussi dans le Shropshire et le Cumberland ; il accompagne, de même que celui de Styrie, le plomb et le zinc sulfurés dans un terrain houiller et schisteux.

TROISIÈME GENRE

STRONTIANE

Irᵉ ESPÈCE.

Strontiane sulfatée.

Syn. *Célestine*, W. — *Schulzitc*

Car. Suceptible de calcination par l'action du chalumeau, et colorant en rouge le dard de flamme. Résidu imprimant sur la langue une saveur aigre.

Forme primitive : Prisme droit à bases rhombes, donnant par ses angles 104° 48′ et 75° 12′. Molécule intégrante : prisme droit triangulaire à basses rectangles.

Formes indéterminables : Laminaire; aciculaire; fibreuse.

Rayant la chaux carbonatée; rayée par la chaux fluatée.

Pesanteur spécifique ; 3,6 à 4.

Transparente ; translucide; opaque.

Réfraction :. Double.

Limpide; blanchâtre ; bleuâtre,

Composition : Strontiane, 54 ; acide sulfurique, 46.

Cette substance, dont on n'a fait encore aucune application utile aux arts, se trouve en assez petite quantité, en Sicile, dans les vals de Noto et de Mazzara, où elle accompagne le soufre et la chaux sulfatée; on la rencontre aussi disséminée dans l'argile en Espagne, en Angleterre en Corinthie, en Égypte, en Pensylvanie, et en France aux environs de Toul.

APPENDICE.

STRONTIANE SULFATÉE CALCARIFÈRE.

Car. Faisant une très-faible effervescence avec l'acide nitrique.

En masses ovoïdes comprimées ou pseudomorphiques, quelquefois recouvertes ou renfermant des cristaux aciculaires.

D'un gris-jaunâtre, terreux.

A Montmartre, dans la marne qui recouvre les couches de chaux sulfatée calcarifère.

Strontiane carbonatée.

Syn. *Strontianite,* Delam. — *Carbonate de strontiane,*
Beud.

Car. Soluble avec effervescence dans l'acide nitrique
affaibli, la solution communiquant au papier la propriété
de brûler avec une flamme purpurine; fusible au chalumeau, en développant une belle lueur purpurine.

Forme primitive : Le rhomboïde obtus où l'incidence
de deux faces situées vers un même sommet est de 99º 35′.

Formes indéterminables : Aciculaire libre ou radiée ;
striée.

Rayant la chaux carbonatée; rayée par la chaux fluatée.

Pesanteur spécifique : 3,6.

Poussière jetée sur les charbons ardents, répandant
dans l'obscurité une lueur phosphorescente.

Translucide; opaque.

Blanchâtre; grisâtre; verdâtre.

Composition : Strontiane, 68; acide carbonique, 32.

C'est au cap Strontian en Écosse, dans un filon de
plomb sulfuré, que fut découverte la strontiane carbonatée; elle y accompagne la baryte et la chaux carbona-
tées, la stilbite, etc. Depuis, on l'a également observée
dans les filons de cuivre à Braunsdorf en Saxe, et à Salzbourg en Bavière; le célèbre Humboldt l'a rapportée du
Pérou. On emploie le résultat desséché de sa dissolution
par l'acide nitrique, à produire d'éclatantes lumières pur-
purines dans les effets du théatre, les feux d'artifice, etc.

QUATRIÈME GENRE

MAGNÉSIE

Iʳᵉ ESPÈCE.

Magnésie sulfatée.

Syn. *Vitriol de magnésie,* A. de L. — *Epsomite,* Delam.
— *Sel d'epsom.* — *Sel d'Angleterre.* — *Sel de Sedlitz.* —
Sel carthatique. — *Sel amer.* — *Hidro-sulfate de magnésie,*
Beud.

Car. Soluble dans deux fois son poids d'eau ; la solution
donnant un précipité blanc par l'ammoniaque. Effleurissant à l'air. Fusible à une légère chaleur.

Saveur fortement amère.

Forme primitive : Prisme droit symétrique ou carré.

Formes indéterminables : Granulaire ; fibrosoyeuse ; pulvérulente.

Fragile : Cassure transversale et souvent longitudinale,
conchoïde.

Pesanteur spécifique : 1,66.

Transparente ; translucide ; opaque.

Réfraction : double.

Limpide : blanchâtre.

Composition : Magnésie, 19 ; acide sulfurique, 33 ;
eau, 48.

Les eaux de la mer, celles de certains lacs ou fontaines,
tiennent en dissolution des quantités plus ou moins
grandes de ce sel que, pendant longtemps, deux fontaines

de l'Angleterre et de la Bohême furent en possession de fournir à tous les usages de la médecine qui l'admet comme purgatif. Il est beaucoup plus rare de le trouver en masses, dans les cavités des roches où il s'est cristallisé avec la chaux anhydro-sulfatée, comme aux salines de Begotolabaden en Bavière, ou en efflorescence à la surface des rochers de diverses formations comme à Moustiers dans les Alpes, aux États-Unis, à Ménil-Montant, etc.

APPENDICE.

I. MAGNÉSIE SULFATÉE FERRIFÈRE.

Syn. *Halotricum*, Scap. — *Alumine sulfatée mêlée de chaux et de fer.*

Car. En aiguilles très-fines, qui ont quelquefois un pied de longueur, dans une mine d'alun aux environs de Glascow en Écosse; dans la mine de mercure d'Idria; dans celle de plomb de Paherstallen en Hongrie, etc.

II. MAGNÉSIE SULFATÉE COBALTIFÈRE.

Syn. *Hydro-sulfate de cobalt.*, Beud.

Car. En cristaux prismatiques, en petites masses concrétionnées, d'un blanc rosé, accompagnant de la chaux sulfatée et du quartz, dans les mines de cuivre d'Herrengrund en Hongrie.

Composition : Magnésie, 12; oxyde de cobalt, 10; acide sulfurique, 32; eau, 46.

IIe ESPÈCE.

Magnésie nitratée.

Car. Déliquescente; la solution cristallise par refroidissement en prismes rhomboïdaux; elle donne un précipité blanc par l'ammoniaque. Saveur amère, désagréable.

Composition : Magnésie, 28 ; acide nitrique, 72.

Elle se trouve en dissolution dans les eaux de la mer, dans celles des sources et lacs salés.

IIIe ESPÈCE.

Magnésie boratée.

Syn. *chaux boracique*, D. B. — *Spath boracique*. — *Boracite*. — *Quartz cubique*. — *Borate magnésio-calcaire*.

Car. Fusible au chalumeau avec bouillonnement et avec projection de parcelles pour ainsi dire étincelantes. Le résidu est un émail jaunâtre.

Forme primitive et molécule intégrante : le cube.

Rayant le verre. Cassure un peu ondulée.

Pesanteur spécifique : 3,6.

Électricité : Dans les cristaux bien purs la chaleur la développe résineusement en quatre points ou angles solides, et vitreusement en quatre autres.

Transparente ; translucide ; opaque.

Limpide ; blanchâtre ; grise ; noirâtre ; violâtre.

Composition : Magnésie, 32 ; acide borique, 68.

Cette substance se trouve ordinairement en petits cristaux réguliers, disséminés dans une chaux sulfatée granulaire de Kalkberg, montagne des environs de Lunebourg en Saxe ; elle existe aussi dans un gisement semblable à Segeberg dans le Holstein. Les cristaux les moins réguliers sont ordinairement altérés par la présence du carbonate de chaux.

IVᶜ ESPÈCE.

Magnésie carbonatée.

Syn. *Magnésie native*, Karst. — *Gisbertite*. — *Roubschite*, Delam.

Car. Cristallisable après dissolution dans l'acide nitrique affaibli, laquelle s'opère avec effervescence. Infusible au chalumeau. Durcissant au feu.

En masses légèrement granulaire; compacte; terreuse.

Se laissant entamer par le couteau, comme font les argiles.

Pesanteur spécifique : 2,17.

Opaque.

Blanche.

Composition : Magnésie, 48; acide carbonique, 52.

La magnésie carbonatée a primitivement été reconnue en Moravie, à Roubschitz, et depuis en Piémont à Castelamonte et à Baudillers ; elle s'y trouve engagée dans une roche serpentineuse. Le minéral que l'on nomme *terre de Vallecas*, paraît avoir beaucoup d'analogie avec la magnésie carbonatée; Vallecas est à peu de distance de Madrid.

APPENDICE.

I. MAGNÉSIE CARBONATÉE CALCARIFÈRE.

Ses caractères sont à peu près semblables à ceux de la magnésie carbonatée, si ce n'est que la calcarifère est toujours en masses compactes, d'un blanc mat, et qu'elle admet dans sa composition une quantité assez grande de chaux carbonatée qui occasionne une effervescence plus vive par l'acide nitrique.

II. MAGNÉSIE CARBONATÉE SILICIFÈRE.

Syn. *Écume de mer.* — *Baudisserite*, Delam. — *Magnésie*, Mitt. — *Magnésie plastique*, Brong.

Car. Susceptible de calcination; après avoir perdu beaucoup de son poids, ce qui est dû à l'évaporation de l'eau.

En masses spongieuses et terreuses.

Friable; quelquefois susceptible d'être taillée avec un couteau.

Pesanteur spécifique : Peu supérieure à celle de l'eau.

Opaque.

Blanche, assez souvent veinée de rougeâtre. ·

Composition : Magnésie, 23; acide carbonique, 20; silice, 34; eau, 23.

Elle a été découverte en Moravie, près de Rosena, par le docteur Mittchel; elle y accompagne la chaux carbonatée magnésifère et la magnésie carbonatée, dans une roche serpentineuse. On l'a également trouvée, mais en masses plus volumineuses, à Baudissero; celle provenant de ce dernier gisement a été employée avec succès dans la fabrication de la porcelaine; on l'a prise pour un felds-palt argiliforme, jusqu'à ce que Giobert eût démontré sa véritable nature.

Ve ESPÈCE.

Magnésie hydratée.

Syn. *Némolite.*

Car. Soluble sans effervescence, dans l'acide sulfurique affaibli.

En masses laminaires et fibreuses.

Tendre, flexible sans élasticité.

Pesanteur spécifique : 2,13.

Acquérant par le frottement, l'électricité vitrée.

Blanche ; éclat nacré.

Composition : Magnésie, 70 ; eau, 30.

Cette substance n'a encore été trouvée qu'aux États-Unis, à Hoboken, près de New-Jersey. Elle est disséminée par veines, dans une stéatite verdâtre.

VIe ESPÈCE.

Magnésie Hydro-chloratée.

Syn. *Muriate de Magnésie.*

Car. Deliquescente ; donnant par l'évaporation des masses aciculaires.

Pesanteur spécifique ; 1,6.

Translucide ; opaqne.

Blanche.

Composition ; Magnésie, 22 ; acide hydro-chlorique, 30 ; eau, 48.

On la trouve ordinairement en dissolution dans les eaux des mers et des sources salées.

VIIe ESPÈCE.

Magnésie phosphatée.

Syn. *Wagnerite.*
Car. Soluble dans l'acide nitrique.
Forme primitive : Prisme droit à base rhombe.

Pesanteur spécifique, 3,11.

Translucide ; opaque.

Blanche.

Composition : Magnésie, 49 ; acide phosphorique, 44 ; acide fluorique, 7.

Aux États-Unis et à Hollgraben, près de Salzebourg, disséminée dans des schistes argileux.

CINQUIÈME GENRE

ALUMINE

Ire ESPÈCE.

Corindon.

Syn. *Rubis oriental. — Saphir oriental. — Topase orientale. — Améthiste orientale. — Émeraude orientale. — Astérie. — Spath adamantin. — Diamant spathique. — Émeri.*

Car. Infusible.

Forme primitive : Rhomboïde aigu

Formes indéterminables : laminaire ; fusiforme.

Rayant plus ou moins fortement toutes les autres substances analogues, à l'exception de la Cymophane ; le diamant faisant partie des substances combustibles.

Pesanteur spécifique : 3,9 à 4,3.

Acquérant de l'électricité par le frottement, et la conservant quelquefois pendant une heure ou deux.

Transparent ; translucide ; opaque.

Réfraction : Double à un faible degré.

Limpide ; blanchâtre ; gris ; jaunâtre ; jaune ; rouge de rose ; rouge cramoisi ; violet ; bleu d'azur ; bleu indigo ; verdâtre ; vert ; brunâtre. — Varié : en partie limpide et en partie rouge ; passant du rouge au bleu, du jaune au rouge, du jaune au bleu.

Nacré ; laiteux ; chatoyant ; bronzé ; étoilé ; dicroïte.

Composition : Alumine, 98,5 ; chaux, 0,5 ; oxyde fer, 1,0.

Haüy a établi dans cette espèce trois divisions principales qu'il a qualifiées ainsi : 1° Corindon *hyalin* : comprenant les cristaux libres qui offrent à l'œil toutes les nuances vives, pures et susceptibles de le mieux flatter ; la cassure est inégale conchoïde, très-éclatante dans le sens oblique ou parallèle à l'axe, le tissu est sensiblement lamelleux dans le sens des joints surnuméraires, perpendiculaires à l'axe. 2° Corindon *harmophane* ; cette sous-espèce ne présente que très-rarement des formes pures et indéterminables ; elle est ordinairement en masses d'un tissu éminemment lamelleux dans le sens des joints naturels, parallèles aux faces du rhomboïde primitif, ce qui rend la division mécanique assez facile. 3° Corindon *compacte* ; à cassure terne, ne donnant même dans les cas les plus favorables, que des indices de joints naturels, parallèles aux faces du rhomboïde primitif.

On a cru, pendant longtemps, que la Chine et l'Inde étaient les seules contrées qui pussent fournir au commerce les beaux cristaux de corindon hyalin, justement estimés du lapidaire, et sur lesquels repose, en grande partie, l'art du joaillier ; mais en examinant avec plus d'attention des cristaux brillants disséminés dans plusieurs granits européens, ou que charrient les eaux de différents ruisseaux, comme à Expailly, près du Puy, on a reconnu qu'ils étaient de véritables corindons égalant, sinon en volume, du moins en beauté ceux de Ceylan. Ces cristaux d'Expailly proviennent de basaltes décomposés, restes irrécusables d'anciens volcans qui ont dû bouleverser tout le centre de la France. Les roches qui servent de gangue au fer oxydulé, en Suède, en Laponie, aux États-Unis, renferment aussi des corindons hyalins ; on en trouve encore dans les granits de Saint-Gothard, du Saint-Bernard et de plusieurs autres pics des Alpes et du Piémont.

Le corindon harmophane existe en cristaux réguliers dans le royaume d'Ava, à Ceylan, à la Chine, au Bengale, au Thibet, au Pérou ; dans le Piémont, aux Alpes, en Suéde. Il y est engagé dans des roches granitiques, stratifiées de talqueuses, et s'y trouve accompagné de deux substances dont la place, dans les méthodes, n'est point encore bien déterminée : ce sont la fibrolite et l'indianite. Le corindon harmophane ne figure point dans la bijouterie, mais il concourt à polir les gemmes, et devient même pour quelques-unes d'une utilité presque indispensable.

Le corindon granulaire, plus généralement connu sous le nom d'émeri, a plusieurs gisements principaux ; on l'exploitait de temps immémorial à Naxos, l'une des îles de l'Archipel, et cette mine jointe à celle d'Ochseuhop en Saxe, paraissent suffire à la consommation qui se fait de cette substance, le corindon granulaire est en masses d'un rouge vineux plus ou moins foncé ou d'un gris verdâtre, renfermant assez souvent des cristaux de fer oxydulé et des lames de spath adamantin. On le broie avec de l'eau entre deux meules d'acier ; il se réduit en poudre dont on détermine le degré de finesse par les décantations successives, et à laquelle on assigne pour l'emploi, différentes gradations. L'émeri ainsi préparé sert à la polissure des pierres, des marbres, des glaces et des métaux ; il s'emploie entre les fils métalliques dont on se sert pour scier les pierres fines, ou sous les roues de bois, de plomb, d'étain, de cuivre, mues par le tour et au moyen desquelles on taille les facettes. La gravure sur verre, celle des pierres fines, s'opère également au moyen de l'éméri, et c'est encore avec cette substance, dans son plus grand état de ténuité, que l'on donne le fil aux instruments tranchants.

D'après l'analyse faite par M. Vauquelin, l'émeri est composé de : alumine, 57,83 ; silice, 13,66 ; chaux 1,85 ; oxyde de fer, 26,66.

Les substances minérales qui se rapprochent en apparence du corindon, sont les suivantes : diamant, quarz-hyalin, topaze, spinelle, cordiérite, émeraude, cymophane, zircon.

IIe ESPÈCE.

Alumine sulfatée.

Syn. *Alun. — Alun de plume. — Alun fossile.*
Car. Soluble dans neuf fois son poids d'eau.
L'action de la chaleur la liquéfie d'abord et la dessèche en la boursouflant.

Saveur : Douceâtre, puis profondément astringente.

Forme primitive; L'octaèdre, Molécule intégrante : tétraèdre régulier.

Formes indéterminables : Fibro-soyeuse ; concrétionnée ; amorphe.

Dureté : Médiocre ; cassure vitreuse.

Pesanteur spécifique 1,7.

Translucide.

Réfraction simple.

Limpide, blanchâtre.

Composition : Alumine 15,25 ; acide sulfurique, 77,00 ; potasse, 0,70 ; oxyde de fer, 7,05.

Quoique les matériaux de l'alun soient assez abondants pour que des localités d'une grande étendue portent le nom de mines d'alun, il est assez rare de le voir immédiatement produit par la nature.

On le trouve cependant soit sous forme de filaments très-déliés et brillants, soit en efflorescence à la surface de quelques autres minéraux, à Milo, l'une des îles de l'Archipel européen; à Segario, en Sardaigne; à la Solfatare, près de Pouzzole; en Égypte, non loin de Syéne, etc. Pour retirer l'alun des minerais qui le contiennent ou qui en sont imprégnés, et qui ont ordinairement l'apparence schisteuse ou celle d'un tuf volcanique, on emploie des procédés que l'on a variés selon la nature des minerais. En Syrie, à la Solfatare, à Montione, en Hongrie, etc., etc., où les tufs volcaniques sont très-riches en sels, on peut se contenter d'une simple lixivation et mettre à profit la chaleur constante du sol pour l'évaporation des produits,

on obtient ainsi, sans emploi de combustibles, l'alun
cristallisé.

Les schistes et les tourbes pyriteuses sont moins pro-
ductifs; ils exigent une calcination préliminaire pour
opérer la production de l'alun. Cette opération détermine
la décomposition complète des pyrites dont les molécules
sont disséminées dans les schistes et la formation de
l'acide sulfureux qui se porte sur l'alumine des mêmes
schistes en passant à l'état d'acide sulfurique. On procède
au lessivage en ayant soin de procurer à la dissolution
de sulfate d'alumine la potasse ou l'ammoniaque nécessaires pour le porter à l'état d'alun que l'on obtient de la
dissolution au moyen de la cristallisation. C'est ainsi que
l'on opère, avec différentes modifications qu'exigent ou
que permettent les localités, en Espagne, en France, dans
les Pays-Bas, en Saxe, en Autriche, en Suède, en Norwège, en Angleterre, etc., etc. On rencontre, mais très-
rarement, des eaux minérales chargées d'alun; on cite
particulièrement quelques sources de la Bohême et de la
Hongrie, pour en contenir des quantités notables.

L'extraction de l'alun des minerais était un objet d'une
importance beaucoup plus grande avant qu'on eût trouvé
les moyens de fabriquer, à très-bas prix, l'acide sulfurique;
dès lors on a reconnu qu'il était beaucoup plus avantageux de former l'alun de toute pièce; et des fabriques de
ce sel, n'étant plus soumises à des frais énormes de
charroi pour les arrivages du minerai, se sont élevées sur
tous les points où le commerce et les arts pouvaient les
réclamer. L'alun artificiel est composé de sulfate d'alumine, 49; sulfate de potasse, 7; eau de cristallisation, 44.

La connaissance de la nature vraie de l'alun est due à
M Vauquelin.

Les usages de l'alun sont extrèmement multipliés : c'est
lui qui fournit à la teinture presque tous ses mordants,
qui avive presque toutes les nuances; l'art du mégissier
repose en partie sur les propriétés particulières de l'alun;
on l'emploie dans la fabrication du papier, on s'en sert
comme moyen de garantir les corps combustibles des premières attaques du feu, Il fournit à la médecine un astrin-
gent des plus puissants.

IIIe ESPÉCE.

Alumine sous-sulfatée.

Syn. *Aluminite.* — *Websterit.* —*Alumine native.* —
Hydrosulfate d'alumine, Broch.

Car. Insoluble dans l'eau. Soluble sans effervescence;
dans l'acide nitrique.

Insipide, Happant à la langue.

En petites masses indéterminables, mamelonnées, arrondies; pulvérulentes.

Tendre; douce au toucher.

Pesanteur spécifique : 1,6.

Opaque.

D'un blanc mat.

Composition : Alumine, 30; acide sulfurique, 24; eau, 46,

Cette substance, que l'on avait prise, lors de sa découverte en Saxe, pour de l'alumine pure, a été regardée
comme telle jusqu'à ce qu'ayant été retrouvée en plus

grande quantité à New-Haven, en Angleterre, et à Épernay, en France, plusieurs savants minéralogistes aient pu en déterminer exactement la nature. Elle se trouve au sein des formations les plus récentes; elle est souvent accompagnée de lignite, de chaux sulfatée, d'argile et de craie.

IVe ESPÈCE.

Alumine sous-sulfatée alkaline.

Syn. *Alumie.* — *Pierre d'alun.* — *Pierre alumineuse de la Tolfa.* — *Alaunstein.* W.

Car. Ne devenant soluble dans l'eau qu'après la calcination. Décrépitant au chalumeau, et laissant dégager de l'acide sulfureux : mise alors sur le langue, elle y adhère en y imprimant une forte saveur d'alun.

Forme primitive : le rhomboïde légèrement aigu, donnant 92°,50′ et 27°,10′. Forme indéterminable : compacte.

Rayant la chaux carbonatée; rayée par la chaux fluatée.

Cassure vitreuse, inégale.

Pesanteur spécifique : 2,7.

Translucide, opaque.

Blanchâtre.

Composition : Alumine, 39,5; potasse, 10 ; acide sulfurique, 35,5 ; eau, 15.

L'alunite, comme les schistes alumineux ou alunifères dont il a été parlé à l'article alumine sulfatée, doit être soumise à la calcination avant que l'on puisse en obtenir

7

le sel dont elle contient les éléments. Le vaste laboratoire qui s'est établi à la Tolfa même, suffit pour subvenir à la consommation qui se fait de la substancé saline connue dans les arts et le commerce sous le nom *d'alun de Rome;* il emploie constamment deux cents ouvriers, et produit annuellement douze mille quintaux d'alun. L'exploitation de la mine se fait à ciel ouvert par de larges et profondes tranchées; la pierre est assez dure, pesante, et d'une teinte rougeâtre. Les mèmes minerais se représentent sous les mêmes caractères dans quelques terrains volcaniques de la Hongrie et du Mont-d'Or, en Auvergne : dans tous ces gissements ils reposent sur un tachyte porphyrique.

APPENDICE

ALUMINE SOUS-SULFATÉE SILICIFÈRE.

Elle ne diffère de la précédente que par la présence, dans les masses cristallisées, d'une petite quantité de silice dont on la débarrasse par les opérations du lessivage.

Vᵉ ESPÈCE.

Alumine fluatée siliceuse.

Syn. *Topaze. — Pycnite. — Béril de Saxe. — Schorlite — Béril schorliforme. — Pyrophysalite. — Silice fluatée alumineuse. — Schorl blanchâtre. — Schorl blanc prismatique.—Leucolithe d'Altemberg.—Chrysoprase d'Orient. — Rubicelle. — Hyacinthe occidentale. — Chrysolithe de*

Saxe. — Saphir du Brésil. — Silice. — Phtorure d'alumi-nium. Beud.

Car, Infusible au chalumeau.

Forme primitive : Octaèdre rectangulaire; molécule intégrante : tétraèdre demi-symétrique.

Formes indéterminables : Cylindroïde prismatoïde; laminaire; roulée.

Rayant le quartz; rayée par le rubis.

Pesanteur spécifique : 3,53 à 4,56.

Électrique par la chaleur, comme par la pression, en deux points opposés, c'est-à-dire, qu'elle acquiert la double électricité résineuse d'un côté et vitrée de l'autre; elle la retient longtemps.

Transparente; translucide; opaque.

Réfraction double.

Limpide; blanche; jaunâtre; jaune-roussâtre; rouge de rose; bleuâtre; bleu-verdâtre; verdâtre.

Composition :

	Topaze de Saxe.	Topaze du Brésil.		Pycnite.	
Alumine.	56	47,3	50	60	48
Silice	39	44,5	29	30	34
Acide fluorique.	5	7	19	6	17

Substances qui offrent de la ressemblance avec les topazes; corindon, cymophane émeraude, bérils, feld-spath, diamant, quartz-hyalin, zircon, spinelle, péridot, chaux fluatée.

On trouve l'alumine fluatée siliceuse dans une roche particulière composée de cette substance, de quartz et de tourmaline, à laquelle les minéralogistes allemands ont donné le nom spécifique de *roche à topaze.* C'est dans cette même roche qui contient accidentellement de la lithomarge et qui forme des couches assez étendues à Schnickeistein en Saxe, au comté de. Cornoüailles, que sont engagées, indépendamment de ce qui concourt à la formation de la roche, de forts beaux cristaux terminés de topaze. Dans les autres roches où sont disséminées des topazes, ces cristaux n'y sont considérés que comme partie accidentelle; par exemple : le granit graphique ou hébraïque de Catherimbourg en Sibérie, qui renferme des topazes nombreuses et du plus gros volume, la *roche quartzeuse micacée d'Altemberg, le *greisen* de Zennwald, le granit de Nertschinsk en Daourie, et celui des monts Ourals, la roche feld-spathique de Finbo en Suède, etc. L'alumine fluatée siliceuse accompagne au Brésil et en Saxe le quartz-hyalin limpide, en Sibérie le quartz-enfumé, la chaux fluatée, l'émeraude, le talc chlorite et le fer oxydé, en Bohême la chaux fluatée, le cuivre pyriteux, le zinc et le plomb sulfurés, l'étain oxydé et le fer arsenical, etc. On la rencontre souvent en cristaux libres et bien entiers dans les terrains d'alluvion provenant de la décomposition des roches anciennes en Ecosse, au Brésil, et généralement dans tous les gissements cités plus haut.

Les topazes sont d'une très-grande ressource pour le luxe; on attache surtout une grande valeur à celles qui jouissent d'une limpidité parfaite, et que l'on nomme à cause de cela goutte d'eau; les plus belles viennent du Brésil; celles de Saxe n'en ont ni l'éclat ni la vivacité, et même les pierres colorées sont loin d'offrir la pureté de couleur que l'on remarque dans celles du Brésil; et presque toujours les lapidaires sont obligés de la rehausser au moyen d'une feuille de paillon, ce qui fait que rarement ils les montent à jour, L'observation a fait découvrir dans les topazes, la singulière propriété de passer du jaune-orange au rouge de rubis balais, sans altération de transparence, par la seule action de la chaleur; les lapidaires en ont profité, et le moyen qu'ils emploient est un creuset rempli de cendres au milieu desquelles ils placent la topaze; ils échauffent par degrés, et maintiennent le feu pendant un temps plus ou moins considérable, suivant la nuance qu'ils veulent obtenir. Si l'on échauffe brusquement une topaze, et qu'on la plonge subitement dans une liqueur colorée, il s'opère, dans la pierre, un retrait de molécules qui occasionne des fissures dans lesquelles pénètre la liqueur colorée; cela produit souvent un jeu de nuances fort agréable.

VIe ESPÈCE.

Alumine fluatée alcaline.

Syn. *Kryolite*, W. — *Criolite*. — *Phtorure de sodium et d'aluminium*. Beud.

Car. Attaquée par l'acide nitrique chaud. Très-fusible au chalumeau, se recouvrant ensuite d'une croûte blanche qui perd insensiblement sa fusibilité.

La poussière plongée dans l'eau y acquiert de la transparence, et prend l'aspect d'une gelée.

En petites masses laminaires et fibreuses.

Rayant la chaux sulfatée; rayée par la chaux fluatée.

Pesanteur spécifique : 2,9.

Translucide.

Blanchâtre; jaunâtre; d'un brun-rougeâtre.

Composition : Alumine, 21; soude, 32; acide fluorique, 47.

Ce minéral n'a encore été trouvé qu'au Groenland, disséminé dans une roche micacée mêlée de quartz, de plomb sulfaté, de cuivre pyriteux et de fer spathique; il est encore extrêmement rare dans les collections.

VIIe ESPÈCE.

Alumine hydro-phosphatée.

Syn. *Wavelite.* — *Hydrargilite.* — *Hydro-Phosphate bialumineux*, Beud.

Car. Poussière soluble sans effervescence dans les acides nitrique et sulfurique échauffés, mais en dégageant une vapeur qui corrode le verre. Infusible au chalumeau. Fragments exposés à la flamme d'une bougie, blanchissant et devenant friables.

En petites masses globuliformes aciculaires-radiées, filamenteuses ou mamelonnées.

Pesanteur spécifique : 2,3.

Translucide; opaque.

Eclat vitreux, légèrement nacré.

Blanche; verdâtre; vert-obscure; d'un brun noirâtre.

Composition : Alumine, 39; acide phosphorique. 41; eau, 20.

Le docteur Wavel a découvert en Angleterre, près de Burnstople, ce minéral auquel, par reconnaissance, on a donné un nom dérivé du sien. Il l'a trouvé entre les feuillets d'une roche schisteuse noirâtre. Depuis on a observé que la variété filamenteuse qui existe dans le Cornouailles, avait pour gangue un quartz hyalin mêlé d'urane oxydé. La variété mamelonnée existe en Irlande dans une psammite, comme on la trouve en Bohême; à Bamberg, en Bavière, elle est disséminée dans le fer oxydé terreux; enfin, dans l'Amérique du Sud, elle offre une construction aciculaire-cylindrique, dont la surface est d'un brun noirâtre.

VIIIᵉ ESPÈCE.

Alumine phosphatée.

Syn. *Klaprotite*. — *Azurite*. — *Sidérite*. — *Tyrolite*. — *Voraulite*.

Car. Fusible au chalumeau en émail gris.

Forme. Indication de cristaux prismatiques. En masses lamellaires.

Rayant le verre; fragile; cassure grenue ou lamellaire.

Pesanteur spécifique : 3.

Opaque; rarement translucide.

Bleu-pâle; bleu-foncé, un peu terne.

Composition : Alumine, 35,73; magnésie, 9,34; silice, 2,10; oxyde de fer, 2,64; acide phosphorique, 41,13; eau, 6,06

Cette substance, regardée d'abord comme une variété du lazulite, existe à Puizgau et Werfen en Tyrol en petites masses, dans un schiste argileux verdâtre; à Vorans en Styrie, dans un micaschiste, à Wiencrisch,

Neustadt en Autriche, dans une roche talqueuse, renfermant du quartz et du fer oligiste.

IXe ESPÈCE.

Alumine phosphatée ittrifère.

Syn. *Amblygonite.*

Car. Fusible au chalumeau en verre brun.

En masses vitreuses, donnant des indices de prisme.

Rayant fortement la chaux carbonatée.

Pesanteur spécifique : 2,9.

Translucide; opaque.

Verdâtre.

Composition : Alumine; lithine; acide phosphorique; acide fluorique.

L'amblygonite qui n'existe encore que dans un très-petit nombre de collections, a été découvert en Saxe, dans un granit renfermant aussi des cristaux de topaze et de tourmaline.

Xe ESPÈCE.

Alumine hydratée.

Syn. *Diaspore. — Gibsite.*

Car. Un fragment, exposé à la flamme d'une bougie, éclate et se dissipe en multitude de parcelles brillantes et nacrées qui produisent un effet tout particulier.

En masses lamellaires dont les joints indiquent une division parallèle aux pans d'un prisme rhomboïdal.

Rayant le verre par des points aigus.

Pesanteur spécifique : 3,43.

Opaque ; translucide sur les bords.

Gris-cendrée.

Composition : Alumine, 80 ; fer, 3 ; eau, 17.

Il est fâcheux que le gisement de ce singulier minéral soit resté ignoré ; le seul échantillon d'où les autres ont été séparés, fut remis à M. Lelièvre, qui n'a pu en obtenir davantage. Il était enveloppé d'une argile ferrugineuse qui lui sert aussi de gangue.

XIe ESPÈCE.

Alumine magnésiée.

Syn. *Spinelle.* — *Zeylonite.* — *Rubis-balais.* — *Rubis-spinelle.* — *Pléonaste.* — *Ceylanite.*

Car. Infusible au chalumeau.

Forme primitive ; L'octaèdre régulier. Molécule intégrante : le tétraèdre régulier. Forme indéterminable : granuliforme.

Rayant fortement le quartz : rayée par le corindon ; cassure vitreuse, conchoïde dans les échantillons de couleur noire.

Pesanteur spécifique : 3,64 à 3,76.

Transparente ; translucide ; opaque.

Réfraction simple.

Rouge de rose plus ou moins foncé ; verte ; bleue ; noire.

Composition : Variété rouge ; alumine, 84,68 ; magnésie, 8,98 ; acide chrômique, 6,34.

Variété noire : Alumine, 69,5 ; magnésie, 12,2 ; silice, 2,1 ; oxyde de fer, 16,2.

Les terrains d'alluvion qui fournissent, à Ceylan, des zircons, des grenats, des corindons, produisent également des cristaux d'alumine magnésiée ou spinelle ; ils sont charriés avec les sables d'une rivière qui prend sa source dans les montagnes volcaniques que l'on sait exister au centre de cette île, ce qui a fait présumer que la gangue à laquelle se trouvaient primitivement attachés ces cristaux pouvait bien être un basalte ou toute autre roche analogue. Ces présomptions se sont changées en certitude depuis que les recherches de M. Leschenault ont procuré des échantillons de spinelle, sur gangue, recueillis par lui à Ceylan. Le Vésuve où se trouvent, en Europe, des spinelles, paraît avoir rejeté, sans altération sensible, la roche micacée qui les renferme, ainsi que des piroxènes, de l'idocrase, de la méïonite. De beaux cristaux octaèdres de la même subtance ont été découverts dans un banc de grès et dans une brèche calcaire à Montferrier, à Valmahogues, près de Montpellier. Il en existe en Suède, à Aker en Sudermanie, dans une roche calcaire.

Quoique les spinelles n'aient point, dans le commerce, la valeur qui rehausse l'éclat de plusieurs autres pierres, on ne laisse pas que de les rechercher et d'en faire une assez grande consommation. Les lapidaires accordent une préférence marquée aux spinelles d'un rouge-foncé ou rubis-spinelle, qu'ils distinguent du rubis-balais dont la nuance est beaucoup plus pâle. Les variétés vertes, vert-bleuâtres ou noires (pléonastes) sont rarement soumises à la taille.

XIIe ESPÈCE.

Alumine zincifère.

Syn. *Automalite.* — *Gahnite.*

Car. Infusible au chalumeau.

Forme : L'octaèdre régulier.

Rayant le quartz ; rayée par le spinelle.

Pesanteur spécifique : 4,7.

Opaque ; translucide sur les bords.

Noir-verdâtre ; noir-bleue.

Éclat métallique à certains endroits.

Composition : Alumine, 64 ; silice, 6 ; zinc oxydé, 27 ; fer oxydé, 3.

Se trouve à Fahlun, en Suède, dans un schiste talqueux, d'un vert sombre, contenant de la lithomarge et du plomb sulfuré. Trois échantillons différents de spinelle zincifère, m'ayant été remis par M. Ring, ex-consul de Suède à Anvers, j'ai pu répéter plusieurs fois l'analyse de cette substance, et de même que M. Vauquelin, je n'y ai trouvé aucune trace de magnésie. On ne peut donc laisser le spinelle zincifère, malgré l'analogie des formes cristallines, à la suite de l'alumine magnésiée, sans qu'il y ait contradiction manifeste entre la nomenclature et les résultats de l'analyse chimique. La nouvelle substance paraît pouvoir être érigée en espèce.

SIXIÈME GENRE

POTASSE.

—

Iʳᵉ ESPÈCE.

Potasse nitratée.

Syn. *Nitre.* — *Salpêtre.* — *Alcali végétal nitré.*

Car. Soluble dans quatre fois son poids d'eau. Fusant sur les charbons ardents, dont elle anime la combustion. Son mélange avec un corps combustible détonne par une élévation de température.

Saveur fraîche d'abord, ensuite désagréable.

Forme primitive : L'octaèdre rectangulaire. Formes indéterminables ; aciculaire ; fibreuse.

Fragile. La seule chaleur de la main suffit pour faire dilater les cristaux, avec un petit bruit explosif, tout particulier.

Pesanteur spécifique : 2,1.

Translucide.

Limpide ; blanchâtre.

Éclat : quelquefois un peu nacré.

Composition : Potasse, 39 ; acide nitrique, 43 ; eau, 18.

Cette substance saline est une de celles qui se forment le plus fréquemment et le plus promptement, par les seuls efforts de la nature ; partout où se rencontrent, dans des circonstances favorables, les éléments de l'acide nitrique, on ne tarde point à voir se produire de la potasse nitratée ; c'est ainsi que, dans certaines contrées de l'Inde, le sol contient une quantité de nitre si grande, qu'on le voit effleurir à la surface, de manière qu'il n'y a qu'à le ramasser, le faire dissoudre et cristalliser pour obtenir un sel assez pur pour être employé à tous les procédés des arts. Les vieux murs sont souvent revêtus d'efflorescences semblables, que l'on détache au moyen de balais, et que l'on soumet à la purification et à la cristallisation : c'est ce que l'on nomme ordinairement salpêtre de houssage.

La part étonnante qu'a eue ce sel dans la civilisation et les destinées des peuples, éloigne de beaucoup de notre époque celle de sa découverte ou plutôt des premiers usages qui en ont été faits. Une foule de procédés pour l'extraire et le purifier se sont succédés, jusqu'à ce que de grands besoins aient amené une perfection qui constitue aujourd'hui un art des plus importants. Cet art est fondé sur le lessivage des matériaux salpêtrés, consistant en vieux plâtras décomposés à l'abri des pluies, en sols et plafonds des écuries, étables, bergeries, etc. Les lessives décantées, sont rapprochées par l'exporation ; les nitrates qui y sont dissous, et qui peuvent avoir toute autre base que la potasse, sont décomposés par celle-ci que l'on y ajoute en suffisante quantité ; on fait évaporer de nouveau, on laisse cristalliser, et l'on sépare des eaux mères les cristaux qui sont encore entachés de beaucoup d'impuretés ; c'est ce que l'on nomme *nitre,* ou salpêtre de *première* cuite. On fait dissoudre ce premier produit dans une quantité d'eau déterminée ; on évapore, en ayant soin de séparer, pendant cette opération, les sels autres que le salpêtre, qui, moins solubles à chaud que lui, se précipitent pendant l'opération ; les cristaux que l'on obtient par le refroidissement sont appelés *salpêtre de seconde cuite* ; la *troisième*, qui est un véritable raffinage, quoiqu'elle n'exige point d'autre procédé que la seconde, procure la potasse nitratée dans un état de pureté suffisant. Cette méthode, suivie pendant très-longtemps, a fait place à une autre plus expéditive : on ne fait qu'entraîner, au moyen de l'eau froide dans laquelle on délaie le salpêtre brut préalablemant écrasé, les sels étrangers plus solubles que lui ; on sépare le liquide en le faisant écouler par, le bas du vase. On réitère deux fois ce raffinage, en ayant soin de réduire à chacune les quantités d'eau ; ensuite on porte le nitrate de potasse à la chaudière qui contient la moitié en poids d'eau bouillante : il se fond, mais, à mesure que l'eau s'évapore, il se précipite sous forme de petites aiguilles, que l'on enlève avec une cuillère percée, et que l'on jette dans des trémies de bois, où il s'égoutte. Il arrive souvent que, dans les contrées où le climat n'est point très-favorable à la production habituelle du nitre, les matériaux salpêtrés que l'on y trouve, ne suffisent pas à la fabrication de tout le sel qu'exige la consommation ; alors on force en quelque sorte la nature à devenir plus prodigue. On rassemble sous des hangars, en les soumettant aux effets d'un contact non interrompu, les matières que l'on juge contenir en abondance les éléments de l'acide nitrique et la potasse : au bout d'un certain temps, et avec des soins renouvelés, on trouve les *couches arti-ficielles* converties en mines de salpêtre, que l'on exploite avec autant d'avantage que les matériaux les plus riches.

La potasse nitratée a reçu de très-grandes applications

dans les arts ; elle fait la base de ce mélange terrible, la poudre à canon, dont la découverte est attribuée par les uns aux Chinois, et que d'autres revendiquent en faveur d'un moine qui pratiquait les hautes sciences au treizième siècle. Elle est généralement employée dans les labora-toires de chimie. Sa décomposition, au moyen d'un acide qui ait pour sa base une affinité supérieure, fournit au commerce l'acide nitrique que l'on connaît plus particulièrement sous les noms vulgaires d'*eau-forte* et d'*esprit de nitre*. Elle est, pour la médecine, un spécifique administré avec succès dans un certain nombre de maladies ; c'est un préservatif puissant contre la putréfaction, dont on se sert à propos dans la salaison des matières animales.

IIe ESPÈCE.

Potasse sulfatée.

Syn. *Arcane double.* — *Sel de Duobus.* — *Tartre vitriolé.* — *Vitriol de potasse.* — *Sulfate de potasse.*

Car. Soluble dans seize parties d'eau ; solution donnant un précipité jaune avec l'hydro-chlorate de platine. Inaltérable à l'air.

Saveur : Amère, désagréable.

Forme primitive : Le rhomboïde un peu aigu ; forme indéterminable : massive, en quelque sorte concrétionnée, résultat d'une succession de couches.

Pesanteur spécifique :-2,40.

Transparente ; translucide.

Limpide ; blanche avec la surface nuancée de verdâtre

Composition : Potasse, 54 ; acide sulfurique, 46.

Elle n'a encore été observée que dans les produits volcaniques du Vésuve, où elle est en petites masses, occupant quelques cavités des laves. Plusieurs sources salées en contiennent à l'état de dissolution. On l'emploie en médecine comme purgatif.

SEPTIÈME GENRE.

SOUDE.

—

Iʳᵉ ESPÈCE.

Soude sulfatée.

Syn. *Sel de Glauber*. — *Sel admirable.* — *Alcali minéral vitriolé.* — *Vitriol de soude.* — *Hydro-sulfate de soude.*

Car. Soluble dans cinq parties d'eau ; très-efflorescente à l'air ; éprouvant, à une légère chaleur, la fusion aqueuse ; perdant ainsi plus de la moitié de son poids d'eau de cristallisation.

Saveur : Amère ; fraîche ; salée.

Forme primitive : L'octaèdre symétrique. Molécule intégrante : tétraède symétrique. Formes indéterminables : aciculaire ; concrétionnée ; incrustante ; pulvérulente.

Pesanteur spécifique : 2,24.

Transparente : translucide ; opaque par l'effet de l'efflorescence.

Limpide ; blanchâtre ; jaunâtre.

Éclat : vitreux dans les cassures fraîches.

Composition : Soude, 19 ; acide sulfurique, 25´; eau, 56.

Il paraît que la production naturelle de la soude sulfatée est le résultat d'une réaction simultanée de principes entre la magnésie sulfatée et la soude hydro-chloratée ; du moins c'est l'opinion de plusieurs savants, qui l'ont établie sur des faits que l'on ne peut guère révoquer en doute. Quoi qu'il en soit, c'est presque toujours dans le voisinage des fontaines salées, et surtout en Hongrie, que l'on trouve la soude sulfatée, soit en efflorescence à la surface du sol, soit incrustée dans les cellules caverneuses des roches, soit enfin en solution dans les eaux de ces mêmes fontaines.

Cette substance est devenue d'une très-grande importance dans les arts, depuis que l'on est parvenu à en isoler la base dans la fabrication de la soude artificielle. La médecine trouve en elle un purgatif, employé depuis que Glauber, dont les travaux datent du seizième siècle, en fit la découverte, et en indiqua les propriétés.

IIe ESPÈCE.

Glaubérite.

Syn. *Double sulfate de soude et de chaux*. Beud.

Car. Plongée dans l'eau, elle perd sa transparence, et devient laiteuse à la surface qui, en séchant, se recouvre d'une croûte blanche, fusible au chalumeau après décripitation, en émail blanc.

Forme primitive : Le prisme rhomboïdal oblique ;

Rayant la chaux sulfatée.

Pesanteur spécifique, 2,73.

Électricité : Résineuse par le frottement.

Transparente ; translucide.

Réfraction : Simple.

Limpide ; jaunâtre.

Composition : Soude, 22 ; chaux, 20 ; acide sulfurique, 58.

Ce minéral n'a été trouvé qu'à Villa-Rubia, dans la Nouvelle-Castille ; il y fait partie des mines de sel gemme dans lequel les cristaux sont engagés.

IIIe ESPÈCE

Reussite.

Syn. *Double sulfate de soude et de magnésie.* Beud. — *Réussine.*

Car. Soluble dans quatre fois son poids d'eau ; solution donnant un précipité blanc par l'ammoniaque, et conservant du sulfate de soude.

Saveur : Amère ; désagréable.

Forme primitive : Le prisme rhomboïdal oblique.

Translucide.

Blanchâtre.

Composition : Soude, 11 ; magnésie, 8 ; acide sulfurique, 29 ; eau, 52.

On la trouve avec la soude sulfatée, et parmi les efflorescences de ce sel.

IVe ESPÈCE.

Soude Hydro-chloratée.

Syn. *Sel gemme. — Sel marin. — Sel commun. — Sel de roche. — Muriate de soude. — Soude muriatée. — Quadrichlorure de sodium.* Beud.

Car. Soluble dans trois parties d'eau ; solution donnant un précipité blanc par le nitrate d'argent ; attirant facilement l'humidité de l'air.

Saveur : Salée ; franche.

Forme primitive et molécule intégrante : le cube. Formes indéterminables : infundibulaire ; laminaire ; lamellaire ; capillaire ; fibreuse ; concrétionnée.

Pesanteur spécifique : 2,12.

Transparente ; translucide.

Réfraction : Simple.

Limpide ; blanchâtre ; rouge ; violette ; bleue ; verte.

Composition : Soude, 42 ; acide hydro-chlorique, 52 ; eau, 6.

La soude hydro-chloratée est, sans contredit, le sel le plus abondammant répandu dans la nature ; à l'état de masses ou *sel gemme*, elle constitue, dans les terrains secondaires, des couches alternant avec le calcaire, et s'élevant comme lui en montagnes auxquelles on accorde cent lieues et plus d'étendue ; à l'état de dissolution, les quantités sont encore incalculables, puisque c'est à sa présence que les eaux des mers, celles de certains lacs et de plusieurs sources doivent leur salure. Il y a des mines de sel presque dans toutes les parties connues du globe, et celles de Pologne sont remarquables par l'énorme puissance et la profondeur des couches. On les exploite comme les filons métallifères, comme les mines de charbon, c'est-à-dire qu'on détache du roc à l'aide du pic, et qu'on amène au jour, par des moyens mécaniques, le sel que l'on soumet directement au raffinage, opération très-simple qui ne consiste que dans la solution et l'évaporation dans une vaste chaudière plate et carrée, composée de feuilles de tôles assemblées par des clous rivés. A mesure que l'eau s'évapore, le sel qui n'est pas plus soluble dans l'eau chaude que dans l'eau froide, se précipite sous forme de petits cristaux ; on les enlève avec une cuillère percée d'une multitude de petits trous, et on les dépose dans des trémies. L'eau mère qui contient des sels étrangers, déliquescents ou plus solubles que la soude ·hydro-chloratée, est rejetée comme inutile et nuisible ; on rejette aussi les sels moins solubles dont la précipitation précède celle que l'on recherche. Il y a des mines, comme celles du Tyrol, où l'on introduit de l'eau douce dans des cuvettes pratiquées dans la couche : cette eau, par un contact prolongé, dissout le sel qui forme parois ; elle en reste saturée ; on la pompe au moyen d'un mécanisme quelconque ; et, comme dans les pays où l'on obtient le sel par l'évaporation des eaux de sources salées, on concentre d'abord la dissolution par des procédés peu dispendieux : ce sont des branchages amoncelés et abrités au-dessus d'un grand réservoir, sur lesquels on fait tomber l'eau salée. La division produit une évaporation naturelle ; on remonte les eaux du réservoir, au moyen de pompes, et on la fait repasser de nouveau sur les branchages : cette circulation détermine bientôt une concentration convenable ; quand la dissolution marque 10 à 12 degrés à l'aréomètre, on la fait écouler dans une chaudière semblable à celle décrite plus haut, et la chaleur termine l'évaporation ébauchée par l'air.

Dans les régions littorales, c'est des eaux de la mer que l'on retire le sel, et l'on confie à la chaleur des rayons solaires le le soin d'opérer la concentration de ces eaux. On pratique dans un sol glaiseux des fosses grandes et peu profondes, dans lesquelles, à l'aide de conduits, on laisse pénétrer l'eau de la mer; dès que les fosses en sont pleines, on empêche toute introduction nouvelle, puis l'on distribue l'eau de ces fosses dans d'autres plus petites et mieux disposées pour l'évaporation. La première couche d'eau ne doit pas avoir plus d'un pouce de hauteur; l'évaporation en est prompte, et dès qu'elle est terminée, une seconde couche remplace la première, et ainsi de suite; si bien qu'au bout de vingt jours, la couche de sel, chargée, comme on peut le croire, de beaucoup d'impuretés, se trouve avoir trois à quatre pouces d'épaisseur: alors on rassemble les cristaux en tas pour qu'ils puissent, s'égoutter; on les enlève, et on les soumet au raffinage, dont le mode est invariable. Dans les contrées les plus septentrionales, où la chaleur atmosphérique n'est point assez puissante pour effectuer une prompte évaporation, on a recours au moyen inverse, c'est-à-dire que l'on met à profit l'absence de la chaleur. Dans ce cas, on doit tenir les fosses un peu plus profondes; la congélation qui n'agit que sur les molécules de l'eau, permet d'en enlever une très-grande masse à l'état solide, et le sel n'en trouvant plus la quantité suffisante pour se maintenir en dissolution, se précipite de la même manière que lorsque la chaleur lui enlève son véhicule. Il est néanmoins plus avantageux de ne point attendre la précipitation du sel; mais d'y faire concourir la chaleur quand la dissolution est suffisamment concentrée.

Outre la mine de Williczka, la plus considérable de

toutes celles connues jusqu'à ce jour, et qui, depuis le douzième siècle où son exploitation a commencé, occupe un nombre d'ouvriers que l'on porte maintenant à deux mille, on peut citer celles d'Illetzki, de Gmunden, en Autriche; de Salzbourg, en Bavière; de Suls, en Wurtemberg; de Bex, en Suisse; d'Arbonne, en Piémont; de Lamarata, de Totalica, et de presque tout le sol de la Sicile; de Cardonna, en Espagne; de Northwick, en Angleterre; de Vic, en France; ainsi que celles du Pérou, du Mexique, de la Louisiane, du nord de l'Amérique, de l'Inde, de la Perse, de l'Afrique, etc.

Les roches qui stratifient le plus ordinairement les couches de sel, sont les psammites, le grès, l'argile et le calcaire fétide; on y rencontre accidentellement de la chaux sulfatée, du zinc et du plomb sulfurés, etc. Les mines n'exitent pas seulement en couches, elles constituent aussi des veines, des dépôts et des rognons; on les retrouve aussi concrétionnées parmi les produits volcaniques avec lesquels le sel a été rejeté sans avoir subi la décomposition.

Il serait difficile de faire le résumé des usages de la soude hydro-chloratée, sans entrer dans une foule de détails qui outrepasseraient les bornes imposées à cet ouvrage; on pourrait à peine les énumérer. Du reste, la plupart d'entre eux, et ceux surtout relatifs aux assaisonnements, ne sont ignorés de personne; on sait également que cette substance saline, par sa décomposition, fournit tout l'acide hydro-chlorique employé dans les arts, plus le chlore dont on a fait une application si heureuse et si générale au blanchîment des fils, des tissus, du papier, de la cire, etc. C'est avec le sel que l'on recouvre d'un enduit vitreux les poteries communes, et que l'on remédie à leur trop grande pénétrabilité; il fait la base de la préparation des peaux et des cuirs; enfin il a, dans ces derniers temps, donné naissance à un art tout nouveau, et qui déjà en absorbe des quantités immenses, la fabrication de la soude artificielle.

APPENDICE.

SOUDE HYDRO-CHLORATÉE CUPRIFÈRE.

Elle jouit de toutes les propriétés du sel marin, mais elle ne peut comme lui être employée aux usages domestiques. Sa couleur est le vert brillant, dû à la présence du cuivre carbonaté : on la trouve au Vésuve, parmi les produits de ce volcan.

Vᵉ ESPÈCE.

Soude boratée.

Syn. *Borax.* — *Tinkal.* — *Borate de soude.*

Car. Soluble dans deux fois son poids d'eau; se boursoufflant considérablement par l'action de la chaleur, puis se convertissant en verre.

Saveur: Douceâtre, savonneuse.

Forme primitive et molécule intégrante: Le prisme rectangulaire oblique.

Fragile; cassure ondulée et brillante.

Pesanteur spécifique: 1,74.

Transparente; translucide; opaque.

Réfraction double.

Blanche; blanchâtre; verdâtre.

Composition : Soude, 18; acide borique, 36; eau, 46.

Cette substance, sur l'origine de laquelle les chimistes ne sont point encore parfaitement d'accord, est extraite de quelques lacs de la Chine, de l'Inde et du Thibet, au fond desquels les cristaux se forment. La récolte s'en opère à certaines époques de l'année, et le tinkal ou borax brut qui en est le produit, est expédié pour l'Europe où l'on est en possession de la méthode de le purifier. Le borax est employé dans les arts, pour favoriser la soudure des métaux; on en fait usage dans les essais métallurgiques, pour déterminer la fusion de plusieurs substances qui, sans lui, s'y refuseraient complétement. Il n'est pour la médecine, que d'un secours très-vague.

VIe ESPÈCE.

Soude carbonatée.

Syn. *Natron.* — *Alcali fixe minéral.* — *Alcali minéral aéré.* — *Carbonate de soude.*

Car. Soluble dans deux fois son poids d'eau. Soluble avec une vive effervescence dans l'acide nitrique; efflorescente à l'air.

Saveur: Urineuse.

Forme primitive: L'octaèdre rhomboïdal.

Formes indéterminables: Aciculaire; pulvérulente.

Translucide; opaque.

Blanchâtre.

Composition : Soude, 38 ; acide carbonique, 39 ; eau, 23.

Quelques sols argileux de la Hongrie et du Mexique contiennent des quantités de soude carbonatée assez considérables pour que la simple lixivation en fournisse de quoi subvenir aux besoins de ces contrées ; il en est de même des points où elle se trouve tellement accumulée qu'elle effleurit à la surface, sous forme aciculaire et soyeuse. Néanmoins, nulle part elle ne paraît être contenue plus abondamment que dans les eaux des lacs *Natron*, en Égypte, dont l'étendue a plus de six lieues. Là, comme dans les terrains argileux, elle est associée à la soude hydro-chloratée, de la décomposition de laquelle on prétend qu'elle provient. On a observé, dans ces eaux, que la cristallisation plus prompte de la soude hydro-chloratée entraînait d'abord ce sel au fond des lacs, qu'il y formait une couche, et, qu'immédiatement au-dessus s'établissait celle de soude carbonatée ; on a remarqué, en outre, que de la masse d'eau tenant les deux sels en dissolution, la soude carbonatée saturait la partie supérieure et le sel marin l'inférieure ; que même, dans quelques circontances, la masse paraissait comme divisée en deux dans toute sa hauteur ; d'un côté se trouvait presque uniquement la soude carbonatée, de l'autre l'hydro-chloratée. Ces lacs, et surtout celui de Thaïal, qui paraît le plus riche en natron, sont à sec pendant à peu près la moitié de l'année : c'est dans cet intervalle de sécheresse que l'on détache avec le pic la croûte qui s'est formée sur le fond calcaire ; elle est d'un brun-grisâtre, d'un tissu grenu, et contient plus ou moins de sel marin, suivant les endroits où elle a été détachée ; de là vient la grandé quantité de nuances que l'on trouve dans la pureté du natron versé dans le commerce. Il est encore de nombreux gissements de soude carbonatée, mais ils sont beaucoup moins importants et n'ont point été l'objet d'exploitations particulières. Les produits volcaniques du Vésuve, de l'Etna et de Ténériffe, renferment des cristaux que le contact de l'air porte bientôt à l'efflorescence ; quelques eaux minérales, comme celle de Vichy, en contiennent assez pour qu'au besoin on puisse l'en extraire.

Les végétaux qui croissent sur les bords de la mer, fournissent de grandes masses de soude carbonatée, provenant très-vraisemblablement de la décomposition du sel marin par l'acte de la végétation. On rassemble ces végétaux, encore frais, au-dessus de fosses pratiquées dans le sol, et sur lesquelles on a disposé, en forme de grilles, quelques barreaux de fer ; on incinère le plus promptement possible, et l'on dépose les cendres encore chaudes dans des futailles. C'est le carbonate de soude tel qu'on le livre au commerce. Le plus estimé se fabrique aux environs d'Alicante, et porte le nom de cette ville.

La soude carbonatée forme le principal fondant du sable ou de la silice, dans l'art du verrier. Elle constitue, après avoir été dépouillée de son acide, la base de tous les savons durs. Le teinturier la met en usage, dans quelques-unes de ses préparations, pour fixer la matière colorante. Elle est employée en médecine dans un assez grand nombre de compositions pharmaceutiques.

VIIe ESPÈCE.

Soude nitratée.

Syn. *Nitre cubique. — Nitrate de soude.*

Car. Soluble·dans trois fois son poids d'eau. Fusant sur les charbons ardents.

Saveur : Fraîche ; légèrement amère.

Forme primitive : Le rhomboïde obtus.

Forme indéterminable : Massive.

Très-fragile.

Pesanteur spécifique : 2,09

Électricité : Résineuse par le frottement et lorsque la substance est isolée.

Composition : Soude, 37 ; acide nitrique, 73.

Elle n'a encore été trouvée qu'au Pérou, formant des couches d'une grande étendue, mais d'une très-faible épaisseur, et recouvertes d'argile. On l'exploite pour la convertir en nitrate de potasse, ou pour en obtenir séparément l'acide et la base.

HUITIÈME GENRE

AMMONIAQUE.

—————

Ire ESPÈCE.

Ammoniaque sulfatée.

Syn. *Sel secret de Glauber. — Mascagnime.*

Car. Soluble dans le double de son poids d'eau. Volatile en partie par l'action de la chaleur.

Saveur: Amère; piquante.

Forme déterminable: Le prisme hexaèdre.

Formes indéterminable: Concrétionnée; pulvérulente.

Translucide; opaque.

Blanchâtre.

Composition: Ammoniaque, 22; acide sulfurique, 54; eau, 24.

N'a encore été trouvée qu'en très-petites masses, dans la Sicile, la Toscane, le Piémont et le midi de la France. Elle se présente soit en aiguilles efflorescentes à la surface des laves nouvellement rejetées et dans les houillères embrasées; soit en dissolution dans quelques eaux minérales.

IIᵉ ESPÉCE.

Ammoniaque hydro-chloratée.

Syn. *Sel ammoniac.* — *Muriate d'ammoniaque.*

Car, Soluble dans six fois son poids d'eau. Volatile en entier sur les charbons ardents. Odeur piquants par la chaux et la potasse.

Saveur: Urineuse; piquante.

Forme primitive: L'octaèdre régulier; molécule intégrante; tétraèdre régulier.

Formes indéterminables: Concrétionnée; plumeuse.

Pesanteur spécifique: 1,45.

Transparente.

Blanche; grisâtre.

Composition : Ammoniaque, 31 ; acide hydro-chloraté, 69.

On trouve l'ammoniaque hydro-chloratée parmi les produits volcaniques à l'Etna, Lipari, la Solfatare. On a observé que l'éruption du Vésuve, en 1805, a couvert le courant de lave d'une quantité considérable de cette substance. Elle se retrouve aussi, comme production naturelle, dans les houillères qui ont subi l'inflammation. Elle accompagne l'ammoniaque sulfatée dans les lagunes du pays de Sienne en Toscane; et des auteurs dignes de foi assurent qu'elle effleurit à la surface des terrains argileux de la Perse.

Avant que la composition de ce sel fut bien connue, et que les arts, conséquemment, eussent été en possession de le fabriquer de toute pièce, par la décomposition des matières animales ou la distillation de la houille, l'Égypte fournissait au commerce la plus grande partie du sel ammoniac qui s'y consommait; son nom même dérive de celui d'Ammonie, province de la Lybie où l'on en fabriquait le plus. Dans ces contrées où le défaut de bois force les habitants à brûler le fumier séché avec les restes de litières des animaux, on recueille là suie que produit abondamment ce combustible, et on la soumet à une chaleur graduée dans des vases sublimatoires préparés à cet effet. Le sel ammoniac, formé dans l'estomac des animaux qui, paissant l'herbe, avalent beaucoup de sel marin dont elle est imprégnée, se sublime dans la partie supérieure ds ces vases, et lorsqu'on juge la croûte assez épaisse, on brise les appareils, et l'on obtient des pains d'ammoniaque hydro-chloratée.

La teinture, où par le secours de ce sel les couleurs sont avivées, le décapement des métaux avant les alliages ou les soudures, quelques autres arts et la médecine, rendent souvent indispensable l'emploi du sel ammoniac.

APPENDICE A LA SECONDE CLASSE.

ORDRE UNIQUE.

Silice.

Silice libre, quartz.

Caractères généraux : Insoluble dans les acides ; infusible au chalumeau.

I. QUARTZ-HYALIN.

Syn. *Cristal de roche. — Caillou du Rhin. — Améthiste Occidentale. — Topaze d'Inde. — Topaze de Bohême. — Diamant d'Alençon. — Hyacinthe de Compostelle. — Bois pétrifié. — Cornaline. — Avanturine — Amiatite. — Fiorite. — Sinople. — Cantalite. — Horstein. — Hyalite. — Muller glas. — Saphir d'eau. — Prisme d'émeraude.*

Forme primitive : Le rhomboïde obtus.

Formes indéterminables : Lamellaire ; laminaire ; aciculaire-radiée ; fibreuse ; concrétionnée ; C. géodique ; C. botryoïde ou mamelonnée ; C. perlée ; C. incrustante ; ondulée ; massive ; granulaire ; grossière ; compacte : arénacée, pseudomorphique ; P. conchylioïde ; P. xyloïde.

Étincelant sous le choc du briquet

Pesanteur spécifique : 2,04.

Acquérant une faible électricité vitrée par le frottement.

Phosphorescence : sensible par le frottement mutuel de deux cristaux, dans l'obscurité.

Transparent; translucide ; opaque.

Réfraction double.

Limpide; blanc; blanchâtre; gris ; noirâtre; jaune; orangé; brun ; rosé; rouge; hématoïde; rubigineux, violet; bleuâtre; bleu; vert; vert-obscur.

Girasol; chatoyant; gras; avanturiné; irisé; aéro-hydre : renfermant une goutte d'eau, laquelle ne remplissant pas toute la cavité, suit constamment le mouvement que l'on imprime à la pierre. Moiré : lançant de l'intérieur, à une vive lumière, des reflets comme satinés.

Composition; variété dite améthiste : Silice, 99; alumine, 0,25; fer oxydé, 0,50; manganése oxydé, 0,25.

Répandu sur la surface du globe, le quartz-hyalin paraît appartenir à toutes les formations : il fait partie intégrante de la plupart des roches primitives; il constitue souvent des couches énormes dans les roches de transition ; sous forme de grains aglutinés, il s'élève en montagnes escarpées, tandis que ces grains libres et mobiles font presque l'unique base du fond des mers, des plaines arides, des déserts et de tous ces immenses dépôts connus sous le nom *de Sablonnières*. Il est peu de mines, de veines et de filons où il ne soit tout à la fois et le mur et le toit; presque tous les minerais l'ont pour gangue, et ses cristaux tapissent les parois intérieures de la plupart des cavités géodiques qui retracent à grands traits les prodigieux effets de l'attraction moléculaire.

La nature n'a pú être si prodigue de cette substance qu'avec l'intention de la proportionner aux besoins de l'homme : en effet, sans le sable la végétation serait à peu près impuissante. C'est dans les masses quartzeuses que l'on taille, que l'on prépare les fondements les plus solides de toutes les constructions ; et le sable concourt avec la chaux à en assurer la liaison par des mortiers et des ciments susceptibles de résister aux vicissitudes de l'atmosphère. Les fragments du quartz cédant à l'action de la chaleur et des fondants, procurent les matières vitreuses de toute espèce, dont l'indispensable utilité fut reconnue dès les premiers âges de la civilisation. Le cristal parfaitement limpide est devenu dans les mains des astronomes l'instrument le plus précieux pour déterminer assez rigoureusement, et à l'aide d'un simple calcul l'éloignement et les dimensions d'un astre, d'un objet mobile ou fixe, à de grandes distances. Le caillou présente les tablettes les plus inaltérables, sur lesquelles la haute antiquité laissa le souvenir de la puissance et du génie ; les noms, les travaux de beaucoup de héros n'ont échappé aux ravages du temps qu'à la faveur des caractères et des images symboliques gravés sur le cristal ; et le bijou précieux qui, de nos jours, orne la main d'un petit maître, peut avoir été le gage éclatant d'une patrie reconnaissante vers un de ses dévoués défenseurs.

APPENDICE.

QUARTZ HYALIN FÉTIDE.

Car. Infusible au chalumeau, mais perdant par son action sa transparence, sa couleur et sa fétidité qui, ordinairement, n'est sensible que par le choc ou le frottement avec un corps dur.

Forme primitive : Le rhomboïde obtus.

Formes indéterminables : Laminaire ; concrétionnée cellulaire.

Tissu plus lamelleux que n'est celui du quartz ordinaire.

Facile à briser.

Pesanteur spécifique : 2,63.

Transparent ; translucide.

Blanchâtre; grisâtre.

Composition : Silice ; acide hydro-sulfurique.

En France, à l'île d'Elbe, aux États-Unis.

QUARTZ HYALIN CALCARIFÉRE.

Syn. *Conite.*

Car. Soluble en partie, et avec effervescence, dans l'acide nitrique.

Massif; compacte.

Rayant le verre; étincelant sous le briquet ; plus fragile que le quartz; cassure terne·

Pesanteur spécifique : 2,83.

Opaque; quelquefois translucide sur les bords.

Grisâtre.

Composition : Silice ; chaux carbonatée.

En Islande, en Suède.

II. QUARTZ-AGATE.

Syn. *Agate.* — *Quartz en stalactites.* — *Silex agate.* — *Pierre d'hirondelle.* — *Calcédoine. Cornaline.* — *Sardoine.* — *Prase.* — *Chrysoprase.* — *Mère d'émeraude.* — *Œil-de-chat.* — *Silex.* — *Caillou.* — *Pierre à fusil.* — *Pierre meulière.* — *Onix.* — *Sardonis.* — *Cacholong.*

Car. Insoluble dans l'acide nitrique ; infusible au chalumeau.

Forme régulière : Le rhomboïde obtus.

Formes indéterminables : Mamelonné ; cylindrique ; conique ; guttulaire ; géodique ; stratoïde ; tuberculeuse ; incrustante ; aéro-hydre ; pseudomorphique.

Étincelant, mais plus difficilement que le quartz, sous le choc du briquet. Cassure terne ou médiocrement luisante, offrant l'aspect de celle de la cire.

Pesanteur spécifique : 2,6 à 3,5.

Translucide ; quelquefois opaque sur quelques points.

Nébuleux ; blanc ; blanchâtre ; bleu verdâtre ; vert pomme ; vert sombre ; brun ; dendrité ; herborisé ; panaché ; ponctué ; ondulé etc.; enfin susceptible de toutes les variations, de tous les mélanges possibles dans les couleurs, ce qui, très-souvent, donne lieu à des bizarreries accidentelles fort singulières.

Composition : La même que celle du quartz-hyalin, dans les agates translucides ; les autres contiennent des matières hétérogènes dont la nature et les principes sont extrêmement variés.

Moins abondant que le quartz-hyalin, le quartz-agate se trouve néanmoins comme lui dans tous les terrains ; il occupe à peu près les mêmes gîtes ; il appartient à toutes les formations ; il forme assez souvent de grandes masses continues ; d'autres fois il constitue des amas considérables de fragments qui, par l'arrondissement de leurs angles, semblent avoir été longtemps le jouet des eaux, et s'être trouvé déposés par elles aux lieux où se terminait leur domaine. Il est encore journellement le produit de quelques volcans en activité au Mexique. Les eaux alcalines et bouillantes du Geyser, en Islande, le déposent autour de la bouche de ce singulier volcan ; il y forme des bourrelets concrétionnés, composés d'une multitude de très-petites couches superposées. Le quartz-agate pyromaque stratifie le calcaire par des couches composées de masses tuberculeuses non adhérentes les unes aux autres : souvent ces couches sont tellement rapprochées qu'elles ne laissent qu'une très-faible puissance à celles alternantes de calcaire. Le quartz-agate grossier se retrouve en veines irrégulières dans toutes les roches.

Les belles agates sont recherchées pour la parure ; on en fabrique, au moyen des poinçons et de la roue, une foule de petits meubles d'ornement qui sont le soutien d'un nombre assez considérable de petites fabriques ou moulins établis sur des rivières, des ruisseaux qui serpentent à travers les terrains abondants en cette production. On cite surtout le bourg d'Oberstein, sur la Nasse, où cette unique branche d'industrie assure l'existence à plus de trois cents familles. Chacun sait l'usage que l'on fait du quartz-pyromaque, mais on ne connaît peut-être pas aussi généralement les moyens extrêmement simples dont on profite pour fournir à très-bas prix (40 à 60 centimes le cent) les pierres à fusil. On établit la fabrique sur le bord même de la carrière de chaux carbonatée dans laquelle sont engagées les masses pyromaques de couleur blonde (c'est celui qui se prête le mieux à la taille) ; on débite d'abord la pierre en prismes, dont les faces plus ou moins nombreuses doivent avoir la largeur de la surface supérieure de la pierre à fusil. Cela fait, on cherche à détacher des prismes des écailles longues et minces, en plaçant une espèce de ciseau sur une ligne qui couperait trois faces du prisme et en frappant un coup sec sur le ciseau. Cette écaille, que l'on obtient avec assez de facilité quand la pierre est fraîchement tirée, offre en dessous une surface large, en dessus une plus étroite, sur l'un des côtés, une autre qui se termine en coin aigu, enfin sur le côte opposé, une quatrième face formant un talus beaucoup plus court que celui du coin. On la divise en plusieurs parties, suivant l'étendue que l'on veut donner aux pierres à fusil, à l'aide du tranchant d'un ciseau d'acier, fiché dans un culot de bois : un coup avec une rondelle de fer emmanchée suffit pour opérer la division. On termine les pierres avec la rondelle, de manière que trois faces latérales, que l'on nomme les *flancs* et le *talon*, soient suffisamment inclinées sur l'*assis*, ou face supérieure, et que la *mèche*, ou partie qui frappe les platines, soit bien affilée. Un ouvrier ordinaire fabrique trois cents à trois cent cinquante pierres par jour.

Le quartz-agate grossier, caverneux ou carié, plus connu sous le nom de pierre meulière, que l'on exploite au milieu du calcaire, à La Ferté-sous-Jouarre, fournit dans un rayon fort étendu toutes les meules qui servent à la mouture.

APPENDICE.

QUARTZ-AGATE CALCIFÈRE.

Car. Soluble en partie, et avec effervescence, dans l'acide nitrique.

En masses compactes.

Rayant le verre ; cassure lisse, terne, légèrement con-choïde.

Opaque.

Blanc jaunâtre ; blanc grisâtre.

Composition : Silice ; chaux carbonatée.

Il accompagne souvent le quartz-agate pyromaque.

Le *quartz-nectique* ne paraît être qu'une modification du quartz-agate calcifère, qui contient moins de chaux carbonatée, et qui jouit d'une si grande légèreté qu'il surnage l'eau jusqu'à ce qu'il soit pénétré de ce liquide. A l'exception de la cassure qui est inégale, et de sa fragilité, qui ne lui permet que très-rarement de rayer le verre, il est en tout semblable au précédent.

III. QUARTZ-RÉSINITE.

Syn. *Hydrophane. — Opale. — Girasol. — Pechstein. — Pierre de poix. — Pissite. — Xilopale. — Bois pétrifié.*

Car. Insoluble dans l'acide nitrique ; infusible au chalumeau.

Massif ; compacte ; concrétionné ; pseudomorphique.

Rayant le verre ; médiocrement étincelant sous le briquet.

Cassure : largement conchoïde, ayant le luisant de la
résine.

Pesanteur spécifique : 2,04 à 2,31.

Translucide ; opaque.

Blanc laiteux, tirant au jaunâtre ou au rougeâtre ;
acquérant de la transparence par l'immersion dans l'eau
(hydrophane) ; blanc laiteux.

Nuancé de bleuâtre ; irisé dans l'intérieur *(opale)* ; blanc
bleuâtre.

Nébuleux ; à reflets rougeâtres et dorés *(girasol)* ; blanchâtre ; d'un jaune de miel.

Jaunâtre ; brunâtre ; brun ; gris bleuâtre ; d'un rose
vif, mais qui s'altère par le contact de l'air.

Aspect du bois, dont certaines variétés ont conservé la
forme et le tissu.

L'Islande et la Saxe renferment les plus beaux hydrophanes argileux. L'opale est plus abondante en Hongrie
que dans aucun autre gisement ; elle y est disséminée en
petites veines, ou en couches minces dans un porphyre
argileux, en partie décomposé. Le quartz résinite commun se trouve dans un grand nombre d'endroits, mais
toujours disséminé en nids ou en veines ; il en existe cependant de petites couches dans le porphyre de la Silésie.
Les rognons concrétionnés ne sont pas rares entre les
couches gypseuses du terrain des environs de Paris. La
Sibérie, les monts Ourals et d'Ataï, le Mexique en offrent
çà et là des masses plus considérables. On rencontre assez
communément le bois pétrifié, et l'on cite, entre autres

gisements, Moldosko, où l'on a observé un arbre entier parfaitement conservé, qui avait trente-un mètres de longueur. (Rownson, *Voyages en Hongrie*, t. III, p. 104.)

Les hydrophanes, les opales et les girasols sont très-recherchés pour la bijouterie ; on monte rarement les autres quartz-résinites. On attribue à l'imbibition du liquide la transparence qu'acquiert l'hydrophane dans l'eau. On a remarqué en effet que, pendant l'immersion de cette pierre, il se dégage de sa surface une foule de très-petites bulles d'air chassé par l'eau, qui a pris sa place entre les molécules de la pierre. D'un autre côté, celle-ci reprend sa translucidité que lorsqu'elle s'est entièrement dépouillée, par l'évaporation, de l'eau interposée. Haüy prétend, et c'est probablement avec raison, que l'opale ne doit sa beauté qu'à ses imperfections ; il assure que ses reflets sont le résultat d'une multitude de fissures qui interrompent la continuité de sa propre substance, et occasionnent la réflexion de rayons différemment colorés.

Parmi les bois pétrifiés, la structure est ordinairement si bien conservée, qu'il n'est point difficile de reconnaître au tissu l'espèce à laquelle les fragments ont appartenu ; ils ressemblent au bois naturel pénétré d'huile. Les curieux recherchent les échantillons de troncs de palmier, où des points noirs qui sont ceux d'attache à la tige du pédoncule des feuilles, tranchent agréablement sur le fond blanchâtre qui occupe la place de cette tige.

IV. QUARTZ-JASPE.

Le quartz-jaspe se rapproche, par ses propriétés, du quartz-agate ; il est cependant moins dure, car il donne plus difficilement des étincelles par le choc du briquet ; sa cassure est beaucoup plus terne, de même que son aspect. Il est toujours en masses plus ou moins compactes, et susceptible d'un poli plus ou moins éclatant. Sa pesanteur spécifique varie entre 2,5 et 2,8. Son opacité est parfaite. Ses couleurs principales sont le blanchâtre, le jaune, le violet, le rouge, le vert, le brun, le noir, etc. Les masses offrent souvent des mélanges de diverses couleurs, qui sont d'un effet très-agréable ; tels sont les jaspes onix, rubanés, zonaires (le caillou d'Égypte), panachés, etc. ; plus souvent encore elles sont mélangées de jaspe et de quartz-agate.

Cette variété appartient aux terrains de transition ; elle y forme des couches alternant avec la couche phophyrique qui repose sur le basalte ; les veines traversent assez fréquemment les granites amygdaloïdes, les grauwackes ; on la trouve en fragments roulés de tout volume. dans presque tous les terrains d'alluvion. La Siberie, la Norwége, la Saxe, la Hongrie, le Tyrol, et surtout la Sicile, fournissent les beaux jaspes avec lesquels on fabrique des vases et autres objets d'ornement que l'on admire dans la décoration des palais, et en faveur desquels le luxe des anciens se prononçait avec plus d'ardeur encore que l'on n'en met actuellement dans la recherche et les marques de grande somptuosité.

SILICE COMBINÉE AVEC LA ZIRCONE.

ESPÈCE UNIQUE.

Zircon.

Syn. *Hyacinthe. — Jargon de Ceylan*

Car. Infusible au chalumeau; y perdant néanmoins sa couleur.

Forme primitive : L'octaèdre symétrique à triangles iso-cèles, égaux et semblables. Molécule intégrante : tétraèdre symétrique. Forme indéterminable : granuleuse.

Rayant difficilement le quartz. Cassure ondulée, brillante

Pesanteur spécifique : 4,38 à 4,41.

Transparent; translucide.

Réfraction : double très-marquée.

Blanchâtre; jaune pâle; jaune verdâtre; verdâtre; orangé; rougeâtre; brunâtre.

Éclat : un peu gras.

Composition : Zircone, 68; silice, 32.

Le zircon appartient aux terrains primitifs; et, par suite de la décomposition des roches qui les constituent, on le trouve également en cristaux disséminés dans les terrains de transport. En Norwège, il a pour gangue une siénite; aux États-Unis, on le rencontre dans un granite; en France, il est enchâssé dans les basaltes poreux ou compactes de l'Auvergne et du Vivarais, et se montre plus souvent en cristaux libres; il est abondant, surtout dans le lit de la petite rivière d'Expailly. C'est aussi en cristaux libres qu'on le ramasse à Ceylan, à Madras, dans le voisinage du Caucase, en Bohême, en Italie, où le fer oxydé, le saphir, le corindon, le granite, sont les minéraux qui l'accompagnent le plus ordinairement. On le place parmi les gemmes, ou pierres précieuses, et la bijouterie fait usage de toutes ses variétés. C'est de la décomposition de cette pierre que la chimie tire la zircone qu'elle emploie dans quelques-unes de ses préparations.

Les substances qui pourraient, au premier aspect, être confondues avec le zircon, sont : l'harmotome, le topaze, le grenat, l'idocrase, le corindon et l'émeraude.

SILICE COMBINÉE AVEC DE L'ALUMINE.

Ire ESPÈCE.

Cymophane.

Syn. *Chrysolite orientale. — Chrysopale. — Chrysobéril.*

Car. Infusible.

Forme primitive et molécule intégrante : Le prisme droit rectangulaire.

Forme indéterminable : Granuleuse.

Rayant fortement le quarz. Cassure transversale conchoïde.

Pesanteur spécifique : 3,8.

Transparente; translucide.

Réfraction double.

Jaune verdâtre.

Chatoyante; reflets d'un blanc laiteux, bleuâtre.

Composition : Alumine, 81 ; silice, 19.

Les cymophanes ont été trouvées à Ceylan, au Brésil et aux États-Unis, en cristaux libres dans les terrains d'alluvion et dans les sables charriés par les fleuves, ou en petites masses engagées dans une roche quartzeuse avec feldspath et talc blanc. Quoique cette pierre soit aussi regardée comme précieuse, on n'en fait cependant qu'un cas médiocre, et l'on ne taille, pour la parure, que les échantillons doués des plus beaux reflets.

Il est assez facile de distinguer la cymophane du corindon, de la topaze, de l'éméraude, de la chaux phosphatée, du zircon, du péridot, de la tourmaline et du feld-spath nacré, qui sont les espèces qui s'en rapprochent le plus par les caractères extérieurs.

II° ESPÈCE.

Grenat.

Syn. *Mélanite.* — *Succinite.* — *Pyrope.* — *Topazolite.* — *Colophonite.* — *Escarboucle.*

Car. Fusible au chalumeau, en émail noir.

Forme primitive ; le dodécaèdre rhomboïdal ; molécule intégrante ; tétraèdre symétrique.

Formes indéterminables : Convexe ; granuleuse.

Rayant fortement le quarz.

Pesanteur spécifique : 3.5 à 4,1.

Magnétisme : Double, sensible sur l'aiguille aimantée.

Transparent ; translucide ; opaque.

Réfraction simple.

Jaune ; verdâtre ; orangé ; rouge-de-feu ; rouge-violet ; rouge-vineux ; rouge-brun ; brunâtre ; noir ; résinite.

Composition : Silice, 54 ; alumine, 20,5 ; oxide de fer, 17,5 ; chaux, 8.

APPENDICE.

GRENAT CALCIFÈRE.

Syn. *Grossulaire. — Grenat de chaux*, Beud.

Car. Fusible en émail verdâtre,

Pesanteur spécifique : 3, 35 à 3,40.

Jaunâtre ; verdâtre ; rougeâtre.

Composition : Silice, 41, alumine, 22 ; chaux 37.

Semblable au grenat, pour le reste des caractères.

GRENAT FERRIFÈRE.

Syn. *Almandin — Grenat de fer*, Beud.

Car. Fusible en émail noir.

Pesanteur spécifique ; 3,8 à 4,3.

Rouge-hyacinthe foncé, noirâtre.

Composition : Silice, 38, alumine, 20 ; oxide de fer, 42.

GRENAT MANGANÉSIFÈRE.

Syn. *Manganèse granatiforme. — Grenat de manganèse*, Beud.

Car. Fusible en émail scoriforme, d'un noir-brunâtre.

Brun-noirâtre.

Composition : Silice. 38 ; alumine, 20 ; oxide de manganèse, 42.

Les différences frappantes que les chimistes ont obtenues dans leurs travaux analytiques sur chacune des variétés du grenat font naître, quant à cette espèce, quelques doutes sur sa véritable nature et d'assez grandes difficultés pour établir une concordance entre les principes constituants et la forme ; l'on voit même que les minéralogistes, pour expliquer cette persévérance de forme, malgré l'existence, en quantités prédominantes, d'un principe dont certaines variétés sont dépourvues, ont été réduits à ne considérer la présence de ce principe que comme accidentelle. Malheureusement ce n'est point là le seul mystère qui obscurcit encore l'histoire des minéraux ; et chaque jour leur étude, prenant une marche plus assurée, rectifie des erreurs, qui, jusque-là, passèrent pour des résultats vrais de l'observation.

Le grenat fait partie des terrains primitifs ; les cristaux sont engagées dans les granites, les gneiss, les serpentines, les schistes micacés, le porphyre, le calcaire, etc. ; lorsque ces roches, par leur décomposition, se confondent avec les terrains d'alluvion, on y trouve des cristaux de grenat libres, chariés par les eaux des fleuves et des rivières, rassemblés en amas dans les atterrissements produits par les courants.

La Sibérie, la Suède, la Styrie, l'Italie, les Alpes, les Pyrénées, la France, les États-Unis, et surtout la Bohême produisent de grandes masses de grenats, que souvent l'on exploite avec beaucoup d'avantage comme mine de fer ; quelques parties des roches granatifères sont tellement riches de cette substance, que l'on a de la peine à y découvrir autre chose. Les beaux cristaux sont soumis à la taille, et quoique la pierre soit un peu sombre, on rehausse l'effet et l'éclat des couleurs, en réduisant, autant que possible, l'épaisseur par un clivé, c'est-à-dire une taille en creux sur la face opposée à celle qui doit fixer les regards. On fabriquait autrefois avec les gros grenats bien transparents des espèces de petites soucoupes auxquelles les curieux attachent encore un très-grand prix. La parure fait une très-grande consommation de petits grenats, dont on multiplie les facettes et que l'on perce d'outre en outre pour les réunir en colliers, bracelets, etc.

Les substances minérales qui offrent le plus d'analogie avec le grenat sont : l'amphibole, le zircon, la staurotide, l'amphigène, la spinelle et le corindon.

IIIe. ESPÈCE.

Helvin.

Syn. *Helvine*, Beud.

Car. Fusible au chalumeau, et avec le borax, en verre transparent, d'un brun violet. Poussière dégageant une vapeur épaisse par l'acide sulfurique.

Forme primitive : Le dodécaèdre rhombaïdal ; molécule intégrante ; tétraèdre symétrique.

Rayant le verre ; cassure inégale ; raboteuse, peu éclatante.

Pésanteur spécifique : 3,5.

Transparent ; translucide ; opaque.

Jaune clair ; jaune foncé.

Cette substance, qui n'a encore été observée qu'en très petite quantité à Schwarzenberg, en Saxe, où ses petits cristaux sont disséminés dans un talc chlorite compacte, d'un vert foncé, n'a point encore été soumise à une analyse bien rigoureuse; on sait cependant que ses bases principales sont la silice, l'oxide de manganèse, l'alumine et le fer ; mais les proportions n'en ont pas encore été bien déterminées. L'helvin est ordinairement accompagné de chaux fluatée et de zinc sulfuré.

IVe ESPÈCE.

Haüyne.

Syn. *Latialite.* — *Lazulite de la Somma.*

Car. Formant une gelée blanche avec les acides; fusible au chalumeau en un verre blanchâtre, bouillonné.

Forme primitive : Le dodécaèdre rhomboïdal ; molécule intégrante : tétraèdre symétrique.

Formes indéterminables : Granuleuse ; massive.

Rayant le verre ; fragile ; cassure inégale, un peu luisante.

Pesanteur spécifique : 3,33

Acquérant, étant isolée, l'électricité résineuse par le frottement.

Translucide ; opaque.

Bleu ; vert bleuâtre.

Composition : Silice, 36,9 ; alumine, 19,5 ; potasse, 16,0 ; chaux 12,4 ; acide sulfurique, 12,9 ; oxide de fer, 1,1 ; ceau, 1,2.

Les parties volcanisées de l'Italie telles que les environs du Vésuve; de Frascati, d'Albano, du lac Nemi ; les volcans éteints qui bordent les deux rives de la Kill et du Rhin, produisent de la haüyne que l'on trouve en petites masses bleues ou verdâtres, rarement en cristaux bien prononcés, parmi des laves anciennes ou récentes. La découverte en est due à M. Gismondi.

Vᵉ ESPÈCE.

Staurotide.

Syn. *Croisette.* — *Pierre de croix.* — *Schorl cruciforme.* — *Grenatite.*

Car. Infusible au chalumeau, dont l'action très-prolongée la convertit cependant en une espèce de fritte.

Forme primitive : Le prisme droit rhomboïdal ; molécule intégrante : prisme triangulaire à bases isocèles.

Formes indéterminables : Cylindroïde ; globuleuse.

Rayant faiblement le quartz ; cassure raboteuse, terne ou très-peu luisante.

Pesanteur spécifique : 3,28,

Translucide ; opaque.

Brun rougeâtre ; gris sombre.

Composition : Silice, 29 ; alumine, 53 ; oxide de fer, 18.

Cette substance appartient aux terrains primitifs ; elle est engagée au Saint-Gothard, comme aux États-Unis, dans une roche talqueuse brillante qui renferme aussi de longs cristaux de disthène, du grenat ; en Espagne, en France (dans la Bretagne et le Dauphiné), elle est empâtée dans un schiste micacé, facile à se décomposer : de là vient que l'on rencontre dans le terrain d'alluvion une foule de cristaux libres, parfaitement conservés. Quelquefois la roche, dans sa fracture, ne présente que des globules qui ne décèdent que par analogie avec les cristaux qui y sont entremêlés, la substance de la staurotide.

Il arrive assez ordinairement que deux ou plusieurs prismes se croisent, et le plus souvent à angle droit ; il résulte de cette disposition que le cristal représente la figure d'une croix en relief. Les gens superstitieux du pays où abondent ces sortes d'incidents, n'ont pas manqué de les considérer comme une faveur particulière du ciel, et le fanatisme religieux s'en est emparé comme d'un moyen de spéculation. Je conserve plusieurs de ces cristaux, percés de manière à pouvoir être suspendus en amulettes ou orner les chapelets, qui m'ont été vendus comme ayant reçu la bénédiction sacerdotale.

VIe ESPÈCE.

Néphéline.

Syn. *Schorl blanc, hexagonal du Vésuve.* — *Sommite.* — *Pseudo-sommite.*

Car. Poussière formant une gelée jaunâtre, dans l'acide nitrique échauffé. Un fragment, plongé dans le même acide froid, n'y fait que perdre sa transparence, et devenir nébuleux. Fusible au chalumeau en verre blanc.

Forme primitive : Le prisme hexaèdre régulier ; molécule intégrante : prisme triangulaire équilatéral.

Formes indéterminables : Aciculaire ; lamellaire.

Rayant le verre par les parties aiguës seulement. Cassure conchoïde, un peu éclatante.

Pesanteur spécifique : 3,27.

Translucide.

Blanche.

Composition : Silice, 47 ; alumine, 50 ; chaux et fer, 3.

La néphéline existe dans les roches de la Somma, dans les basaltes du Kazzenbukkel, du Kaiserthal en Wurtemberg, dans les laves de Capo di Bove, dans celles du Velay en France. Ses cristaux, d'un très-petit volume, mais bien caractérisés, tapissent les parois des petites cavités de la roche ; ils sont accompagnés d'idocrase, de méïonite, de spinelle, de calcaire, etc., etc. Il faut bien se garder de les confondre avec la chaux phosphatée, l'émeraude blanche, la topaze pycnite et la méïonite, qui peuvent apporter quelques points de ressemblance.

VIIe ESPÈCE.

Pinite.

Car. Blanchissant au chalumeau, et finissant par s'y fondre en verre blanc boursonfflé ; avec le borax, on obtient un verre jaunâtre transparent.

Odeur argileuse par l'insuflation.

Forme primitive : Le prisme hexaèdre régulier.

Formes indéterminables : Stratrifiée ; cruciée.

Rayant à peine la chaux carbonatée ; facile à râcler avec un couteau.

Pesanteur spécifique : 2,02.

Opaque.

Grisâtre ; brune ; noirâtre.

Composition : Silice, 51 ; alumine, 46,2 ; oxide de fer, 2,8.

La pinite a été découverte en 1802, par M. Cocq, dans le porphyre syénitique qui fait partie de la chaîne sur laquelle reposent les anciens cratères de l'Auvergne. On a depuis reconnu une substance analogue dans plusieurs autres parties de la France, aux environs du Mans, de

Falaise, au Groenland et en Saxe; mais la pinite de ce dernier gisement présente une si grande anomalie dans les proportions respectives des principes constituants, qu'il s'est élevé des doutes suffisants pour décider quelques minéralogistes à la distraire du véritable genre pinite, et à la ranger provisoirement parmi les substances encore trop peu connues pour être comprises dans la méthode.

VIIIe ESPÈCE.

Disthène.

Syn. *Cyanite. — Sappare. — Rhétizite. — Schorl bleu. — Talc bleu. — Béril feuilleté.*

Car. Infusible au chalumeau.

Forme primitive : Le prisme oblique irrégulier; molécule intégrante : prisme quadrangulaire irrégulier.

Formes indéterminables : Laminée; bacillaire; fibreuse; compacte.

Rayant faiblement le verre par les angles; rayé sur les faces de ses lames par une pointe d'acier.

Pesanteur spécifique : 3,5.

Développant les deux électricités par le frottement.

Translucide; opaque.

Blanc jaunâtre; verdâtre; bleu; faciolé de bleu et de blanc.

Composition : Silice, 32; alumine, 68.

Quoique ce minéral soit peu abondant, ses cristaux sont souvent accumulés dans quelques roches talqueuses des montagnes de première formation; c'est ainsi qu'il se trouve au Saint-Gothard, où la staurotide, le grenat, l'amphibole, sont disséminés dans la même gangue, dans le Zillerthal, en Espagne. Aux monts Ourals, il a pour gangue du gneiss, avec mica blanc argentin; et sur les rives de la Broussianska, en Russie, il est implanté dans et sur le quartz-hyalin; à Bayreuth et en Carinthie, il forme de petites couches dans le schiste micacé, où se rencontrent aussi des veines de chlorite et d'amphibole.

On a essayé d'appliquer la disthène à la bijouterie, mais ce fut avec peu de succès. Sa grande infusibilité l'avait fait regarder, par Saussure, comme un excellent support pour les opérations du chalumeau; mais depuis, on lui a préféré avec raison les pinces de platine.

IXe ESPÈCE.

Macle.

Syn. *Crucite.* — *Schorl en prismes quadrangulaires rhomboïdaux.* — *Pierre de croix.*

Car. Le macle étant composé de deux matières bien distinctes par les couleurs, la blanche se fritte au chalumeau, sans changer de nuance, la noire s'y fond en verre noirâtre.

Forme primitive : L'octaèdre rectangulaire; molécule intégrante : tétraèdre hémi-symétrique; forme indéterminable : cylindrique. La matière d'un noir bleuâtre est toujours recouverte par l'autre qui est d'un blanc-jaunâtre ou rose, et de manière que, par leurs positions respectives, elles figurent dans le sens transversal un compartiment d'une symétrie extrêmement exacte.

Rayant le verre lorsqu'elle a le tissu vitreux ; cassure ;

les grains fins et serrés ; poussière dure au toucher.

Pesanteur spécifique : 2,94.

Opaque ; translucide sur les bords, dans quelques variétés.

La Bretagne, le Languedoc, l'Espagne, le pays de Bayreuth, les États-Unis ont quelques-unes de leurs roches argileuses, noirâtres, parsemées de cristaux de macle que l'on observe aussi dans un calcaire de formation très-récente. Les prismes de macle ont quelquefois une épaisseur considérable, plus souvent ils ont moins d'une ligne ; dans quelques endroits on scie les gros prismes par tranches dont on polit les grandes faces. On obtient alors un rhombe noir, encadré de blanc, avec une ligne noire partant de chaque angle et aboutissant au centre : quelquefois des côtés de ces lignes en partent d'autres qui sont parallèles aux bords du prisme ; d'autres fois aussi le prisme est simplement recouvert d'une faible croûte blanche. Les plaques partagent avec les staurotides l'honneur d'être portées en amulettes, et de former un talisman contre les tentatives de l'esprit malin.

SILICE COMBINÉE AVEC LA CHAUX.

Ire ESPÈCE.

Wollastonite.

Syn. *Tafelspath.* — *Spath en tables.*

Car. Faisant effervescence avec l'acide nitrique qui la divise en petits grains indissolubles ; fusible à toute l'activité du chalumeau, en émail bulleux, grisâtre.

Forme primitive : L'octaèdre rectangulaire ; molécule intégrante : tétraèdre hémi-symétrique.

Friable.

Pesanteur spécifique : 2,86.

Phosphorescente dans l'obscurité, par la simple raclure avec une pointe d'acier.

Translucide sur les bords ; opaque.

Blanc grisâtre ; un peu nacrée.

Composition : Silice, 53 ; chaux, 47.

Cette substance est d'une grande rareté ; le Bannat et les environs du Vésuve en sont encore les seuls gisements connus : elle a pour gangue le calcaire renfermant aussi des cristaux de grenat et d'amphigène.

IIe ESPÈCE.

Ilvaïte.

Syn. *Lievrite.* — *Yénite.* — *Fer-silicio calcaire.*

Car. Soluble en gelée dans les acides ; fusible au chalumeau ; donnant un bouton métallique, noir, attirable à l'aimant.

Forme primitive : Prisme droit rhomboïdal.

Formes indéterminables : Cylindroïde ; bacillaire ; fibreuse ; compacte.

Rayant fortement le verre ; étincelant sous le choc du briquet ; cassure inégale ; d'un éclat gras.

Pesanteur spécifique : 3,8 à 4.

Opaque.

D'un brun foncé ; noire.

Composition : Silice, 32 ; chaux, 12 ; oxyde de fer, 56.

Découverte dans l'île d'Elbe, en 1801, par M. Lelièvre, cette substance avait d'abord reçu un nom dérivé de celui de ce savant. Elle a été retrouvée dans les mines de fer de la Norwége, à Skeen ; à Serdapol, en Russie ; dans le Groënland et aux États-Unis. Dans ces différents gisements, elle forme une couche superposée au calcaire, en admettant le pyroxène, l'épidote, l'amphibole, le grenat, le quartz-hyalin, le talc, le fer oxydulé, etc., etc.

SILICE COMBINÉE AVEC L'YTTRIA.

ESPÈCE UNIQUE.

Gadolinite.

Syn. *Ytterbite.* — *Zéolite noire.*

Car. Réductible en gelée jaune dans l'acide nitrique après s'y être décolorée; décrépitant au feu, en lançant au loin des parcelles lumineuses : infusible au chalumeau, mais y subissant une espèce de boursoufflement.

Forme primitive : Le prisme oblique rhomboïdal.

Forme indéterminable : En petites masses irrégulières.

Rayant légèrement le quartz; cassure vitreuse, quelquefois squilleuse.

Pesanteur spécifique : 4.

Magnétisme quelquefois sensible.

Opaque.

Noire; vitro-métalloïde.

Composition : Silice, 22 ; yttria, 61 ; oxyde de fer, 17.

Ce minéral, découvert à Ytterby, en Suède, par le

docteur Gadelin, n'a encore été reconnu que dans ce pays; il y est disséminé dans un feldspath veiné de mica. C'est de l'analyse de la gadolinite que le savant qui l'a découverte obtint le premier, la substance nouvelle qui a reçu le nom d'yttria.

SILICE COMBINÉE AVEC LA MAGNÉSIE.

1re ESPÈCE.

Hypersthène.

Syn. *Horneblende du Labrador. — Paulite.*
Car. Fusible au chalumeau en émail gris verdâtre.
Forme primitive : Le prisme droit rhomboïdal.
Formes indéterminables : Laminaire; lamellaire; aciculaire;
Rayant le verre; étincelant sous le choc du briquet.
Pesanteur spécifique : 3,38.
Acquérant par le frottement, l'électricité résineuse.
Opaque.
Noir ; brun noirâtre.
Reflets : d'un rouge cuivreux, d'un gris métalloïde, opalins, bléuâtres, d'un noir brillant.

L'hypersthène existe au Labrador, dans une siénite avec feldspath opalin et grenat; en Cornouailles, dans un feldspath compacte, blanchâtre. On taille en plaques brillantes les parties de cette pierre, qui offrent les plus beaux reflets, et l'on en fait des bijoux très-recherchés des amateurs de pierreries.

IIe ESPÈCE.

Diallage.

Syn. *Bronzite.* — *Spath-chatoyant.* — *Smaragdite.* — *Schillerspath.* — *Omphasite.* — *Otrelite.* — *Miroitante.* — *Émeraudite.* — *Schorl feuilletée.* — *Euphotide.* — *Schillerstein.*

Car. Fusible au chalumeau, mais avec difficulté, en émail d'un gris verdâtre.

Forme primitive : Le prisme oblique quadrangulaire.

Formes indéterminables : Laminaire; lamellaire; aciculaire; fibreuse; compacte.

Rayant la chaux carbonatée, quelquefois le verre; poussière douce au toucher.

Pesanteur spécifique : 3.

Opaque.

Grisâtre; violâtre; vert claire; vert foncé; noirâtre.

Reflets : nacrés, satinés ou métalloïdes sur deux faces opposées, de diverses nuances qui deviennent largement apparentes lorsqu'on fait mouvoir le minéral à la lumière.

Composition : Silice, 48; magnésie, 36; fer oxydé, 16.

Ces proportions ont été obtenues de la variété métalloïde; elles varient considérablement dans chacune des autres.

La diallage fait partie des terrains primitifs et s'y trouve quelquefois en quantités notables. Elle est unie à la serpentine dans la roche de la Coleuti, près Nice; dans celles de la Cravagne, de Matère, aux Apennins; de Harzburger, au Hartz; du comté de Cornouailles; de Kertendorf, en Styrie. Elle est engagée dans le feldspath tenace en Corse et à Musini, près Turin. La Sibérie, la

Russie, la Suède, la Saxe, la Hongrie, la France, l'Angleterre, et plusieurs autres contrées, renferment des dépôts plus ou moins considérables de diallage, parmi leurs roches d'antique formation. On la retrouve aussi dans les terrains intermédiaires, alternant avec le micaschiste, la syénite, le calcaire noir, les schistes argileux; enfin elle existe dans des terrains d'alluvion comme débris, sans doute, de roches primitives, en Italie, en Piémont, en Moscovie, etc.

La diallage bien pure et bien choisie peut fournir quelques plaques brillantes à la bijouterie du second ordre; elle fait encore un bel effet lorsqu'elle est taillée en cabochon. On fabrique de jolis ornements avec le bronzite; mais on l'emploie plus fréquemment avec sa roche même, qui forme une espèce de marbre remarquable, par son éclat et la vivacité de ses nuances, entre les variétés les plus rares qui concourent à la magnificence des palais. Ce marbre, que l'on connaît sous le nom vulgaire de *verde di Corsa* (vert de Corse), présente des maculatures d'un vert satiné sur un fond blanc, nuancé de bleuâtre. La roche de Styrie porte en outre de la pâte de grenat, d'un très-beau violet.

IIIe ESPÈCE.

Péridot.

Syn. *Chrysolite des volcans..—Olivine.*

Car. Infusible au chalumeau.

Forme primitive et molécule intégrante : Le prisme droit rectangulaire.

Forme indéterminable : Granuleuse.

'Rayant' faiblement le verre; cassure conchoïde, éclatante.

Pesanteur spécifique : 3,4.

Action sur le barreau aimanté par la méthode du double magnétisme.

Transparent; translucide.

Réfraction double, très-marquée.

Jaune verdâtre.

Composition : Silice, 52; magnésie, 38; oxyde de fer, 10.

Il est peu de basaltes qui ne renferment des cristaux ou des noyaux de péridot; ceux-ci varient entre la grosseur d'une graine de pavot et celle de la tête. On en trouve abondamment en France, dans l'Auvergne, le Valais, le Vivarais, etc. Les anciens volcans de la Kill procurent aux amateurs de riches récoltes en ce genre : la même prodigalité se montre en Saxe, en Bohême, en Bavière, dans la Hesse, en Italie, en Écosse, en Irlande, dans les deux Amériques, dans l'Australasie, partout enfin où des volcans en activité vomissent périodiquement des laves, où d'anciens cratères sont les chroniques irrécusables des ravages exercés par d'immenses et redoutables foyers. Les terrains de transport provenant de la décomposition des roches primitives produisent quelquefois des cristaux libres de péridot; mais ces sortes de bonnes fortunes sont très-rares.

Cette pierre a trop peu d'éclat et de dureté pour être recherchée des lapidaires. On la taille cependant pour des assortiments de nuances, mais on ne l'emploie que lorsqu'elle est rigoureusement nécessaire.

Les substances minérales qui, par quelques caractères,

se rapprochent le plus du péridot, sont : la chaux phosphatée, la tourmaline et l'idocrase.

APPENDICE.

PÉRIDOT DÉCOMPOSÉ.

Syn. *Limbilite.*
Car. Infusible au chalumeau.
Forme : Granuleuse ; d'un tissu désagrégé.
Friable.
Translucide.
Jaune foncé ; jaune brunâtre ; brun rougeâtre.
On le trouve dans les roches volcaniques du Limbourg,
du Vivarais et de l'Auvergne.

IVe ESPÈCE.

Condrodite ou chondrodite.

Car. Très-difficilement fusible au chalumeau, en émail
jaunâtre.
Forme primitive : Le prisme rectangulaire oblique.
Formes indéterminables : Laminaire ; granuleuse.
Rayant faiblement le verre,
Pesanteur spécifique : 3,14.
Acquérant, par le frottement et lorsqu'elle est isolée,
l'électricité résineuse.
Action sur le barreau aimanté, dans le sens du double
magnétisme.
Translucide ; opaque.

Jaune; jaune brun ; noirâtre.

Composition : Silice, 43, magnésie, 57.

Ce minérai, qui n'a encore été trouvé que près de New-Jersey, aux États-Unis, et à Aker, en Sudermanie, a pour gangue, dans ces deux gisements, la chaux carbonatée lamellaire, renfermant assez souvent des noyaux de graphite et des cristaux d'amphibole.

Vᵉ ESPÈCE.

Asbeste.

Syn. *Amiante.* — *Lin. fossile.* — *Lin incombustible.* — *Liége fossile.* — *Chair fossile.* — *Cuir de montagne.* — *Papier fossile.* — *Bois de montagne.*

Car. Fusible au chalumeau, en verre noir.

Formes : Filamenteuse ; cotonneuse ; menbraneuse; fibreuse; tressée; coriacée; bacillaire; lignoïde; compacte.

Dureté : variable depuis la mollesse du coton jusqu'à la propriété de rayer le verre. Poussière douce au toucher.

Pesanteur spécifique : 0,68 à 2,99.

Opaque.

Blanc soyeux; gris jaunâtre; verdâtre, brun.

Composition : Silice, 70 ; magnésie, 30.

Quoiqu'on ne puisse pas considérer l'asbeste comme partie intégrante des terrains primitifs, on le rencontre néanmoins en abondance dans ces terrains où sans doute il est venu se loger, après coup ; il y occupe sous des formes très-variées, les frissures et les cavités des roches quartzeuses, talqueuses et serpentineuses. Ses filaments sont quelquefois implantés sur des druses de quartz, et même dans les prismes de cette substance. On l'observe également dans quelques autres roches de la Saxe, de la Bohême, de la Hongrie, de l'Espagne, de la France, de l'Angleterre, etc., etc.; celles de la Corse, du Valais, de la Tarentaise, du Dauphiné, de la Sibérie, de l'Amérique, de l'Inde, de la Chine, offrent des filaments longs et soyeux d'asbeste; il a la dureté et la tenacité de ce que l'on nomme vulgairement *pierre* en Sicile et en Norwège, où il est accompagné de plomb et de fer sulfurés, disséminés comme lui dans la chaux carbonatée laminaire; il a la mollesse du coton, et ses fibres sont comme entrelacées et tressées, à Idria, dans le Cornouailles, etc.; il ressemble à du bois pétrifié dans quelques vallées du Tyrol. Dans les Alpes, comme en Islande, il a l'apparence et la légèreté du liége que l'on aurait, pour ainsi dire, glissé en petites couches entre deux lames de chaux carbonatée ou dans les petites fentes des rocs.

. On a cherché à profiter de la souplesse des fibres de l'amiante pour l'utiliser dans plusieurs arts; celui du potier paraît avoir offert quelques chances de réussite : les argiles dans lesquelles on mêle de la miante procurent des vases plus légers et plus solides, sans que la présence du minéral paraisse nuire aux formes qu'on a l'habitude de donner à ces vases. On a voulu en fabriquer du papier incombustible, que l'on eût pu nettoyer au moyen du feu; mais le procédé n'a obtenu qu'un demi-succès. Il en est de même des tentatives de filature pour former des tissus : l'asbeste ne s'y prêtait qu'autant qu'il était soutenu par du chanvre et du coton; et dès que l'on faisait disparaître, par la combustion, ces matières végétales, le tissu offrait toutes les imperfections d'une triste ébauche. il est à présumer que si les anciens ont pu s'en contenter, c'est qu'ils étaient moins difficiles qu'on ne l'est dans ces temps modernes, sur la qualité et le degré de finesse des toiles, ou qu'ils avaient des moyens mécaniques ou de perfectionnement, qui sont restés la proie des siècles de barbarie qui séparent les deux époques.

VIe ESPÈCE.

Talc.

Syn. *Stéatite.* — *Craie de Briançon.* — *Craie d'Espagne* — *Pierre ollaire.* — *Pierre de Côme.* — *Chlorite.* — *Terre de Vérone.* — *Pierre de Colubrine.* — *Serpentine ollaire.* — *Baldogée.*

Onctueuse au toucher.

Forme primitive : Le prisme rhomboïdal.

Formes indéterminables : Laminaire ; lamellaire ; écailleuse ; radiée ; céroïde ; schistoïde ; compacte ; terreuse ; pulvérulente.

Facile à gratter avec un couteau. Poussière douce et tachante.

Pesanteur spécifique : 2,77.

Électricité résineuse par le frottement.

Translucide, opaque.

Blanc ; gris jaunâtre ; jaune de cire ; rouge incarnat ; violet ; blanc verdâtre ; vert ; vert obscur ; noirâtre.

Composition :

Talc laminaire.: Silice, 29,4 ; magnésie, 30,6.

Talc stéatite. : Silice, 74,7 ; magnésie, 25,3.

Talc ollaire : Silice, 41,8 ; magnésie, 41,8 ; fer oxydé, 16,4.

Talc chlorite : Silice, 27 ; magnésie, 9 ; alumine, 19 ; fer oxydé, 43.

D'après la composition de chacune des principales variétés du talc, il serait assez possible de les convertir en espèces : c'est même, quant à quelques-unes d'entre elles, ce qu'ont déjà fait plusieurs minéralogistes ; cependant, comme la composition des minéraux est très-sujette à varier, surtout dans les substances où l'attraction moléculaire ne parait pas avoir exercé pleinement son influence, mais avoir été gêné par l'interposition forcée de principes hétérogènes, il est prudent d'attendre de nouveaux résultats avant d'adopter la division spécifique, et de ne l'employer dès ce moment que comme variétaire.

Le talc laminaire que, depuis, très-longtemps, l'on distingue sous la dénomination particulière de *talc de Venise*, non qu'il s'en trouve aux environs de cette ville, mais parce qu'on l'y préparait comme cosmétique pour adoucir, pour blanchir la peau et lui donner une apparente fraîcheur, existe abondamment parmi les roches du Saint-Gothard, du Zillerthal, de l'Espagne, de la Sibérie, du nord de l'Amérique, etc.

Le talc écailleux accompagne souvent le précédent ; il forme, aux environs de Briançon, un dépôt assez considérable ; c'est même de là qu'on tire celui que les tailleurs

emploient de préférence à la craie commune pour carter,
sur les draps, qu'il ne salit pas, les contours à découper.
Réduit en poudre impalpable, il sert à diminuer le frottement des machines, et à faciliter l'entrée des pieds dans
les bottes.

Le talc stéatite, dont le nom dérivé du mot grec qui
exprime le suif rappelle l'onctuosité de cette substance,
stratifie les roches primitives des Alpes, du Piémont, de
la Saxe, de la Suède, de l'Angleterre, de l'Écosse, des
États-Unis et de diverses autres contrées.

Le talc ollaire, que l'on peut associer à la stéatite pour
les gisements, est, comme elle, mêlé fort souvent de
chaux carbonatée magnésifère, de disthène, d'amphibole,
de tourmaline, et de différents minerais de fer. Il se
présente souvent en masses compactes assez pures que
leur infusibilité, jointe à leur tenacité, quoiqu'elles soient
assez tendres pour être travaillées sur le tour, ont fait
servir à la fabrication des marmites et autres ustensiles
de ménage que l'on taille naturellement; c'est de là
qu'est venu le surnom *ollaire*. Il s'est établi de temps
immémorial des fabriques de ces marmites dans le pays
des Grisons, en Corse, en Égypte. Les habitants des
cantons voisins des carrières de ce talc ne font point
usage d'autres vaisseaux culinaires que de ces vases auxquels on attache des anses, au moyen de cercles métalliques.

Le talc chlorite, que l'on exploite aux environs de
Vérone, et qui porte aussi sur le nom de *zographique*,
parce qu'il est employé dans la peinture, fournit à cet
art une couleur verte qui résiste plus que toute autre

aux effets décolorants de la lumière. La chlorite recouvre souvent de ses grains cristallins les prismes de quartz, et quelquefois elle le colore, ainsi que les cristaux de feldspath, d'axinite, de prehnite, etc. Elle forme des petites couches dans le basalte, et parsème de noyaux sphériques quelques roches amydaloïdes; d'autres fois, admettant plus de fer dans sa composition, et des gros grenats dans sa pâte, elle acquiert une dureté assez grande pour devenir un instrument de broyement : c'est ainsi que l'on a des meules de moulin construites avec des chlorites granatifères de Saint-Marcel, en Piémont.

APPENDICE.

TALC PSEUDOMORPHIQUE.

Syn. *Stéatite cristallisée.*

Car. Infusible au chalumeau.

Formes : Le prisme du quartz-hyalin, le rhomboïde de la chaux carbonatée primitive, les variétés équiaxe et métastatique du même minéral, celles quadrihexagonale du feldspath, triunitaire du pyroxène, etc.

Les autres caractères sont absolument semblables à ceux du talc stéatite.

Ces pseudomorphoses du talc existent en Franconie, aux environs de Bayreuth, dans une roche talqueuse renfermant quelquefois des prismes de quartz-hyalin; à Carlstadt, en Bohême, dans un granit au Mont-Rose, en Saxe, etc., dans une serpentine. La mesure de leurs angles donne les mêmes résultats que celle des cristaux qu'elles représentent ; mais comment concevoir que, d'après l'opinion établie sur la production des pseudo-morphoses, les molécules de la chaux carbonatée, du quartz, du pyroxène, aient cédé leur place aux molécules de la stéatite? Cela est très-difficile, surtout lorsqu'on a adopté une théorie quelconque sur la cristallisation ; il vaut bien mieux avouer que ce phénomène est encore un secret que de nouvelles observations et l'inspection des lieux pourront un jour révéler.

SILICE COMBINÉE AVEC LA CHAUX ET LA MAGNÉSIE.

1re ESPÈCE.

Amphibole.

Syn. : *Horneblende. — Actinote. — Grammatite. — Trémolite. — Schorl opaque rhomboïdal. — Rayonnante — Schorl vert du Zillerthal. — Zillerthite. — Strahlite. — Actinolite. — Schorl lamelleux. — Schorl spathique. — Schorl en aiguilles. — Amianthinite. — Asbesthoïde. — Baikalite. — Karinthite. — Pargasite. — Sodalite de pargas.*

Car. Fusible en verre noir ou en émail grisâtre, suivant les variétés de couleurs, lesquelles indiquent la présence d'un principe étranger.

Forme primitive : Le prisme droit oblique; molécule intégrante : prisme triangulaire oblique.

Formes indéterminables : Laminaire ; granulaire; aciculaire; radiée ; fibreuse; globulaire; terreuse.

Rayant le verre; donnant quelquefois des étincelles par le choc du briquet.

Pesanteur spécifique : 3,3.

Les cristaux noirs et noirâtres agissent sur le barreau aimanté.

Transparent; translucide; opaque.

Blanc; blanc verdâtre; gris éclatant; gris verdâtre; jaunâtre; violet; bleuâtre; vert clair; vert sombre; brun noirâtre.

Éclat ordinairement très-vif.

Composition : *Amphibole*. Silice, 49; chaux, 11,5; magnésie, 12,5; oxyde de fer, 27.

Actinote. Silice, 55 ; chaux, 11 ; magnésie, 21,5 ; oxyde de fer, 12,5.

Grammatite. Silice, 69,5 ; chaux, 19,5 ; magnésie, 11.

Baikalite. Silice, 44 ; chaux, 20 ; magnésie, 30; oxyde de fer, 6.

L'espèce amphibole, connue depuis longtemps sous le nom de schorl commun, présentait autant de variétés que l'on y distinguait de couleurs principales : ces variétés furent ensuite érigées en espèces, sous les noms d'actinote ou schorl vert, de grammatite ou schorl blanchâtre fibreux, etc. Depuis, un examen plus sévère de ces prétendues espèces les a fait retourner sous le type primitif d'amphibole. On le trouve dans tous les terrains; les roches primitives telles que les gneiss, les porphyres, la syénite, etc., le contiennent en abondance, soit en couches alternantes, soit comme partie composante. On rencontre beaucoup de ses cristaux libres ou engagés dans les terrains de transport ou de transition; quelquefois aussi on le trouve disséminé dans les laves, paraissant avoir résisté à l'action du feu volcanique.

L'amphibole proprement dit ou noir, existe en beaux cristaux, et d'un volume considérable, à Shalberg en Suède, en France, à Doravitza dans le Bannat, en Sibérie, en Carinthie, en Italie, en Espagne près du cap de Gates, dans les Alpes, en Auvergne, etc., etc. ; il est souvent accompagné du talc, de disthène, de feldspath, de quartz, de mica, de pyroxène, etc., etc. Ses cristaux, les plus petits surtout, sont assez souvent d'une régularité admirable.

On trouve l'amphibole-actinote au Zillerthal, au Saint-Gothard, dans le Tyrol, en Suède, en Finlande, au Groënland, en France aux environs de Nantes, et dans beaucoup d'autres gisements, sous forme de cristaux aciculaires ou laminaires, accolés ou divergents, d'un vert plus ou moins pâle, et presque toujours empâté dans un talc lamellaire, ou dans la chaux carbonatée magnésifère, contenant en outre du grenat, du fer oxydulé et du quartz.

L'amphibole-grammatite se présente en beaux et longs cristaux fibreux et nacrés, au Saint-Gothard, en Espagne, à l'île d'Elbe, en Carinthie, en Saxe, en Russie, en Sibérie, en Suède, aux États-Unis. Ces cristaux sont presque toujours groupés les uns contre les autres et engagés dans la dolomie, le talc blanchâtre schisteux, etc.

Les substances minérales avec lesquelles l'amphibole offre quelques points de ressemblance, sont : la tourmaline, le pyroxène, l'épidote et l'asbeste dur.

Pyroxène.

Syn. *Schorl noir en prismes octaèdres. — Schorl volcanique. — Volcanite. — Augite. — Virescite. — Diop-
side. — Alatite. — Mussite. — Coccolithe. Malacolithe. —
Sahlite. — Fassaïte. — Lherzolite.*

Car. Fusible avec difficulté en un verre qui prend
diverses nuances du gris verdâtre au vert noirâtre.

Forme primitive : Le prisme rhomboïdal oblique.

Formes indéterminables : Cylindroïde ; bacillaire ; laminaire ; lamellaire ; granuleuse ; fibreuse ; résinite.

Rayant à peine le verre ; cassure transversale, raboteuse.

Pesanteur spécifique : 3,22 à 3,36.

Transparent ; translucide ; opaque.

Réfraction double à un degré très-marqué.

Blanc ; grisâtre ; gris verdâtre ; jaune verdâtre ; **vert
clair** ; vert olivâtre ; vert brunâtre ; noirâtre.

Composition : Silice, 56 ; chaux, 16 ; magnésie, 18 ;
fer oxydé, 10.

Comme ce minéral se trouve disséminé en grains et en
cristaux nombreux dans presque tous les produits des
volcans, on l'a, pendant longtemps, regardé comme d'origine ignée ; ce n'est que lorsque des roches reconnues
bien évidemment pour n'avoir en aucune manière
éprouvé les atteintes du feu, ont présenté des cristaux
analogues à ceux qui font partie intégrante des laves, que
l'on s'est fait une idée exacte de la nature vraie de ce
minéral, et que l'on a vu en lui le type d'une espèce
répandue avec une sorte de profusion dans quelques ter-

rains primitifs et de transport. Depuis, on s'est assuré que trois ou quatre espèces que l'on avait jugées d'abord comme indépendantes du pyroxène, n'en étaient que de simples variétés, et insensiblement cette espèce a pris place parmi celles qui offrent une certaine tendance à se soustraire à l'observation, par une facilité de transition d'une forme à une autre, par des oppositions trompeuses de nuances. Dans les roches volcaniques le pyroxène se montre en cristaux parfaits d'un brun noirâtre ; il se présente de même dans quelques roches primitives à base de feldspath et parsemées de cristaux de la même substance : telle est la roche du mont Messner. Il forme à Arendal en Norwège des couches d'un vert noirâtre, alternant avec le fer oxydulé ; à Sahla en Suède, des couches semblables alternent avec le fer, le cuivre et le plomb sulfurés. Dans la vallée d'Ala, comme dans celle de Lans ou de Mussa, le pyroxène, en prismes allongés, comprimés, appliqués les uns sur les autres et légèrement curvilignes, forme, dans une roche serpentineuse, des veines d'un blanc verdâtre ou d'un vert clair, parsemées de fer oxydulé et de cristaux orangés de grenat ; en Sudermanie, ses grains d'un vert jaunâtre ou noirâtre, serrés les uns contre les autres, établissent la gangue d'un filon de fer oxydulé. Dans la vallée de Fassa en Tyrol, ses cristaux bien prononcés ou ses petites masses grenues occupent une chaux carbonatée bleuâtre ; à Cocano, ses prismes aciculaires, d'un blanc presque soyeux, se détachent du calcaire ou de la roche talqueuse mêlée d'idocrase avec laquelle il est souvent confondu.

Pour résumer méthodiquement les gisements du

pyroxène, il faudrait appeler tour à tour chacune des sous-variétés de cette espèce, en commençant par le pyroxène volcanique qui abonde dans le voisinage de tous les volcans en activité, comme au sein des anciens cratères, principalement au Vésuve, à l'Etna, à la Guadeloupe, à Ténériffe, à Bourbon, à Java, etc.; en Auvergne, dans le Valais, en Provence, en Espagne, sur les bords de la Kill, en Bohême, en Saxe, etc., etc. Les débris des laves, les cendres volcaniques, les pouzzolanes sont composés, en grande partie, d'une multitude de petits cristaux de cette substance.

Le pyroxène-coccolithe, vert ou noirâtre, existe en Suède, en Norwège, en Finlande, en Saxe, en Espagne, aux États-Unis.

Le pyroxène-fassaïte, à Fassa, en Tyrol, et aux environs de Rome, à Anguillara.

Le pyroxène-augite est presque aussi répandu que le volcanique; on le trouve abondamment à Arendal, en Norwège; à Hellerta, en Sudermanie; en Piémont, dans les Pyrénées, à l'île d'Elbe, aux États-Unis, etc. Il accompagne souvent l'épidote, l'amphibole, le grenat, la paranthine, le feldspath, les chaux phosphatée et carbonatée, l'asbeste, l'idocrase, le quartz, l'yénite, le graphite, les fers chromaté et oxidulé, le titane oxidé, etc.

Le pyroxène-sahlite paraît n'avoir encore pour patrie que la Suède et la Norwège, où il est associé à l'argent, au plomb, au cuivre et au fer sulfurés, à l'amphibole, au mica, au feldspath, à l'asbeste et au calcaire.

Le pyroxène-lherzolite, à Lherz et dans toute la vallée de Vicdessos, aux Pyrénées, où il alterne avec le calcaire.

Le pyroxène-diopside, dans la vallée d'Ala et dans celle d'Aost, en Piémont; à l'île d'Elbe, en Corse. Sa gangue, qui est serpentineuse, contient aussi des cristaux de grenat, d'idocrase, d'épidote, de prehnite, de talc, de chaux carbonatée, de fers oligiste, oxydulé, etc.

Le pyroxène-mussite, d'un blanc verdâtre, dans la vallée de Mussa, dans le Haut-Valais, au Simplon, etc., où ses masses lamellaires et granulaires sont mélangées de grenat, de mica, de quartz, de talc, de prehnite, de fer oxydé, de titane oxydé.

Enfin le pyroxène blanc, aux États-Unis.

Les cristaux du pyroxène, qui ont éprouvé l'action des feux volcaniques, sont souvent recouverts d'un enduit blanchâtre ou jaunâtre, qui peut être l'effet d'un commencement de vitrification où celui d'une couche vitreuse qui aura enveloppé le cristal, sans en altérer les formes. On observe, dans les autres variétés, une altération d'un autre genre : c'est une sorte de désagrégation des molécules intégrantes par lames de superposition, qui va quelquefois jusqu'à réduire les cristaux à l'état terreux.

On cite pour substances avec lesquelles le pyroxène a quelques rapports apparents, l'amphibole, l'épidote, la tourmaline et la staurodite.

SILICE COMBINÉE AVEC L'ALUMINE ET LA GLUCINE.

Iʳᵉ ESPÈCE.

Émeraude.

Syn. *Aigue-Marine.* — *Béril.* — *Chrysolite du Brésil.*

Car. Fusible au chalumeau en verre blanc.

Forme primitive : Le prisme hexaèdre régulier; molécule intégrante : prisme triangulaire équilatéral.

Forme indéterminable : Cylindroïde.

Rayant le verre; entamant faiblement le quartz; **cassure** brillante.

Pesanteur spécifique : 2,72 à 2,77.

Transparente; translucide; opaque.

Réfraction double.

Blanche; blanc jaunâtre; gris brûnatre; jaune; jaune de miel; jaune verdâtre; vert brillant; vert bleuâtre; bleue; violâtre.

Composition : Silice, 68 ; alumine, 18; glucine, 14.

Les plus belles émeraudes sont celles du Pérou; elles occupent les fissures ou les cavités des roches primitives, et sont associées au feldspath et au fer sulfuré dans une gangue calcaire noirâtre. On en trouve aussi en Bavière, dans les environs de Salzbourg, engagées dans un schiste micacé. La Haute-Égypte paraît avoir fourni dans les temps anciens, des émeraudes d'une grande valeur; néanmoins, celles qu'on y a trouvées depuis n'ont point justifié cette antique réputation ; elles ont pour gangue le granite et le schiste micacé. Les émeraudes de Sibérie, plus connues sous le nom de *béril* ou d'*aigue-marine*, n'offrent ni la vivacité de couleurs, ni l'éclat de ces mêmes pierres originaires du Pérou; mais elles présentent des cristaux d'**un** volume et d'une régularité admirables; le quartz est leur gangue; elles sont accompagnées de topaze, de fer arsenical, de schéelin ferruginé, et souvent elles sont recouvertes d'une petite couche de fer oxydé. La France (environs de Nantes et de Limoges), la Saxe, l'Irlande, les États-Unis, et sans doute beaucoup d'autres contrées riches en granite, possèdent des émeraudes d'une qualité très-inférieure et si peu remarquable, qu'en France on a, pendant longtemps, entretenu certaines chaussées avec ces granites, sans faire attention qu'ils renfermaient de gros prismes d'émeraude.

Il est inutile de parler des usages de l'émeraude, ce nom seul suffit pour reporter l'imagination vers les objets les plus précieux de la bijouterie. On attribuait autrefois à cette pierre des propriétés merveilleuses contre les maladies des yeux, l'épilepsie, la morsure des serpents, et grand nombre d'affections non-seulement physiques, mais morales, d'où vient la grande quantité d'amulettes en émeraude, qui, plus capable de résister aux ravages du temps que les préjugés qui les ont enfantés, ont transmis les preuves de croyances superstitieuses rapportées dans les ouvrages anciens. C'est en analysant l'émeraude que Vauquelin y a découvert le principe particulier qu'il a nommé *glucine*. Le principe métallique colorant des belles émeraudes est le chrome.

On ne doit point confondre avec l'émeraude la tourmaline, la chaux phosphatée, la topaze, la cymophane, le péridot, le corindon et la cordiérite, toutes substances qui lui ressemblent jusqu'à un certain point.

II° ESPÈCE.

Euclase.

Car. Fusible au chalumeau, en émail blanc.

Forme primitive : Le prisme rectangulaire oblique. molécule intégrante : prisme droit triangulaire.

Rayant le quartz, quoique très-fragile et réductible en lames par une faible percussion.

Pesanteur spécifique : 3,06.

Fortement électrique par la simple pression, et donnant encore, après vingt-quatre heures, des signes d'électricité.

Transparente; translucide.

Réfraction double à un degré très-marqué.

Vert bleuâtre; verdâtre.

Composition : Silice, 44 ; alumine, 32 ; glucine, 24.

Ce minéral, découvert en 1785, par Dombey, au Pérou, n'eut pendant longtemps aucun autre gisement connu ; mais les explorations faites depuis peu, au Brésil, en ont fait reconnaître aux *minas geraës* des échantillons qui permettent de croire que, dans quelque temps, l'euclase cessera d'être considérée comme la plus rare des substances minérales.

SILICE COMBINÉE AVEC L'ALUMINE ET LA CHAUX.

1re ESPÈCE.

Aplome.

Car. Fusible au chalumeau en verre noirâtre.

Forme primitive : Le cube.

Rayant fortement le verre et légèrement le quartz ; étincelant sous le choc du briquet.

Pesanteur spécifique : 3,44.

Translucide; opaque.

Jaunâtre; verdâtre; brun.

Composition : Silice, 45,5 ; alumine, 22,5 ; chaux, 16 ; oxyde de fer, 16.

En Sibérie, à Schwarzenberg, en Saxe, à Berggrün en Bohême, dans une chaux carbonatée laminaire ; en Angleterre, dans une mine de manganèse oxydé pulvérulent. Quelques minéralogistes pensent que cette espèce n'est qu'une variété du grenat; ce qui ne s'accorderait guère avec la forme primitive de ce dernier.

IIᵉ ESPÈCE.

Essonite.

Syn. *Kaneelstein. — Pierre de canelle.* Wern.

Car. Fusible en émail d'un brun noirâtre.

Forme primitive : Le prisme droit rhomboïdal.

Formes indéterminables : Granuleuse; massive.

Rayant faiblement le quartz.

Pesanteur spécifique : 3,6.

Agissant sur le barreau aimanté par la méthode du double magnétisme.

Transparente; translucide.

Réfraction simple.

Rouge-hyacinthe.

Éclat vitreux, presque gras.

Composition : Silice, 39,6; alumine, 21,7; chaux, 32; oxyde de fer, 6,7.

Ce minéral, que l'on n'a encore trouvé qu'à Ceylan, a été confondu avec les zircons ou hyacinthes, jusqu'à ce qu'un examen plus approfondi de ses propriétés lui eût mérité une place parmi les espèces particulières. L'esso-nite est en cristaux libres ou en petites masses, variant en grosseur depuis celle d'un pois jusqu'à celle du poing; mais dans ce dernier volume on reconnaît l'agglomé-ration d'une multitude de petits fragments. Des minéralogistes ont fait, sur cette espèce, la même observation que sur la précédente, c'est-à-dire, qu'ils regardent l'une et l'autre comme des variétés du grenat.

IIIe ESPÈCE.

Idocrase.

Syn. *Hyacinthe du Vésuve. — Hyacinthe brune des volcans. — Schorl vert du Vésuve. — Vésuvienne. — Cyprine. — Égeran. — Frugardite. — Lôboïte. — Wilnite. — Péridot-idocrase. — Chrysolithe des Napolitains.*

Car. Fusible au chalumeau en verre jaunâtre.

Forme primitive : Le prisme droit symétrique. Molécule intégrante : prisme triangulaire, rectangle isocèle.

Formes indéterminables : Cylindroïde; bacillaire; granuleuse; compacte.

Rayant le verre; cassure faiblement luisante; raboteuse.

Pesanteur spécifique, 3,08.

Transparente; translucide.

Réfraction double.

Jaunâtre; bleue; verdâtre; vert obscur; orangé-brunâtre; brune; noire.

Composition : Silice, 36 ; alumine, 33,5; chaux 22,5; oxyde de fer, 8.

L'idocrase appartient aux terrains primitifs, mais on la trouve fréquemment faisant partie des sols de transition. Dans les Pyrénées, elle a pour gangue un calcaire granuleux, parsemé de grenats. Dans les Alpes, au Mont-Rose, on la trouve dans un gneiss qu'elle stratifie; dans le Dauphiné, le Piémont, le Tyrol, la Toscane, au Kamtschatka, en Sibérie, elle se présente en beaux cristaux prismatiques, d'un volume très-remarquable, se détachant nettement des roches talqueuse, serpentineuse ou micacée, dans lesquelles ils sont empâtés. Le Vésuve et tous les autres volcans vomissent avec les laves de gros cristaux d'idocrase, qui. paraissent n'avoir subi que peu ou point d'altération; ces cristaux sont accompagnés de pyroxène, de grenat, de mica. de méïonite, de népheline, de spinelle, etc. On taille à Naples de ces cristaux pour la bijouterie, mais leur peu d'effet restreint considérablement leur emploi.

L'idocrase présente quelques traits de ressemblance avec le grenat, la méïonite, le péridot, la tourmaline et le zircon.

IVe ESPÈCE.

Gehlenite.

Car. Très-difficilememt fusible au chalumeau en émail d'un vert jaunâtre, qui passe au noirâtre par l'action prolongé du feu. Poussière formant gelée dans l'acide hydrochlorique faiblement échauffé.

Forme primitive indiquée par les joints naturels : Le parallélipipède rectangle.

Rayant la chaux fluatée.

Pesanteur spécifique : 2,98.

Translucide ; opaque.

Gris noirâtre ; recouverte ordinairement d'une petite croûte jaunâtre, qui paraît être l'effet d'un commencement d'altération.

Composition : Silice, 31,5 ; chaux, 36 ; alumine, 25,5 ; fer oxydé, 7.

Cette substance n'a encore été reconnue que dans la vallée de Fassa en Tyrol ; ses cristaux sont disséminés dans une chaux carbonatée laminaire. Sa découverte est due au professeur Fuchs, de Landtsut.

Ve ESPÈCE.

Axinite.

Syn. *Schorl violet.* — *Schorl lenticulaire.* — *Yanolite.* — *Pierre de thum* ou *thumerstein.* — *Thumite.*

Car. Fusible au chalumeau, avec bouillonnement, en émail grisâtre.

Forme primitive : Le prisme droit irrégulier. Molécule intégrante : prisme triangulaire oblique.

Forme indéterminable : Lamellaire.

Rayant le verre.

Pesanteur spécifique : 3,21.

Électricité se développant par la chaleur dans les cristaux qui dérogent à la symétrie.

Transparente ; translucide ; opaque.

Réfraction simple,

Blanchâtre ; violette ; verte. Cette dernière nuance paraît devoir être attribuée à la présence de la chlorite, car souvent, dans les cristaux qui en jouissent, on observe que la face opposée est restée violette, couleur qui, d'ailleurs, est également due à un principe étranger aux composants de l'espèce, et que l'on sait être le manganèse.

Composition : Silice, 45 ; chaux, 19 ; alumine, 18 ; oxydes de fer et de manganèse, 18.

Dans les roches primitives des Alpes et des Pyrénées, les cristaux d'axinite se trouvent groupés avec d'autres cristaux de feldspath, d'épidote, de quartz, de preehnite, d'asbeste et d'amianthoïde dans les fissures, dans les petites cavités d'un grünstein schisteux. Dans le Dauphiné, à la Romanèche, à la Balme, en Oisans, l'axinite est empâtée dans une roche feldspathique ; à Knast en Belgique, on la trouve disséminée géodiquement avec du calcaire, de l'épidote et du quartz dans les énormes bancs de porphyre trappéen que l'on y exploite pour le pavement des routes et des rues. A Thum et Ehrenfriederdof en Saxe, la chaux carbonatée et le talc chlorite accompagnent l'axinite dans un schiste micacé, et le même minéral se retrouve à Konsberg, en Norwège, dans le calcaire et l'anthracite qui servent de gangue à des filons d'argent natif, d'argent et de plomb sulfurés.

On a essayé de tailler et de polir l'axinite, mais les bijoux qu'on en a obtenus n'offraient rien de remarquable en éclat, de même qu'en couleurs.

VIe ESPÈCE.

Épidote.

Syn. *Schorl vert du Dauphiné. — Schorl aigue-marine du Saint-Gothard. — Delphinite. — Thallite. — Stralite. — Pistasite. — Rayonnante vitreuse. — Akanticonite. — Arendalite. — Zoïsite. — Sidéro-titane. — Sckorza. — Sanalpite.*

Car. Fusible au chalumeau, avec bouillonnement, en une scorie noirâtre.

Forme primitive : Le prisme droit irrégulier. Molécule intégrante : prisme triangulaire irrégulier.

Formes indéterminables : Cylindroïde ; bacillaire ; aciculaire ; fibreuse ; granulaire ; arénacée ; compacte ; terreuse.

Rayant le verre ; étincelant sous le choc du briquet ; cassure transversale, raboteuse, faiblement éclatante ; poussière blanchâtre, jaunâtre dans les gros cristaux de couleur obscure.

Pesanteur spécifique : 3,45.

Électricité se manifestant quelquefois par le frottement.

Transparent ; translucide ; opaque.

Réfraction simple.

Gris ; vert obscur ; vert jaunâtre ; jaune brunâtre ; brun ; brun noirâtre.

Composition : Silice, 39 ; alumine, 28,5 ; chaux, 15 ; oxyde de fer, 17,5.

Quoique l'épidote entre comme partie constituante dans un assez grand nombre de roches, il est très-rare de lui en voir constituer seul de particulières. Les cristaux aciculaires, bacillaires ou cylindroïdes, d'un vert plus ou moins foncé, sont disséminés dans les diverses formations primitives des Pyrénées, des Alpes, du Piémont, du Dauphiné, de la Norwège, de la Suède, de la Sibérie, de l'Écosse, de l'Amérique septentrionale, de l'Afrique, de l'Égypte, de l'Inde ; les terrains de transport de la Transylvanie, les porphyres trappéens des Vosges, du Hainaut, de la Bavière, de la Carinthie, renferment des grains nombreux et souvent des cristaux d'épidote. Cette même substance, d'un gris éclatant, se trouve dans les granites du pays de Bayreuth; aux environs de Salzbourg et de Hanau, dans le Tyrol, etc., etc., où elle est connue sous le nom de zoïsite, de celui du docteur Zoïs qui, le premier, l'a remarquée. L'épidote est souvent empâté dans le calcaire, quelquefois dans le quartz ; il est quelquefois associé au pyroxène, à l'amphibole, à la tourmaline, au feldspath; à l'asbeste ; il forme, avec la plupart de ces substances, la gangue des minerais d'argent, de cuivre et de fer dans presque tous les filons de la Norwège.

Les minéraux qu'on pourrait confondre, au premier abord, avec l'épidote, sont l'amphibole actinote, la tourmaline, l'émeraude aigue-marine et l'asbeste.

APPENDICE.

ÉPIDOTE MANGANÉSIFÈRE.

Syn. *Manganèse oxydé violet silicifère.* — *Épidote violet*

Car. Fusible en émail d'un violet noirâtre.

Formes : Bacillaire ; aciculaire ; massive.

Étincelant sous le choc du briquet.

Pesanteur spécifique : 3,57.

Translucide; opaque.

Violet foncé.

Composition : Silice, 47 ; alumine, 19 ; chaux, 14 ; oxydés de fer et de manganèse, 20.

Cette variété existe à Saint-Marcel en Piémont : elle s'y trouve dans un gneiss qui forme la gangue des minerais manganésiens ; elle est accompagnée de calcaire, d'asbeste et de quartz.

VIIe ESPÈCE.

Wernérite.

Syn. *Arktisite.*

Car. Fusible au chalumeau, avec bouillonnement, en émail blanc.

Forme primitive : Le prisme droit symétrique.

Forme indéterminable : Amorphe.

Rayant le verre; étincelant sous le choc du briquet.

Cassure nette et sans éclat.

Pesanteur spécifique : 3,60.

Phosphorescente dans l'obscurité, par la projection de la poussière sur les charbons ardents.

Translucide.

D'un gris verdâtre.

Composition : Silice, 41; alumine, 35; chaux, 16; fer oxydé, 8.

Dans les mines de fer d'Ulrica, en Suède, où elle a été découverte par Dandrada; dans celles d'Arendal, en Norwège. ses cristaux ou ses petites masses sont disséminées dans la gangue du minerai.

Les substances minérales dont les caractères extérieurs se rapprochent le plus de la wernérite, sont : le zicon, la paranthine, l'épidote, l'idocrase, la méïonite et l'harmotome.

VIIIe ESPÈCE.

Paranthine.

Syn. *Scapolite. — Rapidolithe. — Micarelle.*

Fusible au chalumeau, avec boursoufflement, en émail blanc.

Forme primitive : Le prisme droit symétrique.

Formes indéterminables : Cylindroïde; bacillaire; laminaire; amorphe.

Rayant la chaux carbonatée : les angles des cristaux entament quelquefois le verre.

Pesanteur spécifique : 3.

Translucide ; opaque.

Blanc argentin; blanc grisâtre; gris; blanc jaunâtre; verdâtre; rouge obscur.

Éclat : vitreux; métalloïde; nacré.

Composition : Silice, 65; alumine, 19; chaux 16.

C'est aussi dans les mines de fer de la Norwège que la paranthine fut découverte; elle s'y trouve dans les mêmes gisements que la wernérite qu'elle accompagne presque toujours. Ces deux minéraux sont assez souvent groupés avec des cristaux d'épidote, de feldspath, d'amphibole, de grenat, de mica, de quartz, de chaux carbonatée, de fer oxydulé et de titane siliceo-calcaire dans différents granits.

IXe ESPÈCE.

Dipyre.

Syn. *Leucolite de Maulcon — Schmelzstein.*

Car. Fusible avec bouillonnement.

Divisible en prismes rectangulaires.

Formes indéterminables : Aciculaire; fibreuse.

Rayant le verre; cassure conchoïde.

Pesanteur spécifique : 2,63.

Phosphorescence dans l'obscurité, par la projection de la poussière sur les charbons ardents.

Translucide; opaque.

Blanchâtre; rougeâtre.

Composition : Silice, 64,5; alumine, 25; chaux, 10.5.

Cette substance n'a encore été trouvée qu'au bas des Pyrénées, où elle a été découverte en 1786, par MM. Lelièvre et Gillet-Laumont, dans une gangue argileuse ou stéatiteuse renfermant aussi des cristaux de fer sulfuré. Un autre gisement était tout à fait schisteux au milieu de la formation calcaire.

Xe ESPÈCE.

Antrophyllite.

Car. Infusible au chalumeau, sans addition.

Forme primitive : Le prisme droit rhomboïdal.

Formes indéterminables : Laminaire; aciculaire;

Rayant la chaux fluatée; entamant quelquefois le verre.

Pesanteur spécifique : 3;2.

Translucide; opaque.

Brun rougeâtre; brun verdâtre.

Aspect : Nacré, métalloïde.

Composition : Silice, 63,5; alumine, 13,5; magnésie, 4; chaux, 3,5; oxyde de fer, 12,5; oxyde de manganèse, 3.

Ce minéral, découvert à Konsberg, en Norwège, par M. Schumacker, dans un schiste micacé, a depuis été retrouvé dans les roches amphiboliques du Groenland et de la Sibérie.

XIe ESPÈCE.

Preehnite.

Syn. *Chrysolithe du Cap — Zéolithera diée. — Koupolith — Prase cristallisée. — Émeraude du Cap.*

Car. Fusible au chalumeau en émail spongieux, d'un blanc jaunâtre, ou brunâtre.

Forme primitive : Le prisme droit rhomboïdal.

Formes indéterminables : Conchoïde ; bacillaire : fibreuse ; globuliforme-radiée ; mamelonnée ; compacte.

Rayant faiblement le verre.

Pesanteur spécifique : 2 61 à 2,69.

Électrique par la chaleur.

Translucide ; opaque.

Blanchâtre ; jaune verdâtre ; olivâtre.

Éclat : Surface légèrement nacrée.

Composition : Silice, 50,5 ; alumine, 21 ; chaux, 23,5 ; fer oxydé, 5.

La preehnite, dont les prémiers cristaux sont venus du Cap de Bonne-Espérance, a depuis été reconnue dans beaucoup de gisements : aux Pyrénées, aux Alpes, au bourg d'Oisans, elle forme des groupes de cristaux avec de l'épidote, de l'asbeste, et de l'amianthoïde, dans une roche amphibolique schisteuse. Dans la vallée de Fassa, en Tyrol, elle est disséminée dans un grünstein altéré, amygdaloïde, mêlé de fer oxydé ; à Reichenbach, au Palatinat, elle a pour gangue un porphyre qui en sert également au cuivre natif ; en Styrie, en Norwège, en Écosse, aux États-Unis, en Chine, etc., etc., la preehnite se trouve partout dans des grünsteins amygdaloïdes à noyaux de chaux carbonatée, de chabusie et autres minéraux analogues.

La preehnite pourrait être prise pour du feldspath, de la mésotype, ou de la stilbite, si ces substances ne jouissaient de caractères différenciels qu'un peu d'habitude des minéraux suffit pour faire bientôt saisir.

SILICE COMBINÉE
AVEC L'ALUMINE ET LA MAGNÉSIE.

Ire ESPÈCE.

Cordiérite.

Syn. *Dichroïte*. — *Iolite*. — *Falhunite dure*. — *Peliom*. — *Steinheilite*. — *Saphir d'eau*.

Car. Fusible au chalumeau, mais avec difficulté, en émail gris verdâtre.

Forme primitive : Le prisme héxaèdre régulier. Molécule intégrante : Prisme rectangulaire à base rectangle scalène.

Forme indéterminable : Massive.

Rayant le verre; entamant quelquefois le quartz; cassure vitreuse, inégale, imparfaitement conchoïde.

Pesanteur spécifique : 2,56.

Transparente; translucide; opaque.

Réfraction double à travers deux faces inclinées entre elles.

Bleue ou d'un jaune bleuâtre, suivant la direction du rayon visuel : quand elle est parallèle à l'axe du cristal, la couleur est d'un bleu violâtre; quant au contraire elle est perpendiculaire, la nuance se change en jaune brunâtre ; ce dichroïsme a plus ou moins d'intensité suivant les échantillons.

Composition : Silice, 52 ; alumine, 37 ; magnésie, 11.

On a découvert la cordiérite en Espagne, au royaume de Grenade, dans une brèche composée de détritus de diverses roches, et notamment de déjections volcaniques. On l'y a trouvée aussi dans une espèce de tuf blanchâtre, contenant, empâtés entre les cristaux ou les grains de cordiérite, des grenats et cristaux de feldspath et de mica noir. Le Saint-Gothard, la principauté de Salzbourg, en Bavière, présentent aussi des grains de cordiérite disséminés avec de l'amphibole et du fer oligiste dans un calcaire lamelleux. Elle a également couronné les recherches des naturalistes en Norwège, près d'Arendal, au Groenland, à Ceylan, etc., etc.

On taille en cabochon les cristaux ou masses de cette substance, qui paraissent jouir d'un certain degré de transparence ; mais leur éclat n'étant pas très-vif, ces pierres sont généralement peu estimées.

IIe ESPÈCE.

Sordawalite.

Car. Infusible au chalumeau.

Forme : Massive.

Rayant la chaux carbonatée. Entamant légèrement le verre. Cassure conchoïde.

Pesanteur spécifique : 2,58.

Opaque.

Gris verdâtre; noirâtre.

Composition : Silice, 49,40; alumine, 13,80; magnésie, 10,67; oxyde de fer, 18,17; acide phosphorique, 2,68; eau, 5,28.

Cette substance existe à Sordawala, en Finlande, dans une roche trappéenne.

SILICE COMBINÉE AVEC L'ALUMINE ET LA SOUDE

1re ESPÈCE.

Tourmaline.

Syn. *Schorl électrique.* — *Basalte transparent.* — *Indico- lithe.* — *Aphrizite.* — *Émeraude du Brésil.* — *Saphir du Brésil.* — *Schorl noir de Madagascar.* — *Rubellite.* — *Sibérite.* — *Apyrite.* — *Daourite.*

Car. Fusible au chalumeau, en émail blanchâtre.

Forme primitive : Le prisme rhomboïdal obtus. Molécule intégrante : tétraèdre hémi-symétrique.

Formes indéterminables : Cylindroïde; lamellaire; aciculaire; capillaire; globulaire; radiée..

Rayant le verre : cassure transversale; conchoïde à petites évasures.

Pesanteur spécifique : 3 à 3,4.

S'électrisant vitreusement par le frottement; par la chaleur, les deux extrémités s'électrisent en sens contraire.

Transparente; translucide; opaques. Les cristaux sont transparents dans le sens de l'épaisseur du prisme, et opaques dans le sens contraire.

Réfraction double.

Limpide; blanchâtre; orangé-brunâtre; rouge vif; violâtre; violette; bleuàtre; bleue; indigo; vert jaunâtre; vert clair; vert obscur; brune; noire.

Composition : Très-variable dans les diverses variétés.

Tourmaline rubellite : Silice, 43; alumine, 47; soude, 10.

Tourmaline indicolithe : Silice, 45; alumine, 49; lithine, 6.

Tourmaline verte : Silice, 42; alumine, 45; oxyde de fer, 13.

Tourmaline noire : Silice, 37; alumine, 41; oxyde de fer, 22.

Malgré sa ressemblance avec une assez grande quantité d'autres substances, qui, comme elle, présentent des prismes très-allongés, il serait difficile de ne pas reconnaître la tourmaline entre toutes, par sa propriété éminemment électrique. Cette propriété, dont la découverte peut être attribuée au chimiste Lemery, fut pendant longtemps considérée comme un phénomène extraordinaire et bizarre, jusqu'à ce que des physiciens célèbres, qui en avaient reconnu la marche régulière et constante, se soient occupés de donner, touchant ce phénomène, des explications fondées sur les principes de la saine physique, et soient venus, à l'aide de ces développements, appuyer, par une série d'expériences nouvelles et produites par des corps tout naturels, les meilleures théories de l'électricité. Il est inutile de rappeler, à propos de la substance dont il est ici question, puisque plusieurs autres manifestent également la même propriété, ce qui a été dit relativement à l'électricité dans *l'Exposé du caractère des minéraux,* page 31 et suivantes; il suffit d'y renvoyer l'observateur.

Les cristaux de tourmaline ne se trouvent que dans les formations les plus anciennes; ils y sont comme partie accidentelle, et non comme constituante. Les granits de l'Espagne, des Pyrénées, des Alpes, du Tyrol, de la Bavière, de la Bohême, de la Saxe, de la Norwège, de la Sibérie, de l'Angleterre, du Groenland, de Madagascar, de Ceylan, contiennent abondamment de la tourmaline noire. On trouve la blanche au Saint-Gothard, dans le granit graphique; la rouge-vive, au Brésil, d'où elle arrive en plaques et pierres taillées; la rouge-cramoisie ou sibérite, à Uton, en Suède, où elle acompagne le pétalite dans un granit à grains fins; la violette ou rubellite, aux États-Unis, en Sibérie et à Rosena, en Moravie, dans la lépido-lithe et le quartz; la bleue-indicolite, à Uton, dans le même granit que la cramoisie; la bleue, à Uton, dans un granit mêlé de lépidolithe, de triphane et d'étain oxydé; aux États-Unis, dans un granit à gros grains. La verte, au Saint-Gothard; dans la Dolomie, en Sibérie, dans le quartz-hyalin limpide; en Tyrol, dans un talc; aux États-Unis, dans une chaux carbonatée, parsemée de cristaux de titane siliceo-calcaire.

On fait usage, en physique, de prisme de tourmaline pour démontrer les propriétés électriques des minéraux. L'art du bijoutier tire un assez grand parti de la belle série des nuances de ce minéral. On taille la tourmaline sous presque toutes les formes, et souvent même, dans le commerce, il est difficile de distinguer la variété rouge du rubis spinelle, si l'on n'a pas la faculté de comparer le degré de dureté des deux substances, et de constater l'électricité dans la première.

IIe ESPÈCE.

Lazulite.

Syn. *Zéolite bleue.* — *Lapis lazuli.* — *Pierre d'azure.*

Car. Fusible à un haut degré de chaleur, en émail blanchâtre; soluble en gelée dans les acides, après la calcination.

Forme primitive : Le dodécaèdre rhomboïdal.

Forme indéterminable : Amorphe.

Rayant le verre; étincelant, dans certaines parties, sous le choc du briquet; cassure mate, à grain serré.

Opaque.

Bleu pâle; bleu vif; bleu pourpré.

Composition : Silice, 44; alumine, 35; soude, 21.

Ce minéral forme de petites veines dans les roches primitives de la Sibérie, de la Chine, du Thibet, de la Perse et de l'Amérique méridionale; il est extrêmement rare de le trouver cristallisé; aussi n'en connaît-on que quelques échantillons.

Le lazulite jouit, dans la peinture, d'une grande réputation pour la belle couleur bleue qu'il lui fournit, et qui est vulgairement connu sous le nom *d'outre-mer.* Pour obtenir cette substance, on place le minéral sur des charbons ardents, et quand il est rouge de feu, on le plonge dans l'eau, afin de détruire l'agrégation de ses molécules; on recueille toutes les parcelles qui composent la masse, on les mêle avec de la résine et de la cire que l'on fait fondre dans de l'huile de lin; on renferme le mélange dans un sachet de toile, et on le pétrit dans l'eau chaude. On jette un premier bain, qui ne contient ordinairement que des impuretés; mais on recueille avec beaucoup de précautions le second, dans lequel se dépose le bleu d'outre-mer; il reste dans le sachet, aggloméré avec les matières grasses et résineuses, la chaux carbonatée, le feldspath, le talc, le grenat et le fer sulfuré, toutes substances qui accompagnent ordinairement le lazulite.

On taille dans les belles masses de lazulite des plaques qui sont d'un grand effet dans toutes les décorations; il est seulement à regretter que la rareté et le petit volume des échantillons de ce minéral en restreigne considérablement l'emploi qui, d'ailleurs, doit toujours être réservé pour des petits objets

IIIe ESPÈCE.

Sodalite.

Car. Infusible au chalumeau; poussière formant une gelée avec l'acide nitrique.

Forme primitive : Le dodécaèdre rhomboïdal.

Forme indéterminable : Massive.

Rayant le verre; cassure transversale, conchoïde.

Pesanteur spécifique : 2,37.

Translucide; opaque.

Verte.

Composition : Silice, 43; alumine, 31 ; soude, 26.

La sodalite a été découverte parmi les roches primitives du Groenland, dans lesquelles se trouvent également des cristaux d'amphibole, de pyroxène, de grenat, etc.

Depuis, on l'a trouvée parmi les déjections du Vésuve, accompagnée d'idocrase, d'amphibole, de mica et d'amphignène.

SILICE COMBINÉE AVEC L'ALUMINE
ET LA POTASSE.

Iʳᵉ ESPÈCE.

Amphigène.

Syn. *Leucite.* — *Grenat blanc.* — *Grenatite.*

Car. Infusible au chalumeau.

Forme primitive : Le cube., Molécule intégrante : tétraèdre irrégulier.

Formes indéterminables : Arrondie ; altérée.

Rayant difficilement le verre ; Cassure raboteuse, quelquefois ondulée et luisante.

Pesanteur spécifique : 2,46.

Transparente ; translucide ; opaque.

Réfraction simple.

Blanchâtre, jaunâtre, gris.

Composition : Silice, 54 ; alumine, 25 ; potasse, 21.

Sans être exclusif aux productions volcaniques, ce minéral s'y rencontre beaucoup plus communément que partout ailleurs ; car, à l'exception de quelques roches granitiques de la Norwège et des Pyrénées, les laves du Vésuve, celles de l'Etna, de Lipary, et assez généralement tous les basaltes, sont les seules roches qui renferment abondamment de l'amphigène. Cette abondance, quelquefois si grande que la roche prend un aspect porphyrique, avait fait penser à plusieurs minéralogistes que cette substance pouvait bien être un produit immédiat des feux souterrains; mais comment accorder cette opinion avec le caractère d'infusibilité de l'amphigène?

D'un autre côté, comment rendre raison de l'abondance extrême, dans les déjections volcaniques, d'un minéral qu'ailleurs on n'a encore observé qu'en très-petites quantités, et dans deux seuls gisements?

Ces faits, il faut l'avouer, rendent parfois assez embarrassante l'explication de certains phénomènes qui, du reste, se présentent sous les apparences les moins extraordinaires. On avait cru pouvoir admettre, vu l'analogie de formes cristallines, que l'amphigène n'était autre chose que du grenat altéré et décoloré par l'action des agents volcaniques; mais l'analyse chimique renversait les fondements d'une semblable opinion. En attendant que les observations soient suffisantes pour ramener toutes les hypothèses à un seul point probable, on ne peut s'empêcher de laisser, dans la méthode, l'amphigène comme espèce particulière. Il n'est pas rare d'en rencontrer des cristaux libres qui se sont détachés sans doute par l'entière désagrégation des parties de leur gangue. Ces cristaux acquièrent assez souvent un volume de 25 à 30 milimètres. Quelques cristaux d'amphigène offrent une très-grande ressemblance avec ceux d'analcine.

IIe ESPÈCE.

Méionite.

Sny. *Hyacinthe blanche de la Somma. — Hyacinthine.*

Car. Fusible avec boursoufflement en verre blanchâtre; soluble en gelée dans l'acide nitrique.

Forme primitive et molécule intégrante : Le prisme droit symétrique.

Forme indéterminable : Granuleuse.

Rayant le verre; cassure transversale, ondulée; brillante.

Pesanteur spécifique : 2,61.

Translucide; opaque.

Blanchâtre.

Composition : Silice, 59; alumine, 20; potasse, 21.

La méïonite n'a encore été reconnue que parmi les produits du Vésuve; ses cristaux sont d'un très-petit volume et souvent engagés dans une chaux carbonatée lamellaire; ils y sont accompagnés de cristaux de pyroxène, d'amphibole, de grenat et de mica.

Les substances qu'il serait assez facile de confondre avec la méïonite, sont : la néphéline, l'harmotome, l'idocrase, le zircon et la wernérite.

IIIe ESPÈCE.

Feldspath.

Syn. *Orthose.* — *Spath fusible.* — *Spath étincelant.* — *Spath des champs.* — *Pétunsé.* — *Pétrosilex agathoïde.* — *Palaïoptère.* — *Hornstein écailleux.* — *Pierre des Amazones.* — *Pierre de lune.* — *Adulaire.* — *Pierre de Labrador.* — *Jade.* — *Pierre du Soleil.* — *Sanidin.* — *Felsite.* — *Labradorite.*

Car. Fusible au chalumeau en émail blanc.

Forme primitive et molécule intégrante : Le parallélipipède obliquangle.

Formes indéterminables : Laminaire; granulaire; compacte.

Rayant le verre; étincelant sous le choc du briquet.

Pesanteur spécifique : 2,43 à 2,70.

Phosphorescence sensible par le frottement mutuel de deux échantillons dans l'obscurité.

Transparent ; translucide ; opaque.

Réfraction double.

Limpide, blanchâtre, blanc, gris, jaunâtre, rose, incarnat, rouge, violet, bleu, verdâtre, vert, noir.

Reflets : Opalin, nacré, aventuriné, céroïde, résinite.

Composition. Var. adulaire ou limpide : Silice, 65 ; alumine, 21 ; potasse, 14.

Var. pétunsé ou blanc : Silice, 79 ; alumine, 15 ; chaux, 6.

Le feldspath présente rarement seul des couches d'une certaine étendue : il n'en est cependant pas moins l'une des substances les plus abondamment répandues dans les terrains primitifs. Grand nombre de roches l'admettent comme principe composant, d'autres comme accessoire caractéristique. Il participe fréquemment aussi à la composition des terrains secondaires, et même quelquefois on le retrouve encore dans les terrains de transition comme débris arrachés aux plus inamovibles témoins des catastrophes du globe.

Des cristaux de feldspath blanc ou blanchâtre sont engagés dans les divers granits et porphyres. Les plus beaux cristaux adulaires sont ceux du Saint-Gothard, du Dauphiné, des Pyrénées, de la Corse, de l'île d'Elbe, du Mexique, de Ceylan, etc. Ce minéral est accompagné, dans ses divers gisements, de cristaux de titane siliceo-calcaire, de fer oligiste, de titane anatase, de mica et de beaucoup d'autres substances. Le pétunsé se trouve en masses laminaires assez considérables, dans la Daourie, et c'est là, dit-on, que les anciens Chinois l'exploitaient pour le disposer à entrer dans la composition de leurs pâtes de porcelaine. Il existe beaucoup d'autres dépôts de pétunsé, mais infiniment moins importants, en Sibérie, en Saxe, en Bohême, en Bavière, dans le Tyrol, en Bourgogne, en Auvergne, aux États-Unis, etc. Le feldspath rouge est ce qui donne de l'éclat et du prix au granit Baveno, que les Égyptiens admettaient de préférence dans leurs belles décorations; le feld spath bleu ou *felsite* est d'un aspect peu brillant, d'une nuance assez faible : on ne l'a encore trouvé que dans les montagnes de la Styrie. Le vert présente rarement de l'uniformité dans sa teinte, qui, sans cela, serait sans contredit l'une des plus belles du règne minéral; la Sibérie et l'Amérique méridionale sont jusqu'ici les seules contrées où l'on ait découvert cette variété. Le feldspath opalin ou *labradorite* fut observé d'abord sur la côte du Labrador, parmi des parties roulées de granit : on le retrouva bientôt après en Norwège, en Finlande, en Sibérie, en Russie, en Saxe, au Groenland, dans l'Amérique septentrionale, etc., etc.; cette variété est extrêmement remarquable par la faculté qu'elle possède de lancer des reflets éclatants, de bleu, de vert, de jaune, de brun doré, de rouge cuivreux, lorsqu'on la fait jouer à une vive lumière. Le feldspath, aventuriné ou pierre du Soleil, se trouve encore en Sibérie et sur les bords de la mer Blanche : il est rare, et ses masses sont d'un très-petit volume. Ce feldspath est translucide; il laisse apercevoir, lorsqu'on le fait mouvoir à la clarté du Soleil, une infinité de petits points lumineux qui paraissent autant de paillettes dorées, du plus vif éclat.

Les substances qui se rapprochent le plus du feldspath, par une certaine conformité de propriétés apparentes, sont : la cymophane, le corindon, le quartz chatoyant et la diallage verte.

APPENDICE.

I. — FELDSPATH TENACE.

Syn *Jade de Saussure. — Magnelithe. — Lehmanite. — Saussurite.*

Car. Fusible en émail blanc.

Formes : Laminaire ou compacte.

Très-difficile à briser ; résistant avec une élasticité particulière au choc ; cassure écailleuse et terne ; étincelant sous le briquet.

Pesanteur spécifique : 2,95 à 3,38.

Translucide ; opaque.

Blanchâtre ; verdâtre ; violâtre.

Composition : Silice, 55 ; alumine, 27 ; chaux, 12 ; soude, 6.

Cette variété, que l'on soupçonne être un mélange de l'espèce et d'une substance hétérogène, la diallage, par exemple, se trouve en Piémont, en Corse, au Hartz, en Finlande, etc., etc. ; mais elle n'y existe qu'en rognons d'un faible volume.

II. — FELDSPATH DÉCOMPOSÉ.

Syn. *Kaolin. — Terre à porcelaine.*

Car. Infusible ; se délayant dans l'eau sans faire pâte.

Happant à la langue ; onctueux au toucher.

Pulvérulent.

Blanc.

Composition : Silice, 80 ; alumine, 18 ; chaux, 2.

Cette variété, qui est une altération particulière de l'espèce, se rencontre en un assez grand nombre de gisements, en France, et principalement aux environs de Limoges, en Espagne, en Angleterre, en Saxe, en Russie, à la Chine, dans des espèces de filons traversant des couches de gneiss, et s'associant au quartz et au mica. On attribue son infusibilité à l'absence de la potasse que l'on présume avoir abandonné le feldspath par suite de la décomposition de celui-ci. Quel qu'en soit le motif, il en est résulté un grand avantage pour les arts, puisque cette décomposition a procuré la matière de la plus belle et de la plus solide poterie de terre. C'est avec une pâte formée par le mélange du feldspath fusible ou laminaire, et du feldspath infusible ou décomposé, l'un et l'autre dans le plus grand état de ténacité possible, que l'on fabrique ces vases de porcelaine dont on doit l'invention aux Chinois, et qui, par l'élégance dont les ornèrent les nations européennes, ont acquis une si grande réputation de beauté et d'utilité. Les pièces travaillées avec la pâte de porcelaine, puis portées au four, y acquièrent une dureté, une blancheur et une demi-transparence qui en font le principal mérite. Ces pièces, en cet état, portent le nom de biscuit ; on y ajoute une couverte vitreuse ou vernis qui n'est autre chose qu'une préparation de silice et de soude. Ce mélange, par une seconde action de la chaleur, se vitrifie et s'étend uniformément sur toute la surface des pièces de porcelaine.

IV⁰ ESPÈCE.

Mica.

Syn. *Verre de Moscovie. — Talc à grandes lames. — Or ou argent de chat. — Lépidolithe. — Lilalite.*

Car. Fusible au chalumeau, en émail blanchâtre.

Forme primitive et molécule intégrande : Le prisme droit rhomboïdal.

Formes indéterminables : Foliacée ; lamellaire ; écailleuse ; testacée ; filamenteuse ; pulvérulente.

Élastique.

Très-facile à rayer ; peu fragile ; ne se brisant pas, mais se laissant déchirer.

Pesanteur spécifique : 2,65 à 2,93.

Électricité vitrée par le frottement.

Transparent ; translucide ; opaque.

Blanc-gris ; jaunâtre ; rougeâtre ; violet ; verdâtre ; brun-noir.

Éclat : Métalloïde tirant sur celui de l'or ou de l'argent.

Composition : Silice, 48 ; alumine, 21 ; potasse, 15 ; oxyde de fer, 16.

Le mica ne constitue point à lui seul des roches, mais il entre en si grande quantité comme principe essentiel dans les granits, les gneiss et la plupart des formations primaires, que souvent ses écailles serrées ne permettent pas d'apercevoir les autres constiuants. On rencontre aussi le mica dans les terrains secondaires et tertiaires ; mais il n'appartient pas à ces formations, et n'en fait accidentellement partie que comme objet de transport dû à la détrition des roches primitives. C'est aussi sous ce même rapport qu'on le retrouve parmi les déjections volcaniques, contribuant à la production de certaines laves.

On avait cru pendant longtemps que la lépidolithe devait être considérée comme une espèce indépendante du mica; mais différents minéralogistes sont parvenus à établir l'analogie des deux substances, et la réunion que nous-même avons des premiers provoquée, à la suite d'un travail comparatif sur les différents micas et la lépidolithe *(Recueil de la Société des Sciences de Lille*, 1806-1807, page 20), a enfin été prononcée.

Il est peu de substances minérales plus extraordinaires que le mica : ses lames, qui ont quelquefois deux ou trois mètres de surface, sont appliquées les unes sur les autres, et très-faciles à séparer, par la simple interposition entre elles d'une lame de couteau. Elles sont ordinairement transparentes et blanches, de manière qu'elles suppléent avec avantage le verre à vitre; elles lui sont même préférables lorsqu'on redoute le brisement, comme dans les vaisseaux de guerre, par exemple, où la détonation des pièces d'artillerie occasionne une commotion qui fait tout éclater. On se sert du mica écailleux blanc ou jaune, et réduit en poussière, pour sabler l'écriture.

Vᵉ ESPÈCE.

Andalousite.

Syn. *Feldspath apyre. — Spath adamantin. — Micaphilite. — Stanzaïte.*

Car. Infusible au chalumeau.

Forme primitive : Prisme rhomboïdal.

Formes indéterminables : Laminaire ; massive.

Rayant le quartz, mais se laissant quelquefois entamer par une pointe d'acier.

Pesanteur spécifique : 3,20.

Translucide ; opaque.

Grise ; rosâtre ; violâtre ; maclée, c'est-à-dire, en prisme gris ou rosâtre, dont le centre est occupé par une pyramide noire, qui quelquefois se prolonge suivant les diagonales.

Composition : Silice, 35 ; alumine, 56 ; potasse, 9.

Cette substance, que l'on a longtemps considérée comme une variété du feldspath, a été découverte par M. de Bournon, dans les granits du Forez ; on l'a retrouvée depuis aux environs de Nantes, en Espagne, dans le Palatinat, en Irlande, etc.

SILICE COMBINÉE AVEC L'ALUMINE ET LA LITHINE.

Iʳᵉ ESPÈCE.

Triphane.

Syn. *Spodumène.* — *Zéolithe de Suède.* — *Schorl spatheux.* — *Killinite.*

Car. Se délitant, lorsqu'on le chauffe dans un creuset, en parcelles d'un jaune métallique, qui passe ensuite au gris cendré. Fusible au chalumeau, en verre transparent.

Forme primitive : L'octaèdre à triangles isocèles.

Formes indéterminables : Laminaire ; fibreuse.

Rayant le verre ; rayé par le quartz. Étincelant sous le choc du briquet. Cassure transversale, raboteuse.

Pesanteur spécifique : 3,20.

Translucide; opaque.

Blanchâtre; verdâtre; vert jaunâtre.

Éclat : nacré.

Composition : Silice, 66; alumine, 25,2; lithin, 8,8.

Le triphane a été découvert dans les terrains primitifs de la Sudermanie, aux mines de fer d'Uto; il est associé au quartz, au feldspath rouge, au pétalite, au fer oxydulé, au mica, à l'étain oxydé, à la tourmaline, etc. On l'a retrouvé depuis dans les granits du Tyrol, près de Sterzing, dans ceux de Killency, près de Dublin, en Irlande, de la Norwège, du Groenland; néanmoins ce minéral est encore extrèmement rare dans les collections.

Les premières notions exactes qui en ont été données sont dues à M. Dandrada.

11e ESPÈCE.

Pétalite.

Syn. *Berzelite.*

Car. Fusible au chalumeau, en verre transparent et bulleux.

Forme primitive : Le prisme droit rhomboïdal, se sous-divisant parallèlement à un plan mené par les petites diagonales de ses bases. Les pans du prisme sont nacrés, les bases sont simplement luisantes.

Forme indéterminable : Laminaire.

Rayant fortement le verre; étincelant sous le choc du briquet.

Pesanteur spécifique : 2,43.

Translucide; opaque.

Blanc; grisâtre; rougeâtre.

Composition : Silice, 77; alumine, 17; lithine, 6.

C'est encore à Dandrada qu'est due la découverte du pétalite; il le trouva dans le même gisement que le triphane, en très-petites masses dont le volume excède rarement celui de quelques pouces cubes, associées, dans le granit, au feldspath bleu ou vert, à l'étain oxydé, à l'apophyllite, à l'épidote, au manganèse, à la chaux carbonatée, à l'amphibole, au mica et à la tourmaline. M. Suedenstierna en retrouva depuis des quantités un peu plus considérables, ce qui permit à M. Arfwedson de le constituer espèce particulière au moyen de l'analyse chimique, et de reconnaître parmi les constituants un alcali nouveau, la lithine.

SILICE COMBINÉE AVEC L'ALUMINE ET L'EAU.

Iᵣᵉ ESPÈCE.

Triclasite.

Syn. *Fahlunite tendre.*

Car. Fusible au chalumeau, sur les bords seulement, en verre blanc et bulleux.

Forme primitive : Le prisme rhomboïdal oblique.

Formes indéterminables : Bacillaire; compacte.

Rayant le verre.

Pesanteur spécifique ; 2,60.

Translucide; opaque.

Brun rougeâtre.

Composition : Silice, 53,75; alumine, 30,75; eau, 15,50.

Ce minéral, découvert par M. Wallman, n'a encore été trouvé qu'à Fahlun, en Suède, dans la mine de cuivre d'Eric-Math ; il avait pour gangue un talc schistoïde micacé.

IIe ESPÈCE.

Collyrite ou kollyrite.

Syn. *Webstéride.*

Car. Soluble sans effervescence dans l'acide nitrique. Réductible en poussière blanche par la calcination. Se décomposant insensiblement à l'air, par la perte de l'eau de cristallisation.

Happant à la langue.

Formes : En masses gommeuses, opalines ; mamelonnée ; terreuse et fragile ; cassure vitreuse, éclatante.

Pesanteur spécifique : 2,43.

Opaque ; quelquefois translucide sur les bords.

Blanchâtre ; jaunâtre ; rougeâtre.

Composition : Silice, 13,14 ; alumine, 42,46 ; eau, 44,40.

Cette substance a été trouvée à Schemnitz, en Hongrie, formant une veine de quelques pouces d'épaisseur, dans un banc de grès. On assure qu'on l'a retrouvée depuis en Thuringe, dans les environs de Weissenfels.

SILICE COMBINÉE AVEC L'ALUMINE, LA BARYTE
ET L'EAU.

ESPÈCE UNIQUE.

Harmotome.

Syn. *Hyacinthe blanche cruciforme. — Andréasbergolithe. — Andréolithe. — Pierre cruciforme.*

Car. Fusible au chalumeau, en verre transparent.

Forme primitive : L'octaèdre symétrique. Molécule intégrante : tétraèdre symétrique.

Rayant légèrement le verre. Cassure transversale, raboteuse, presque terne.

Pesanteur spécifique : 2,33.

Phosphorescence sensible, dans l'obscurité, par la projection de la poussière sur les charbons ardents.

Translucide; opaque.

Blanc; jaunâtre.

Composition : Silice, 51; baryte, 18; alumine, 16; eau, 15.

C'est dans les filons métalliques des mines de plomb et d'argent d'Andréasberg au Hartz, que l'on a découvert l'harmotome; il y est accompagné de chaux carbonatée laminaire, dans un sol schisteux de transition. On l'a observé dans un terrain à peu près semblable à Kansberg, en Norwège, tandis qu'à Oberstein, et à Strontian, en Écosse, cette substance occupe les petites cavités dont sont criblées les roches basaltiques qui lui servent de support dans ces derniers gisements. On trouve en outre à Strontian, dans les basaltes, des veines métallifères de cuivre et de plomb sulfurés. A Oberstein, la chabasie accompagne presque toujours l'harmotome : ces deux substances tapissent concurremment les parois géodiques des cavités de la roche.

Le zircon, la mésotype et surtout la stilbite offrent quelques traits de ressemblance avec l'harmotome. Il est facile de le distinguer de cette dernière en plaçant un de ses fragments sur un charbon allumé, il y restera inaltérable, tandis que la stilbite y blanchira et s'exfoliera.

SILICE COMBINÉE AVEC L'ALUMINE, LA CHAUX ET L'EAU.

Iʳᵉ ESPÈCE.

Laumonite.

Syn. *Zéolite efflorescente.*

Car. Fusible au chalumeau, en émail blanc, qui, par l'action prolongée de la chaleur, acquiert une demi-transparence. Soluble en gelée dans l'acide nitrique. Altérable à l'air, y perdant toute transparence, se délitant en lames, et tombant enfin en poussière blanchâtre.

Forme primitive : L'octaèdre rectangulaire. Molécule intégrante : tétraèdre hémi-symétrique.

Formes indéterminables : Bacillaire ; aciculaire.

Tendre et même friable.

Pesanteur spécifique : 2,30.

Électricité résineuse par le frottement, après avoir été isolée.

Translucide ; opaque.

Blanche.

Aspect : Nacré.

Composition : Silice, 50,5 ; alumine, 22,5 ; chaux, 9 ; eau, 18.

M. Gillet-Laumont découvrit, en 1785, cette substance dans les mines de plomb d'Huelgoët, en Bretagne ; elle y est accompagnée de chaux carbonatée, dans un schiste argileux d'un noir bleuâtre. On l'a retrouvée depuis parmi les stilbites de l'île de Féroé, d'Autrim, en Irlande, et en Savoie.

IIe ESPÈCE.

Stilbite.

Syn. *Zéolithe feuilletée.— Zéolithe nacrée. — Fassoïte. — Zéolithe rouge du Tyrol.*

Car. Blanchissant et s'exfoliant sur les charbons allumés. Fusible au chalumeau, avec boursoufflement et phosphorescence, en émail blanc.

Forme primitive et molécule intégrante : Le prisme droit rectangulaire.

Formes indéterminables : Arrondie ; flabellaire ; laminaire ; granuleuse ; aciculaire ; radiée ; mamelonnée ; compacte.

Rayant la chaux carbonatée. Cassure transversale, raboteuse, presque terne.

Pesanteur spécifique : 2,50.

Translucide ; opaque,

Blanche ; jaunâtre ; grise ; brune ; mordorée ; rouge de brique.

Éclat : Nacré dans le sens des joints qui résistent le moins à leur séparation ; vitreux dans les autres directions ; bronzé.

Composition : Silice, 54 ; alumine, 18 ; chaux, 9 ; eau, 19.

Ce minéral est surtout abondant en Islande et à Féroé, où ses cristaux, d'un volume assez grand, sont implantés dans des roches qui paraissent avoir fortement éprouvé l'action des feux volcaniques. Il existe aussi à Arendal, en Norwége, sous forme de petits cristaux aciculaires bronzés, divergents, ou réunis en faisceaux dans un schiste micacé qui forme le mur des filons des mines de fer. On la trouve concrétionnée, d'un blanc éclatant, dans les Pyrénées, dans le Tyrol, en Bohême, en Écosse, en Irlande, en Suède, au Groenland, aux États-Unis. Elle accompagne le quartz, l'amphibole, l'épidote, le pyroxène, la mésotype, la chabasie, la préhnite, l'harmotome, l'apophyllite, la chaux carbonatée, la baryte sulfatée, le plomb sulfuré, le fer oxydulé. La stilbite rouge présente de superbes cristallisations près de Glascow, en Écosse, à Fassa, en Tyrol, et à Edelfors, en Suède.

Il est assez difficile de confondre la stilbite avec la mésotype et la chaux sulfatée, qui sont les substances qui en approchent le plus par quelques caractères extérieurs : l'éclat particulier dont jouit la première la fait ressortir, et empêche toute méprise.

IIIe· ESPÈCE.

Chabasie.

Syn. *Zéolithe cubique.*

Car. Fusible en masse blanchâtre et spongieuse.

Forme primitive et molécule intégrante : Le rhomboïde obtus.

Rayant légèrement le verre.

Pesanteur spécifique : 2,71.

Transparente ; translucide ; opaque.

Blanchâtre ; recouverte quelquefois d'un enduit rougeâtre.

Composition : Silice, 52 ; alumine, 19 ; chaux, 10 ; eau, 19.

On n'a encóre trouvé la chabasie qu'en cristaux, tapissant les cavités de quelques laves basaltiques, poreuses du Vogelsgebirge et de l'île Bourbon, ou disséminés dans les roches trapéennes, amygdaloïdes d'Oberstein et de Fassa, ou bien implantés dans la wacke de Féroé.

IV° ESPÈCE.

Thomsonite.

Car. Soluble en gelée dans l'acide nitrique. Fusible au chalumeau, avec boursoufflement, en une masse spongieuse, blanche.

Forme : Prisme droit à bases carrées.

Fragile ; rayant la chaux carbonatée.

Pesanteur spécifique : 2,37.

Transparente ; translucide ; opaque.

Blanche.

Composition : Silice, 39 ; alumine, 31 ; chaux, 17 ; eau, 13.

Dans les Grünstein du Tyrol.

V° ESPÈCE.

Scozelithe.

Car. Soluble en gelée dans l'acide nitrique ; fusible au chalumeau, après s'être, en quelque sorte, recoquillée en une masse spumeuse blanche, qui finit par donner un globule presque transparent.

Forme primitive : Le prisme droit à base rhombe.

Formes indéterminables : Aciculaire ; fibreuse ; terreuse.

Rayant la chaux fluatée.

Pesanteur spécifique : 2,21.

Tansparente; translucide; opaque.

Blanche.

Composition : Silice, 48; alumine, 25; chaux, 14; eau, 13.

Ce minéral se trouve dans les laves anciennes et dans les roches trapéennes de Féroé et de Staffa.

SILICE COMBINÉE AVEC L'ALUMINE, LA SOUDE ET L'EAU.

1re ESPÈCE.

Analcime.

Syn. *Zéolithe dure.*

Car. Fusible au chalumeau en verre transparent; soluble en gelée dans l'acide nitrique chaud.

Forme primitive et molécule intégrante : Le cube.

Formes indéterminables : Laminaire; fibreuse; radiée; globulaire; amorphe.

Rayant faiblement le verre; cassure un peu ondulée dans les cristaux transparents, compacte et à grain fin dans les masses opaques.

Pesanteur spécifique : 2,53 à 3.

Difficilement électrique par le frottement.

Transparente; translucide; opaque.

Blanche; rougeâtre; rouge incarnat.

14

Composition : Silice, 55 ; alumine, 21 ; soude, 13 ; eau, 11.

Cette substance se rencontre en cristaux, dans les cavités des basaltes des volcans de la Méditerranée; dans les roches argileuses de l'Écosse, du Tyrol et du pays de Bade : elle existe aussi dans les filons des mines d'argent d'Arendal, en Norwège.

IIe ESPÈCE.

Mésotype.

Syn. *Zéolithe en aiguilles.* — *Zéolithe rayonnée.* — *Crocalithe.* — *Zéolithe farineuse.* — *Albâtre zéolithique.* — *Natrolite.* — *Zéolithe jaune.*

Car. Soluble en gelée dans l'acide nitrique ; fusible au chalumeau, avec bouillonnement en émail spongieux.

Forme primitive : Le prisme droit rhomboïdal.

Molécule intégrante : Prisme triangulaire, rectangle scalène.

Formes indéterminables : Bacillaire, libre ou radiée; globulaire-radiée; fibreuse-radiée; mamelonnée; capillaire; filamenteuse; floconneuse ; compacte.

Rayant la chaux carbonatée; cassure un peu vitreuse.

Pesanteur spécifique : 2,08.

Électricité se développant par la chaleur dans une partie seulement des cristaux.

Transparente ; translucide; opaque.

Réfraction double.

Limpide ; blanchâtre; jaune; rougeâtre; noirâtre.

Composition : Silice, 49 ; alumine, 26 ; soude, 16 ; eau, 9.

La mésotype paraît être principalement dépendante des terrains volcaniques ; on la trouve remplissant les cavités des roches basaltiques à Féroé, en Islande, en Angleterre, en Auvergne, dans le Tyrol, en Italie, en Sicile, à Bourbon, à la Guadeloupe. La variété rougeâtre, ou *crocalithe*, est engagée sous forme globuleuse, dans une roche trapéenne amygdaloïde, renfermant aussi des cristaux de pyroxène et des grains de stilbite rouge, à Adelfors, en Tyrol. La variété jaune, ou *natrolithe*, se trouve sur le Hochen-Twiel, en Souabe, où elle a été découverte par Fleuriau de Bellevue ; en Écosse, près de Burnt-Island, dans les îles de Mull et de Canna ; à Marienberg, en Bohème ; elle a pour gangue des laves porphyriques pétro-siliceuses d'un gris verdâtre ; elle y forme des petites veines ou des masses concrétionnées, souvent fibreuses. Ces masses, assez dures pour recevoir une espèce de poli, sont quelquefois employées dans la bijouterie.

SILICE COMBINÉE AVEC LA CHAUX, LA POTASSE ET L'EAU.

ESPÈCE UNIQUE.

Apophyllite.

Syn. *Zéolithe d'Hellesta.* — *Ichthyophtalmite.*

Car. Plongé dans l'acide nitrique, il ne tarde pas à s'exfolier, et se résout ensuite en une matière floconneuse et gélatineuse; fusible au chalumeau en émail blanc; délitable par feuillets à la simple flamme d'une bougie.

Forme-primitive : Le prisme droit symétrique. Molécule intégrante : prisme triangulaire rectangle isocèle.

Forme indéterminable : Laminaire.

Rayant légèrement la chaux fluatée ; passée avec frottement sur un corps dur, ce minéral se délite par feuillets.

Pesanteur spécifique ; 2,37.

Électricité vitrée par le simple frottement.

Transparent ; translucide : opaque.

Réfraction simple.

Limpide ; blanchâtre ; grisâtre ; verdâtre ; rougeâtre.

Éclat : Nacré.

Composition : Silice, 51 ; chaux, 28; potasse, 4; eau, 17.

L'apophyllite a pour gisement principal les mines d'Uto, en Suède, où il a été découvert par M. Dandrada ; il a pour gangue une chaux carbonatée laminaire rougeâtre, renfermant des prismes d'amphibole d'un vert noirâtre, et du fer oxydulé en très-petits cristaux. L'apophyllite se retrouve aussi, dans la vallée de Fassa, en cristaux jaunâtres ou rougâtres, mêlé d'amphigène et de chaux carbonatée, dans un grünstein passant à l'état de wacke.

Substances métalliques autopsides, c'est-à-dire existant naturellement dans un ou plusieurs états, douées de l'éclat métallique.

Si les substances métalliques autopsides brillaient constamment de leur éclat particulier, l'étude de cette grande série n'offrirait à l'observateur aucune chance embarrassante ; mais bien souvent cet éclat est masqué, soit par une enveloppe terreuse, produite par le contact permanent de l'air et de l'eau, soit par un état de combinaison du métal avec un agent quelconque, d'où résulte la transparence ou l'opacité terne, aspect habituel des substances hétéropsides. On sent, d'après cela, combien est difficile l'indication des caractères propres à guider le minéralogiste dans la distribution des substances métalliques privées d'éclat. Une pesanteur spécifique au-dessus de 4,50 ; une couleur constante dans la poussière, et qui, à la vivacité près, se trouve être la même que celle du minéral; un dégagement de vapeurs sulfureuses ou alliacées pendant la combustion, telle est la réunion d'indices sur lesquels l'observateur doit compter pour placer avec sécurité un minéral, d'apparence terreuse ou saline, parmi les substances métalliques autopsides.

PREMIER ORDRE

Substances métalliques autopsides non oxydables immédiatement, si ce n'est à un feu très-violent et réductible immédiatement.

PREMIER GENRE.

PLATINE

ESPÈCE UNIQUE.

Platine ferrifère

Syn. *Or blanc.*

Car. Blanc livide.

Soluble dans l'acide nitro-hydro-chlorique; fusible au feu le plus intense.

Pesanteur spécifique : 15,60; après fusion, 20,98; après purification complète, 22.

Dureté : Inférieure à celle du fer.

Ductilité : Inférieure à celle de l'or.

Forme : Granuleuse ; lorsque le volume des grains égale ou surpasse celui d'un pois ordinaire, les grains métalliques prennent le nom de pépites. La plus grosse pépite connue de platine ferrifère existe dans le cabinet de Berlin ; elle pèse environ deux onces.

La découverte du platine, comme métal particulier, est due au savant Ulloa, qui accompagna les académiciens français dans leur voyage au Pérou, dont le but était de vérifier si, comme le prétendait Newton, la sphère terrestre était effectivement renflée vers l'équateur.

Le platine ferrifère se trouve dans les mines d'or et de diamant de l'Amérique méridionale : il y est mêlé au sable qui constitue le lit des torrents, et se recueille par les orpailleurs chargés de la recherche des pépites d'or.

Les substances auxquelles le platine est uni dans l'état de minerai, sont : le quartz, le fer, le soufre, le cuivre, le titane, le chrome, l'or, le palladium, l'iridium osmié et le rhodium.

La grande résistance que ce minéral oppose à la fusion rend sa purification difficile et longue. Quand on est parvenu, par l'emploi des différents moyens chimiques, à séparer l'osmium, l'iridium, le palladium et le rhodium, il reste le platine sous forme de masse spongieuse que l'on allie avec la huitième partie de son poids d'arsenic. On fait fondre l'alliage, on le coule en un lingot peu épais, auquel on fait subir toute l'intensité de la chaleur, jusqu'à ce que l'arsenic, qui, à une température élevée, a plus d'affinité pour l'oxygène que pour le platine, ait totalement abandonné ce métal.

On construit, avec le platine, des instruments d'autant

plus précieux pour la chimie, qu'ils peuvent supporter le plus grand degré de chaleur sans se fondre ; son inaltérabilité le fait rechercher pour la construction des miroirs de télescope, de même que sa moindre dilatabilité le fait employer dans la confection des règles et pendules astronomiques d'une extrême justesse. La singulière propriété dont jouissent les fils de platine d'entretenir la combustion lente du gaz hydrogène, les ont fait servir au perfectionnement de la lampe de sûreté, et c'est une des applications les plus ingénieuses que Davy ait faite de son ingénieuse découverte. Le platine, dans le travail de la bijouterie, est très-peu recherché. On a voulu le faire concourir à la confection des médailles et des monnaies ; mais son peu de dureté l'a mis de suite hors de toute concurrence avec l'or et l'argent, pour ces sortes d'usages.

SECOND GENRE.

IRIDIUM OSMIÉ.

Car. Blanc livide.

Insoluble dans tous les acides ; n'entrant en fusion qu'à une température extrêmement élevée, et en exhalant une odeur analogue à celle du chlore.

Pesanteur spécifique : 19,25.

Dureté : Un peu supérieure à celle du platine ferrifère.

Ductilité : Inférieure à celle de l'or.

Forme : Granuleuse, dans laquelle on remarque une tendance au prisme hexaèdre,

Composition : Alliage d'iridium et d'osmium dans des proportions qui n'ont point encore été rigoureusement constatées.

Ce métal, ou plutôt ce composé métallique naturel, a été reconnu par le docteur Wollaston, dans le résidu du traitement du platine ferrifère par l'acide nitro-hydro-chlorique.

TROISIÈME GENRE.

PALLADIUM.

Car. D'un blanc moins livide que l'argent.

Soluble en petite quantité dans l'acide nitro-hydrochlorique froid ; fusible à une température presque égale à celle qui fond l'or ; formant avec ce dernier métal un alliage d'un blanc d'argent.

Pesanteur spécifique : 12.

Ductilité : Peu inférieure à celle de l'argent.

Forme : Lamellaire.

On trouve ce métal dans les sables qui contiennent le platine, et dans l'alliage naturel de celui-ci avec le fer et quelques autres substances métalliques. Il est possible, s'il devient un jour plus commun, qu'on l'emploie avec avantage et sans craindre la moindre altérabilité, dans un grand nombre de circonstances où l'argent n'offre qu'un brillant passager.

QUATRIÈME GENRE.

OR.

ESPÈCE UNIQUE.

— **Or natif.**

Car. D'un jaune pur.

Soluble dans l'acide nitro-hydro-chlorique.

Pesanteur spécifique : 19,25.

Éclat supérieur à celui du cuivre, de l'étain et du plomb inférieur à celui du platine, du fer et de l'argent.

Moins dur que le fer, le platine, le cuivre et l'argent; plus dur que le plomb et l'étain; susceptible de se laisser entamer par le couteau.

D'une ductilité et d'une ténacité supérieures à celles de tous les autres métaux.

Plus fusible que le cuivre, le fer et le platine; moins que le mercure, l'étain, le plomb et l'argent.

Formes régulières : Le cube; l'octaèdre, et quelques-unes de leurs modifications.

Formes indéterminables : Lamellaire; ramuleuse; capillaire; granuleuse; massive.

L'or natif existe dans tous les terrains; il présente des grains ou noyaux libres, d'un volume très-variable, que l'on a vu quelquefois atteindre le poids de 15 ou 16 kilogrammes. Ces grains portent ordinairement le nom de *pépites*. On trouve aussi l'or natif engagé en filons dans des roches quartzeuses, granitiques ou schisteuses; plus souvent il est disséminé sous forme de paillettes dans les sables que charrient les fleuves et les torrents. Le Pérou et le Mexique sont les États que l'on cite de préférence pour la richesse de leurs mines d'or; on en trouve aussi dans les autres parties de l'Amérique, en Afrique et en Asie. Il est assez abondant dans la Transylvanie, en Sibérie et dans le pays de Salzbourg. On le rencontre, mais plus rarement et en petites quantités, dans presque toutes les parties de l'Europe, soit isolé et pur, soit à l'état de combinaison ou d'alliage avec différents minerais ou d'autres métaux.

On met à profit la grande affinité de l'or pour le mercure, lorsqu'on veut séparer le premier de ces métaux des matières hétérogènes avec lesquelles il est presque toujours naturellement uni. A cet effet, on triture, avec une suffisante quantité de mercure, les minerais d'or, dans des tonneaux tournant sur leur axe, ou sous deux meules glissant l'une sur l'autre; il se forme un amalgame pâteux des deux métaux, auquel on fait subir, à plusieurs reprises, l'opération du lavage; on enlève ensuite, par la distillation, le mercure, et l'or qui reste fixe, s'il se trouve encore mélangé d'un peu de substances métalliques étrangères, en est dépouillé par l'action des acides qui les dissolvent sans toucher à l'or.

Il serait superflu d'entrer dans le détail des applications nombreuses que l'on a faites de ce précieux métal, qui est devenu la base de presque toutes les transactions, le signe le plus ordinaire du luxe et de l'opulence; au seul nom de l'or, le riche sourit de satisfaction et de vanité; le pauvre exhale le désir et l'espérance. L'esprit de cupidité qui exaspéra le cerveau des alchimistes et les dirigea dans leurs travaux ruineux, ne tourna point entièrement à la honte du siècle dont il fit le tourment, et la science est redevable aux vaines tentatives de faire de l'or, d'une foule de découvertes du plus haut intérêt, dont surent profiter les physiciens habiles. Ceux-ci, dans le silence du cabinet, enrichissaient leurs contemporains par d'utiles applications, plus que n'auraient pu faire les résultats du *grand œuvre*, lors même qu'ils eussent été possibles.

CINQUIÈME GENRE.

, ARGENT.

1re ESPÈCE.
Argent natif.

Car. D'un blanc éclatant.

Soluble dans l'acide nitrique; fusible à une haute température.

Pesanteur spécifique : 10,40.

Moins éclatant que le platine et le fer; plus que l'or, le cuivre, l'étain et le plomb.

Élasticité et dureté : Supérieures à celles de l'or, de l'étain et du plomb; inférieures à celles du fer, du platine et du cuivre.

Ductilité : Supérieure à celle du cuivre, du fer, de l'étain et du plomb; inférieure à celle du platine.

. Plus tenace que l'étain et le plomb; moins que l'or, le fer, le cuivre et le platine.

Formes régulières : Susceptibles d'être ramenées au cube.

Formes indéterminables : Ramuleuse; filicaire; réticulée; capillaire; lamellaire; granuleuse; massive.

L'argent natif, toujours allié en proportions plus ou moins grandes de cuivre, de fer et d'arsenic, se trouve en filons dans les terrains primitifs, comme dans ceux qui portent l'empreinte d'une formation postérieure; il a pour gangue différentes espèces de roches, le granit, le gneiss, la siénite, le mica, le schiste, les chaux carbonatée et fluatée, la baryte sulfatée, le quartz, l'anthracite, etc., etc.

Il est souvent associé à l'argent sulfuré, au cuivre pyriteux, au fer sulfuré, à l'antimoine sulfuré, etc.; ses principaux gisements sont au Mexique, au Pérou, en Sibérie, en Norwège, en Suède, en Saxe, en Souabe, aux mines d'Allemont et de Sainte-Marie en France.

Le traitement des minerais d'argent natif consiste premièrement dans leur trituration et dans des lavages réitérés, afin d'enlever, autant que possible, les parcelles de gangue; on fait fondre ensuite la poudre métallique avec le double ou le triple de son poids de plomb; on tient l'alliage en fusion, et à mesure qu'à sa surface il se produit une couche d'oxyde demi-vitreux de plomb, on l'enlève; on sépare, au moyen de ce procédé, toutes les matières hétérogènes qui se trouvaient combinées à l'argent, et ce métal, à l'état de fusion, reste pur dans le creuset.

Les usages de l'argent ne sont ni moins étendus ni moins variés que ceux de l'or; tous deux concourent également à la fabrication des signes représentatifs de la valeur de toute chose vénale, et les monnaies emploient la plus grande partie des produits de l'exploitation des mines. Il sert aussi à relever l'éclat de la parure par des ornements, des bijoux auxquels on associe les ressources et la grâce du dessin le plus pur et le plus correct; il est surtout précieux dans la confection des instruments, que leur inaltérabilité rend d'un usage journalier pour le service des tables et même de la cuisine; là, susceptible de s'étendre en feuilles très-minces, et de s'appliquer exactement sur les surfaces du cuivre, il préserve ce dernier métal de l'atteinte des corps qui pourraient le transformer en poison très-actif; il met ainsi à la portée de toutes les fortunes de vrais meubles de sûreté qui eussent été inaccessibles pour beaucoup sans l'innocent subterfuge du *plaqué*. Quoiqu'il oppose une grande résistance à la plupart des agents chimiques, l'argent est néanmoins attaqué sur-le-champ par l'hydrogène sulfuré, qui en ternit, en noircit la surface : c'est pour obvier à cet inconvénient que, sur les tables somptueuses, le luxe a imaginé de donner à l'argent une enveloppe généralement inattaquable, et pour cet effet, il a eu recours à l'or : le résultat de cette opération se nomme *vermeil*; ainsi, dans le vermeil, l'or est à l'argent ce que, dans le plaqué, l'argent est au cuivre.

Les substances qui partagent avec l'argent natif la couleur blanche éclatante, sont l'argent antimonial, l'antimoine natif, et le cobalt arsenical.

APPENDICE.

ARGENT NATIF AURIFÈRE.

Syn. *Électrum.* — *Or argental.*

Car. Variant du blanc jaunâtre au jaune blanchâtre, suivant les proportions respectives des deux métaux.

Attaqué par l'acide nitrique qui dissout l'argent. Pour que la séparation soit complète, il est indispensable de fondre préalablement l'argent natif aurifère avec le double de son poids d'argent pur, et de faire passer au laminoir le culot qui résulte de la fonte.

Pesanteur spécifique : 13,00 à 16,30.

Formes régulières : Le cube et l'octaèdre.

Forme indéterminable : Lamellaire.

Composition : Or, 28 à 66 ; argent, 72 à 34.

Cette sous-espèce se trouve à Zmeïnogorsk en Sibérie, dans une roche quartzeuse, accompagnée de baryte sulfatée, d'amphibole, de zinc et de plomb sulfuré.

IIe ESPÈCE.

Argent antimonial.

Syn. *Mine d'argent blanche antimoniale.* — *Argent arsenical de Wittichen.* — *Antimoniure d'argent* Beud.

Car. D'un blanc éclatant.

Plongé dans l'acide nitrique, il s'y recouvre d'une couche blanchâtre d'oxyde d'antimoine. Réductible par le chalumeau en argent pur.

Pesanteur spécifique : 9,44.

. Cassant sous le marteau ; il paraît néanmoins légèrement malléable lorsque la percussion est conduite avec beaucoup de précaution.

Forme régulière : Le prisme hexaèdre.

Formes indéterminables : Cylindroïde ; granulaire ; massive.

Tissu : Lamelleux.

Composition : Argent, 76 à 84 ; antimoine, 24 à 16.

L'argent antimonial occupe de petits filons dans le grès psammite, à Andréasberg en Saxe ; dans le granit, à Altwalfach ; en Souabe, au pays de Salzbourg ; à Konsberg en Norwège ; à Allemont et Sainte-Marie en France, et à Casalla en Espagne. Il y est accompagné par les chaux carbonatée et fluatée, la baryte sulfatée, l'argent antimonié sulfuré, le plomb sulfuré, etc., etc.

On traite les minerais d'argent antimonial par un fort grillage, qui enlève presque tout l'antimoine ; on débarrasse ensuite le métal principal de tous les corps étrangers par la *liquation*, au moyen du plomb, ainsi qu'il a été dit pour l'argent natif, puis on l'affine par la *coupellation*.

La ressemblance de l'argent antimonial avec l'argent natif, le cobalt arsenical et le fer arsenical, est assez grande pour qu'on puisse s'y tromper au premier abord ; mais on parvient à démêler la vraie nature de chacun de ces minerais dès qu'on cherche à saisir leurs caractères.

APPENDICE.

ARGENT ANTIMONIAL, FERRO-ARSENIFÈRE.

Syn. *Argent arsenical.* — *Arseniure d'argent* Beud.

Car. D'un blanc éclatant.

Se recouvrant d'un enduit blanchâtre dans l'acide nitrique ; donnant des vapeurs blanches, alliacées, par le chalumeau.

Pesanteur spécifique : 8,11.

Cassant ; fragile.

Forme : En petites masses compactes.

Composition : Argent, 13,25 ; antimoine, 4.25 ; fer, 46,10 ; arsenic, 36,40.

On trouve ce minéral au Hartz, à Andréasberg, où il est associé au plomb sulfuré et à l'arsenic natif, dans une chaux carbonatée compacte, blanche.

IIIe ESPÈCE.

Argent sulfuré.

Syn. *Argent vitreux.* — *Sulfure d'argent.*

Car. D'un gris livide.

Fusible à la simple flamme d'une bougie, et s'y réduisant en un bouton métallique blanc.

Pesanteur spécifique : 7.

Éclat assez vif, mais qui disparaît bientôt, et fait place à une croûte terne et noirâtre.

Malléable ; se laissant aisément couper au couteau.

Acquérant, lorsqu'il est isolé, l'électricité résineuse par le frottement.

Formes régulières : Le cube et ses modifications.

Formes indéterminables : Lamellaire ; ramuleuse ; filicaire et massive.

Tissu : Lamelleux.

Composition : Argent, 85 ; soufre, 15.

L'argent sulfuré paraît être l'un des minerais les plus abondants de cé métal ; il se trouve dans les roches de toutes formations, surtout parmi les gneiss et les micaschistes ; il y forme des filons d'une importance quelquefois assez grande, et dans lesquels se font aussi remarquer l'argent natif, l'argent antimonié sulfuré, le plomb sulfuré, le cuivre pyriteux, le zinc et le fer sulfurés, accompagnés de chaux carbonatée, de baryte sulfatée, de quartz, etc. Les mines de Zacatecas, de Sombrerete, de Ramos, de Tlapujahua, au Mexique ; de Schlengenberg, des monts Ourals, en Sibérie ; de Konsberg, en Norwège ; de Johann-Georgenstadt, de Morgenstern, en Saxe ; de

Joachimstal, en Bohême; de Schemnitz, en Hongrie; d'Altwolfach, en Souabe; de Sainte-Marie, en France; de Guadalcanal, en Espagne; de Sarabus, en Sardaigne, sont, jusqu'à ce jour, considérées comme les plus importantes pour la production de l'argent sulfuré.

Le mode de traitement usité pour ce minerai est, à très-peu de chose près, le même que pour l'argent antimonial. On dissipe le soufre par le grillage, et l'on sépare, au moyen de la liquidation avec le plomb, les métaux étrangers qui pourraient faire partie, soit accidentellement, soit naturellement, de l'argent sulfuré.

La grande malléabilité de ce minerai le rend susceptible de conserver les empreintes qu'on lui imprime par la pression. Il est à présumer qu'on l'employait autrefois à la confection des médailles, car on en trouve assez souvent dans les collections numismatiques.

IVe ESPÉCE.

Argent antimonié sulfuré.

Syn. *Argent rouge. — Sulfure d'antimoine et argent.* Beud.

Car. Réductible à la simple flamme d'une bougie; fusible au chalumeau, après décrépitation, en donnant un bouton métallique blanc.

Forme primitive et molécule intégrante : Le rhomboïde obtus.

Formes indéterminables : Botroïde; granuleuse; massive.

Fragile; cassure conchoïde; facile à racler au couteau; poussière rouge.

15

Pesanteur spécifique : 5,56 à 5,58.

Électricité résineuse par le frottement, lorsque le fragment est isolé.

Translucide; opaque.

Rouge vif; rouge obscur; métalloïde; tirant sur le gris de fer.

Composition : Argent, 59; antimoine, 23; soufre, 18.

L'argent antimonié sulfuré accompagne toujours l'argent sulfuré, et le traitement métallurgique des deux espèces est absolument identique. Les substances minérales avec lesquelles l'argent antimonié sulfuré pourrait être confondu, sont : l'arsenic sulfuré rouge, le mercure et l'argent sulfurés, le fer oligiste et le cuivre gris.

APPENDICE.

ARGENT ANTIMONIÉ SULFURÉ NOIR.

Syn. *Argent noir.* — *Argent fragile.*

Car. Cette sous-espèce n'est véritablement qu'une modification de l'argent rouge, et, à la couleur près, lés caractères sont absolument les mêmes; on la trouve dans les mêmes gisements, et l'on fait usage pour son traitement de moyens tout à fait semblables.

Vᵉ ESPÈCE.

Argent carbonaté.

Car. Soluble avec une effervescence prompte et passagère dans l'acide nitrique; facilement réductible au chalumeau en bouton métallique blanc.

Formes : En petites masses granuleuses.

Susceptible d'être aisément entamé avec un couteau; cassure inégale, à grain fin; s'aplatissant un peu sous le choc du marteau.

Pesanteur spécifique : Très-grande (la rareté de la substance n'a point encore permis de la constater rigoureusement).

Électricité : Résineuse par le frottement, et lorsque le fragment est isolé.

Translucide; opaque.

Gris cendré; gris de fer; prenant une sorte d'éclat après la raclure, ou lorsqu'il vient d'être entamé.

Composition : Oxyde d'argent, 72,5; oxyde d'antimoine et de cuivre, 15,5; acide carbonique, 12.

Cette substance n'a encore été rencontrée qu'une seule fois, et la science est redevable de sa découverte à M. Seil, qui l'a faite dans les mines d'argent d'Altwolfach, en Souabe : elle y est unie à l'argent natif, au plomb sulfuré et au cuivre gris : elle a pour gangue la baryte sulfatée. On n'en connaît qu'un très-petit nombre d'échantillons.

VIe ESPÈCE.

Argent muriaté ou hydro-chloraté.

Syn. *Argent corné. — Quadri-chlorure d'argent.* Beud.

Car. Fusible à la flamme d'une bougie, en développant une odeur de chlore; réductible par le simple frottement du fer ou du zinc humectés.

Forme primitive : Le cube.

Formes indéterminables : Lamellaire; mamelonnée; massive.

Mou comme la cire, et susceptible d'être coupé comme elle.

Pesanteur spécifique : 4,74.

Translucide; opaque.

Gris jaunâtre; gris verdâtre; gris de perle; violâtre.

Composition : Argent, 75; chlore, 25

Quoique la rareté de ce minerai soit bien loin d'égaler celle de l'espèce précédente, il est cependant assez difficile d'en rencontrer de beaux échantillons dans les collections; cela tient peut-être à ce que n'offrant ni brillant, ni éclat, ces échantillons sont restés pendant longtemps négligés par les collecteurs. Les mines du Pérou et du Mexique, celles de la Bohème, de la Sibérie, de la Saxe, de la Hongrie et du comté de Cornouailles, en Angleterre, le produisent le plus abondamment, surtout celles du nouveau continent. Les filons qui le renferment, et dont il occupe toujours la partie supérieure lorsqu'il est associé à d'autres minerais, ont pour roches les gneiss et les psammites; il a ordinairement pour gangue la chaux carbonatée et la baryte sulfatée.

On traite l'argent hydro-chloraté comme les autres minerais de ce métal.

VIIᵉ ESPÈCE.

Argent sélénié cuprifère.

Syn. *Eukaïrite. — Séléniure de cuivre et argent.* Beud.

Car. Gris livide.

Fusible au chalumeau, en exhalant une forte odeur de rave; réductible en bouton métallique gris.

Éclat : Vif dans les parties récemment entamées.

Mou; facile à couper avec le couteau; cassure grenue..

Formes : En petites masses granuleuses.

Composition : Argent, 43; sélénium, 32; cuivre, 25.

Ce minéral, très-rare dans les collections, a été découvert dans une mine de cuivre de Smolande à Sckricke-renne; mais les travaux de cette mine ayant été abandonnés, il n'a plus été possible de trouver depuis des échantillons de cuivre sélénié : ceux que l'on connaît ont pour gangue un calcaire entremêlé de serpentine.

SECOND ORDRE.

Substances métalliques autopsides, oxidables et réductibles immédiatement.

GENRE UNIQUE.

MERCURE

Ire ESPÈCE.

Mercure natif.

Syn. *Argent vif.* — *Mercure coulant.*

Car. D'un blanc éclatant.

Volatil par l'action du chalumeau; se solidifiant à une température inférieure à 32° R.

Ordinairement liquide.

Pesanteur spécifique : 13,58

Forme : Globuleuse.

Le mercure natif paraît appartenir exclusivement aux formations secondaires, car c'est toujours dans les ter-rains schisteux, argileux et bitumifères qu'on le rencontre; il a quelquefois pour gangue le quartz, plus souvent le mercure sulfuré, le grès des houillères ou psammite, la lithomarge, la chaux carbonatée, la baryte sulfatée, le fer et le plomb sulfurés, etc., etc. Les mines où ce métal se trouve le plus abondamment, sont celles d'Almaden, en Espagne; d'Idria, dans le Frioul; de Moschellandsberg, dans le Palatinat; de Guancavelica, au Pérou; il existe, mais en moindres quantités, à Paterno, Marsala et Lentini, en Sicile; à Oristani, en Sardaigne; à Allemont, en France, etc., etc. Quelques terrains argileux sont si riches de ce métal, qu'il suffit de les comprimer pour en voir sortir une immense quantité de gouttelettes brillantes. Une légère élévation de température, la chaleur de la main, décèle l'existence du mercure dans sa gangue : la dilatabilité du fluide métallique le ramène à la surface de l'échantillon, où bientôt il devient sensible à la vue.

Quoique la facilité de débarrasser le mercure de sa combinaison naturelle avec le soufre fasse négliger l'exploitation du mercure natif, malgré son abondance dans certaines mines, on pourrait cependant, à peu de frais recueillir ce que si bénévolement on abandonne en pure perte; il ne suffirait que de bocarder le minerai, le réduire sous la meule et le laver à grande eau; la pesanteur spécifique du mercure forcera tout le métal à se rassembler au fond des trémies.

Le mercure fournit à la physique des instruments du plus grand intérêt. Resserré dans un tube de verre, d'un très-faible diamètre, sa dilatabilité permet de constater tous les degrés de chaleur dans un milieu quelconque

par son expansion, depuis le point de congélation du
métal liquide, jusqu'à celui de sa volatilisation. Cet
instrument, que l'on nomme *thermomètre,* dont le mode
de construction et la graduation ont pu changer suivant
la manière de voir des différents physiciens, mais dont le
principe est resté invariable, et d'un usage habituel en
météorologie. Il'en est de même du *baromètre,* où la
gravité du mercure, faisant, par une colonne de $0^m,76$,
équilibre à la pression atmosphérique, donne la facilité
de mesurer la diminution ou l'accroissement de cette
pression. Le baromètre le plus simple consiste en un
tube recourbé en forme de syphon, dont une des branches,
qui est fermée à son extrémité, a de $0^m,85$ à 90 de hauteur;
l'autre branche reste ouverte : c'est par elle que s'exerce
la pression atmosphérique, que l'on constate au moyen de
l'élévation où de l'abaissement du mercure vers le haut
de la branche opposée, dans un espace du tube vide ou ne
renfermant qu'un air extrêmement dilaté. Le mercure
est d'un grand secours dans la chimie pneumatique,
pour le dégagement des fluides aériformes, susceptibles
de s'altérer par leur séjour sur tout autre liquide. Son
amalgame facile avec l'étain, par la seule pression, l'a
rendu précieux pour la confection des miroirs de verre
qui réfléchissent la lumière en renvoyant les images aussi
bien que feraient les métaux éclatants les mieux polis.
Il est employé dans la métallurgie, la dorure, la teinture,
la chapellerie, et surtout en médecine, où ses propriétés
anti-siphylitiques, dans certaines préparations, sont
venues heureusement combattre un fléau qui menaçait
de détruire les générations dans leurs sources.

IIe ESPÈCE.

Mercure argental.

Syn. *Almagame natif.* — *Hydrargure d'argent.* Beud.
Car. D'un blanc éclatant.

Décomposable au feu, à cause de la volatilisation du mercure. Laissant des taches blanches, éclatantes, lorsqu'on le passe, avec frottement, sur une surface de cuivre décapée. Soluble dans l'acide nitrique.

Fragile. Cassure conchoïde.

Pesanteur spécifique : 14,11.

Forme régulière : Le dodécaèdre rhomboïdal ou ses modifications.

Formes indéterminables : Lamellaire; filamenteuse; granuleuse.

Composition : Mercure, 64 à 72; argent, 36 à 28.

Ce minéral n'a encore été reconnu que dans la mine de Moschellandsberg, au Palatinat; dans celle de Sahlberg, en Suède; de Rosenar, en Hongrie; et d'Allemont, en France. Dans ces divers gisements, il est extrêmement rare, et les beaux échantillons n'existent que dans un très-petit nombre de collections. Les gangues les plus ordinaires sont les psammites ou grès des houillères, l'argile lithomarge, la chaux carbonatée ferrifère et le quartz. Le mercure argental est associé, dans les filons, au mercure natif, au mercure sulfuré, au cuivre gris et au fer oxydé.

IIIe ESPÈCE.

Mercure sulfuré.

Sny. *Cinabre natif.* — *Mercure minéralisé par le*

soufre. — Oxyde de mercure sulfuré rouge. — Vermillon natif — Fleurs de cinabre. — Sulfure de mercure.

- Car. Volatil au chalumeau, en développant une fumée blanche qui s'attache aux surfaces de cuivre, et les recouvre d'un enduit blanc métallique.

Forme primitive : Le rhomboïde aigu.

Formes indéterminables : Curviligne ; laminaire ; granulaire ; mamelonnée ; compacte ; pulvérulente.

Facile à gratter avec un couteau. Poussière d'un rouge plus ou moins vif.

Pesanteur spécifique : 7 à 10.

Acquérant, par le frottement et lorsqu'il est isolé, l'électricité résineuse.

Opaque ; quelquefois translucide sur les bords.

Rouge vif ; rouge foncé ; métalloïde.

Composition : Mercure, 86 ; soufre, 14.

De tous les minerais de mercure, celui-ci est le plus abondant ; il constitue assez souvent des filons d'une grande puissance dans les terrains secondaires, tels que les schistes bitumineux, les grès et le calcaire. Les mines les plus importantes de mercure sulfuré, sont celles d'Almaden, en Espagne ; d'Idria, dans le Frioul ; de Moschellandsberg et de Potzberg, dans le Palatinat ; de Dombrova, en Transylvanie ; de Kremnitz, en Hongrie ; de San-Juan de la Chica, au Mexique ; de Santa-Rosa, dans la Nouvelle-Grenade ; et de Guancavelica, au Pérou. Il en existe encore, mais d'un faible produit, dans différentes parties du Japon et de la Chine, de la Sibérie, de la Sicile, de l'Italie, de la Toscane, du Portugal, du midi de la France, de la Carniole, de la Bohême, etc.

On trouve ordinairement associés au mercure sulfuré, le mercure natif, le mercure argental, le plomb sulfuré, le cuivre carbonaté, le cuivre gris, le fer oxydé et le fer sulfuré, dans les gangues de baryte sulfatée, de quartz et de talc.

Le traitement du mercure sulfuré est une véritable distillation. On triture le minerai; on le mêle avec une quantité de chaux vive, suffisante pour se combiner avec tout le soufre; on introduit le mélange dans des retortes de fonte, que l'on place sur un fourneau de galère, en ayant soin de tenir les becs des retortes constamment plongés dans des récipients pleins d'eau, pour éviter l'expansion des vapeurs mercurielles, qui sont des plus pernicieuses, et l'on pousse le feu jusqu'à ce que tout le mercure ait abandonné le soufre. On a imaginé d'autres appareils, où l'opération ressemble tout à la fois à une distillation et à un grillage en vaisseaux clos, ils consistent en un fourneau que l'on charge d'un mélange de minerai et de combustible; il est recouvert d'une espèce de dôme, percé de plusieurs trous communiquant à une file d'aludels qui vont aboutir à un bâtiment de condensation, au milieu duquel se trouve une cheminée pour conduire au dehors des vapeurs d'acide sulfureux. Pendant la combustion du minerai, le mercure entre en évaporation, parcourt les aludels et le bâtiment, où il se condense sous forme de métal à mesure qu'il se refroidit. On sent que ce moyen est beaucoup moins économique que le précédent, et qu'il ne peut être employé que dans les mines extrêmement riches.

Le seul usage important du mercure sulfuré se borne

à la peinture ou à la coloration de différentes substances; mais la couleur qu'il donne est rarement pure et brillante, quand elle est le produit immédiat de la nature; aussi, pour l'avoir dans toute sa beauté, est-on obligé de séparer le mercure du sulfure, pour le recombiner artificiellement avec une quantité de soufre semblable à celle qui se trouve dans le minerai. Le sulfure, réduit en poudre impalpable, est vulgairement connu sous le nom de *cinabre* ou de *vermillon*. Les Chinois furent longtemps en possession de le préparer et de le vendre aux Européens, par l'intermédiaire des Hollandais.

Les substances qui offrent quelque ressemblance avec le mercure sont l'argent, l'antimoine sulfuré, l'arsenic sulfuré rouge, le cobalt arséniaté et le plomb chromaté.

APPENDICE.

I. MERCURE SULFURÉ BITUMINIFÈRE.

Syn. *Mercure hépatique.*

Car. Volatil par le chalumeau, en répandant une odeur de bitume.

Formes : Feuilletée; testacée; compacte.

Fragile, cassure conchoïde, inégale. Poussière d'un rouge-brun.

Pesanteur spécifique : 7 à 8.

Opaque.

Gris foncé; brun-rouge; noirâtre.

Composition : Mercure, 83; soufre, 14; carbone, 3.

Cette sous-espèce constitue les masses connues les plus considérables à Almaden, à Idria, à Neertschinski, en Sibérie, et à Spreit, dans le Palatinat, où le schiste qui lui sert de gangue, renferme souvent des ichtiolites ou poissons fossiles; du reste, ses relations géologiques sont les mêmes que celles du mercure sulfuré.

II. MERCURE SULFURÉ FERRIÈRE.

Car. D'un gris brillant, éclatant.

Devenant attirable à l'aimant, après avoir été tenu dans la flamme d'une bougie.

Fragile. Poussière d'un gris-rougeâtre

Forme : En très-petits cristaux, qui paraissent se rapporter au rhomboïde.

Composition présumée : Mercure, soufre, fer, antimoine et cuivre.

Cette sous-espèce n'a encore été observée que dans la mine de Moschellandsberg, sur une gangue arenacée; elle est encore extrêmement rare.

(Ve ESPÈCE.

Mercure hydro-chlorate.

Syn. *Mercure muriaté. — Mercure minéralisé par l'acide muriatique. — Mercure doux natif. — Mercure corné. — Calomel. — Chlorure de mercure.* Beud.

Car. Volatil au chalumeau.

Forme régulière : Très-petits cristaux, qui paraissent dériver du rhomboïde ou du cube.

Formes indéterminables : Concrétionné; en très-petites masses, qui tapissent les parois géodiques d'une roche ferrugineuse.

Fragile; susceptible d'être facilement gratté par le couteau.

Pesanteur spécifique : 7, 18.

Translucide; opaque.

Blanchâtre; gris-de-perle; jaunâtre, verdâtre.

Composition : Mercure, 76; acide hydro-chlorique, 16,4; acide sulfurique, 7, 6.

Le mercure hydro-chloraté est encore un de ces minéraux extrêmement rares, que l'on ne rencontre qu'accidentellement dans les filons des mines de mercure; il est disséminé en très-petits cristaux ou en grains mamelonnés dans les cavités de sa gangue, qui est ordinairement un grès ferrugineux ou une argile durcie. Les principales substances qu'il accompagne, outre les autres minerais de mercure, sont l'antimoine sulfuré, le fer oxydé, le cuivre gris et le cuivre carbonaté.

Les mines de Moschellandsberg et de Morsfeld, au Palatinat, d'Horsowitz en Bohême, d'Idria en Frioul, et l'Almaden en Espagne, offrent moins rarement que les autres le mercure hydro-chloraté, que sa fragilité empêche de confondre avec l'argent minéralisé par un même acide.

TROISIÈME ORDRE.

Substances métalliques autopsides, oxidables, mais non réductibles immédiatement.

SENSIBLEMENT DUCTILES.

PREMIER GENRE.

PLOMB.

—

Ire ESPÈCE.

Plomb natif.

Car. D'un gris livide.

Fusible à un degré de chaleur qui répondrait au 250°

de Réaumur. Soluble dans la plupart des acides ; solution précipitant en noir, par le sulfure d'ammoniaque.

Pesanteur spécifique : 11.

Éclat, élasticité, dureté, ductilité, ténacité inférieurs à ceux de tous les métaux brillants, si l'on en excepte le nickel et le zinc.

Formes : Granuleuse ; massive ; concrétionnée.

L'existence de cette espèce minéralogique, que l'on a longtemps révoquée en doute, paraît maintenant bien établie par les recherches de M. Ratké. Ce savant a trouvé, parmi les produits volcaniques de l'île de Madère, un échantillon de plomb que l'on ne pouvait, de bonne foi, attribuer aux résidus de quelques anciennes fonderies. Si ce plomb avait éprouvé une élaboration, un affinage quelconque, ils ne pouvaient être que naturels, et n'avoir eu lieu que dans l'intérieur des volcans, dès lors l'espèce n'offrait plus matière à contestation.

En suivant l'ordre adopté jusqu'ici, l'aperçu des usages du plomb doit trouver place à l'article *plomb natif*, quoique de tous les minerais de ce métal, il soit le moins abondant. Ces usages sont extrêmement multipliés, et, malgré les dangers auxquels ils exposent par les combinaisons pernicieuses du métal, il arrive très-souvent qu'on ne peut se dispenser de l'employer, soit pour les réservoirs et la conduite des eaux destinées à subvenir aux besoins de la vie, soit pour la construction d'une foule de vases, dans lesquels peuvent séjourner des substances alimentaires. Par la propriété qu'a le plomb de s'étendre sous le laminoire en feuilles d'une très-faible épaisseur, il devient de la plus grande utilité pour le recouvrement

des parties des édifices, exposées à la dégradation par
les eaux pluviales, pour la garniture intérieure des cuves
en bois qu'emploient les chimistes et les teinturiers. On le
fait concourir au revêtement des surfaces des chambres
dans lesquelles s'opère la combustion du soufre dans la
fabrication en grand de l'acide sulfurique. Les matières
susceptibles de perdre leur parfum, telles que le thé, le
tabac, les épices, sont conservés sous des enveloppes de
plomb, qui donnent moins de prise à la déperdition des
émanations odorantes. On se sert de ce métal pour la
fabrication de divers appareils qui doivent résister à
l'action dissolvante de certains liquides et fluides aériformes; c'est avec lui que l'on scelle dans les pierres les
grils et tenons de fer que l'on veut y fixer fortement.
Sous forme de grenailles ou de balles, il devient l'instrument meurtrier qui, presque toujours, ravit l'existence à
d'innocentes victimes. Dans les nombreuses combinaisons
dont ce métal forme la base, il procure à la peinture
différentes couleurs, dont, malgré leur grande altérabilité
cet art ne peut se passer ; il fournit à la teinture divers
mordants du plus haut intérêt; et la facilité avec laquelle
ses oxydes se prêtent à la vitrification ou déterminent
celles des matières plus infusibles, le rend l'un des ingré-
dients les plus indispensables en métallurgie, dans l'art de
la verrerie et de la gobeleterie, dans la préparation des
émaux et des vernis qui recouvrent la plupart des faïences,
poteries ou autres objets en terre cuite, dont on cherche
à prévenir la trop grande pénétrabilité à l'eau.

IIᵉ ESPÉCE.

Plomb sulfuré.

Syn. *Galène.* — |*Mine de plomb sulfureuse.* — *Plomb minéralisé par le soufre.* — *Alquifoux.* — *Sulfure de plomb.*

Car. Gris livide, très-brillant.

Fusible et réductible au chalumeau, quelquefois même à la simple flamme d'une bougie.

Fragile; divisible, par un choc léger, en une multitude de parcelles assez régulières et tendantes au cube; poussière d'un gris noirâtre.

Pesanteur spécifique : 7, 58.

Forme primitive : Le cube.

Formes indéterminables : Lamellaire; laminaire; crêté; granulaire; compacte; strié; spéculaire.

Reflets : Irisé.

Composition : Plomb, 84; soufre, 16.

Il est peu de minerais plus abondamment répandus que ne l'est le plomb sulfuré; on le rencontre dans tous les terrains, et souvent les filons qu'il y constitue sont d'une puissance considérable. Il existe aussi, mais moins fréquemment, en couches et en rognons; quelquefois il est disséminé en grains d'un très-petit volume dans les grès et les psammites. Ses filons gisent dans les granites à Poullaouen et à la Croix des Vosges en France, à Jaen en Andalousie, à Monultric en Écosse, en Daourie, au Chili, au Pérou, à Siam et Aracanaux Indes. Ils sont encaissés dans le gneiss à Annaberg en Saxe, à Strontian en Écosse, à Massachusset aux États-Unis; ils coupent des schistes durs ou micacés à Pesey en Piémont, à Viconago dans les Alpes, à Przibram en Bohême, à Querbach et Altenberg en Silésie; ils occupent un porphyre argileux à Nagyag en Transylvanie; ils traversent les grès et les psammites en Lorraine, au Bleyberg, à Dottel et Kadenick dans la Prusse rhénane, à Clausthal en Saxe, à Tarnowith en Silésie, au Hartz en Suède, à Léadhills et à Cumberland en Écosse; ils se montrent dans un poudding à petits grains aux Orcades; enfin ils courent en différents sens dans le calcaire à Vedrin, royaume des Pays-Bas, à Schemnitz en Hongrie, à Offenbanda en Transylvanie, à Fahlun en Suède, dans la presque totalité des mines de l'Angleterre, dans la Nouvelle-Espagne, au Mexique, etc.

Les minéraux auxquels le plomb sulfuré est le plus ordinairement associé sont les chaux carbonatée, phosphatée, fluatée et sulfatée; la baryte sulfatée; le quartz; le grenat; l'asbeste; le soufre; le bitume; les plombs phosphaté, carbonaté, chromaté et molydatée; les cuivres pyritueux et carbonaté les fers oxydé, hématite, spathique, hydraté, sulfuré et arsenical; les zincs sulfuré, oxydé et carbonaté; l'antimoine oxydé et sulfuré; le manganèse oxydé, le cobalt gris, le tellure, etc., etc.

L'importance des mines de plomb sulfuré paraît être assez grande partout où il en existe, pour que l'on résume ici, en peu de mots, le mode de traitement que l'on a a jugé le plus avantageux dans la plupart des grands établissements en ce genre. On a trouvé qu'un premier triage à la main était favorable aux travaux, en ce qu'il donnait la facilité d'éloigner par le marteau des masses de gangues qui ne peuvent qu'entraver l'action du bocard

16

et rendre plus dispendieuses les opérations du lavage. Après avoir été trié, le minerai, porté sous les pilons qui doivent être garnis d'un sabot en fonte, s'y divise en parcelles plus ou moins tenues qu'un filet d'eau, tombant sur l'auge du bocard, entraîne dans une suite de bassins où se forment des dépôts différents en richesse et en ténuité. On procède au lavage par le dépôt des premiers bassins, qui se compose des fragments de minerai, les plus gros et les plus riches ; on les lave dans des caisses rectangulaires, d'environ 3^m de longueur, sur 0,50 de largeur et de profondeur, inclinées de 0,40, et dégarnies de rebord à leur chevet. Quelques lavages sur ces caisses dites *allemandes* suffisent pour purifier suffisamment le dépôt que, dans cet état, on nomme *schlich*. Quant aux dépôts des derniers bassins, qui sont les moins purs et les plus tenus, on est forcé de les faire passer sur des tables dormantes, qui sont beaucoup plus longues et moins inclinées ; on y agite constamment ce dépôt sous l'eau, qui, s'étendant en nappe, le lave et emporte par ce moyen les matières terreuses qui sont plus légères que les parcelles métallifères. Ces matières emportées sont reçues dans des bassins de second lavage, où elles laissent déposer tout ce qu'elles auraient pu conserver de minerai.

Le schlich, suffisamment lavé, et décanté jusqu'à ce qu'il ne reste plus d'eau surnageante, est mêlé avec parties égales de poussière de charbon ; on humecte le mélange avec du lait de chaux, et on l'étend, sur un bûcher bien préparé, en couches de 0^m,3 d'épaisseur, alternant avec des couches semblables de menu charbon. On met le feu au bûcher : il se communique à toutes les parties combustibles, et au bout de trente à quarante jours, le grillage peut être entièrement achevé.

On procède à la fonte du minerai grillé dans des fourneaux courbes, dits à *manche*, de 1ᵐ,40 de hauteur, sur 0ᵐ,5 de largeur, et 1 mètre de profondeur. Ces fourneaux, comme l'on sait, sont peu élevés ; le creuset qu'on appelle aussi le bassin d'*avant-foyer*, et dans lequel se rassemblent les matières en fusion, est placé en avant du corps du fourneau ; il est creusé dans la brasque, ainsi qu'un petit canal, appelé *trace*, destiné à y conduire les matières. Un bassin de *percée*, situé sous le premier, de manière à ce que tous deux se communiquent, est destiné à recevoir le métal fondu, tandis que les scories et les mattes restent dans le bassin d'avant-foyer, d'où il arrive souvent qu'on est obligé de les enlever pendant l'opération quand le bassin de percée se trouve absolument rempli ; on débouche un conduit pratiqué dans la brasque : la fonte la traverse et vient se rendre dans un troisième bassin creusé dans le sol, et que l'on nomme bassin de *coulée*. On charge ce fourneau par devant, au moyen d'une ouverture pratiquée dans la poitrine, et que l'on ferme avec des briques lorsqu'on met l'opération en train. Les charges se composent de parties égales de minerai grillé et de charbon, d'une partie, et quelquefois plus, de scories anciennes, de matte grillée et de têt qui facilite la fusion des matières neuves. On enlève la fonte du bassin de coulée au moyen de cuillers, et on la verse dans des lingotières, où elle forme des *saumons* de 25 à 30 kilo. C'est ce que l'on nomme le *plomb d'œuvre.* Ce plomb d'œuvre, qui n'est jamais exempt d'argent, en contient souvent assez pour dédom-

mager des frais d'affinage, et procurer même des béné-
fices; on y procède dans un fourneau de coupelle, où,
après quarante-huit heures d'un feu continu, tout le plomb
se trouve transformé en oxyde demi-vitreux ou litharge,
et l'argent rassemblé au fond de la coupelle. Toute la
litharge résultant de la coupellation ne pouvant être
livrée au commerce, la plus grande partie est revivifiée
par le charbon.

Le plomb sulfuré ou alquifoux est d'un faible emploi
dans les arts, relativement à son abondance dans la
nature. Réduit en poudre très-fine entre deux meules, et
porté à l'état de bouillie claire, à l'aide d'une eau chargée
d'un peu d'alcali, il recouvre, après un vif coup de feu,
les poteries communes d'un enduit vitreux qui pare aux
inconvénients de la porosité. On assure que diverses peu-
plades orientales se servent, pour se noircir les cheveux
et les sourcils, d'une pommade dans laquelle ils font
entrer de l'alquifoux en poudre impalpable.

Une légère habitude des minéraux suffit pour faire
distinguer, au premier coup d'œil, le plomb sulfuré du
zinc sulfuré, du fer carburé, du cobalt gris, de l'antimoine
sulfuré et du molybdène sulfuré, qui ont entre eux tous
un certain air de ressemblance.

APPENDICE.

I. PLOMB SULFURÉ ANTIMONIFÈRE.

Syn. *Plomb antimonié.* — *Galène antimoniale.*
Car. D'un gris livide brillant.
Fusible au chalumeau, en répandant des vapeurs blan--

ches qui se condensent en oxyde d'antimoine sur l'échantillon même qui sert à l'expérience.

Fragile; poussière d'un gris noirâtre.

Forme régulière : Petits cristaux octaèdres.

Formes indéterminables : Striée; funiculaire; laminaire; massive.

Composition : Plomb, 45,50; antimoine, 21,50; argent
9,25; fer, 1,75; soufre, 22,00.

Se trouve dans la plupart des mines de plomb de l'Angleterre, de la Bohême et de la Hongrie.

II. PLOMB SULFURÉ ARGENTIFÈRE ET ANTIMONIFÈRE.

Syn. *Argent blanc*.

Car. D'un gris livide clair.

Fusible au chálumeau, et volatile en partie; y laissant
une croûte d'argent entourée d'une poussière jaune; décrépitant à la flamme d'une bougie.

Fragile; cassure grenue; poussière grise.

Pesanteur spécifique : 5,32.

Formes régulières : Le cube; l'octaèdre en très-petits
cristaux.

Formes indéterminables : Fibreuse; massive.

Composition : Plomb, 50; argent, 20; antimoine, 8;
fer, 2; soufre, 13; alumine, 7.

A Himmelfurst, à Freyberg, en Saxe; au Hartz, en
Bohême; au Mexique, il a les mêmes gisements, et se
trouve accompagné des mêmes substances que le plomb
sulfuré.

IIIᵉ ESPÈCE.

Plomb oxydé rouge.

Syn. *Minium natif.*

Car. Facilement réductible au chalumeau.

Formes : Massive; pulvérulente.

Friable.

Pesanteur spécifique : 8,94.

Opaque.

Rouge vif; rouge orangé.

Composition : Plomb, 90; oxygène, 10.

Ce minéral, que l'on a longtemps regardé comme une altération accidentelle du plomb sulfuré, par les feux souterrains et volcaniques, a enfin été constitué espèce par Haüy, d'après un travail que Smithson a publié à ce sujet. On le rencontre à Kell, duché de Juliers; à Langenheck, pays de Hesse-Cassel; à Hausbaden, à Craven, Grasshill, en Angleterre; à Zméof, en Sibérie. Il a souvent pour gangue un tuf calcaire mêlé d'argile, ou un schiste décomposé; il est associé à la baryte sulfatée, au quartz, au zinc carbonaté, aux plombs sulfuré et carbonaté.

S'il était moins rare, on pourrait l'employer avec avantage dans tous les cas où l'on fait usage du minium artificiel.

IVᵉ ESPÈCE.

Plomb arséniaté.

Syn. *Plomb arsénié. — Massicot natif. — Arséniate de plomb.*

Car. Réductible au chalumeau en dégageant des vapeurs blanches alliacées.

Formes : Aciculaire; filamenteuse; compacte; concrétionnée; mamelonnée.

Fragile; cassure conchoïde; poussière jaunâtre.

Pesanteur spécifique : 5,04.

Opaque.

Gris jaunâtre; jaune; rougeâtre.

Éclat : Gras, apparence de cire.

Composition : Oxyde de plomb, 66; acide arsenique, 34.

Découvert par M. Champeaux, dans les environs de Saint-Prix, en Bourgogne ce minéral a été depuis retrouvé dans divers gisements au Nivernais; il existe aussi en Sibérie, au comté de Cornouailles, à Joann-Georgentadt, en Saxe, et à Baden Weiler, en Suisse. Il paraît que partout il se trouve en très-petites veines, dans les filons de plomb sulfuré : il est quelquefois accompagné par la chaux fluatée, la baryte sulfatée et le quartz qui lui sert ordinairement de gangue. Il se distingue suffisamment des plombs carbonaté, molybdaté et phosphaté, pour que à l'aide d'un léger examen, on ne puisse le confondre avec eux.

Ve ESPÈCE.

Plomb chromaté.

Syn. *Plomb spathique rouge. — Plomb rouge. — Chaux rouge de plomb. — Chromate de plomb.*

Car. Réductible au chalumeau; poussière mise dans l'acide nitrique, le colorant bientôt après en vert.

Forme primitive : Le prisme rhomboïdal oblique.

Molécule intégrante : Prisme oblique triangulaire.

Formes indéterminables : Bacillaire; lamellaire.

Facile à gratter avec un couteau ; cassure transversale, raboteuse ; poussière rouge ; orangée ; quelquefois verdâtre.

Translucide, opaque.

Rouge vif ; rouge-aurore.

Composition : Oxyde de plomb, 68 ; acide chromique, 32

Ce n'est encore qu'en Sibérie, où il fut découvert en 1766, que l'on ait rencontré le plomb chromaté ; il parait que la seule mine de Bérézof, au pied des monts Ourals, est jusqu'ici en possession d'offrir quelques veinules de ce précieux minéral, et que si Patrin l'a reconnu à douze ou quinze lieues de ce gisement, c'est toujours dans le même filon qui reparaît avec les mêmes circonstances de direction. Ce minerai a pour gangue une argile arénacée, espèce de spammite d'un brun ferrugineux dans laquelle ses cristaux sont disséminés ; il est accompagné de plombs sulfuré et carbonaté, de fer sulfuré, de quartz et de talc.

Les beaux échantillons de plomb chromaté sont encore assez rares dans les collections, et l'on assure qu'en Sibérie cette substance pure et dépouillée de sa gangue se vend au poids de l'or aux peintres, qui l'emploient dans leurs ouvrages comme nuance qu'aucun mélange ne peut reproduire avec le même éclat. C'est de ce minerai que l'on a obtenu le premier acide chromique dont la chimie ait fait usage

VIᵉ ESPÈCE.

Plomb chromé.

Syn. *Vauquelinite.* — *Chromate double de plomb et de cuivre.* Beud.

Car. Traité au chalumeau avec un peu de potasse, puis dissous dans l'acide nitrique, il laisse précipiter du cuivre sur une lame de fer.

Formes : Aciculaire; massive; concrétionnée; pulvérulente.

Fragile; poussière verdâtre.

Opaque; rarement translucide.

D'un vert assez vif.

Composition : Oxyde de plomb, 61; oxyde de cuivre, 11; acide chromique, 28.

Ce minéral, qui ne paraît point encore assez connu pour que sa place dans la méthode soit invariablement fixée, n'a encore été observé qu'en Sibérie, dans la mine de Bérézof, où il accompagne le plomb chromaté. Il n'en existe qu'un très-petit nombre d'échantillons dans les collections.

VIIe ESPÈCE.

Plomb carbonaté.

Syn. *Plomb blanc.* — *Mine de plomb blanche.* — *Plomb spathique.*

Car. Faiblement réductible au chalumeau; soluble avec effervescence dans l'acide nitrique; noircissant par le contact du sulfure d'ammoniaque.

Forme primitive : L'octaèdre rectangulaire.

Molécule intégrante : Tétraèdre hémi-symétrique.

Formes indéterminables : Bacilaire; aciculaire; massive; concrétionnée; terreuse.

Fragile et tendre; cassure ondulée; éclatante; poussière blanche; noircissant assez promptement par le contact de l'air.

Pesanteur spécifique : 6 à 6,55.

Transparent ; translucide ; opaque.

Réfraction double très-marquée.

Limpide ; blanchâtre ; jaunâtre.

Éclat : Gras ; onctueux ; quelquefois nacré.

Composition : Deutoxide de plomb, 84 ; acide carbonique, 16.

Quoique beaucoup plus limité dans ses masses que le plomb sulfuré, il arrive cependant bien rarement que l'on ne trouve point les deux minerais associés dans la même mine ; et partout où il existe des filons de l'un, on est presque certain de rencontrer des veinules de l'autre, ou de ses cristaux tapissant les parois de cavités géodiques qu'occupent également les chaux carbonatée et fluatée, la baryte sulfatée, le quartz, le cuivre pyriteux, le cuivre carbonaté, le fer sulfuré, le fer oxydé, le zinc sulfuré, etc. Conséquemment on peut appliquer au plomb carbonaté tous les gisements du plomb sulfuré, et consulter tout ce qui a été dit un peu plus haut à cet égard.

On ne soumet point à un traitement particulier le plomb carbonaté, malgré qu'il n'exige pas une aussi longue serie d'opérations ; mais le temps et la main-d'œuvre que l'on emploierait au triage balanceraient bien les avantages qui pourraient résulter de la simplification du procédé : aussi, dans toutes les exploitations, soumet-on indistinctement au bocardage et au grillage avec le plomb sulfuré tout ce que la mine peut contenir de plomb carbonaté. Cependant, lorsqu'il se présente aux mineurs des rognons d'un certain volume de plomb carbonaté bien pur, ils se décident à les recueillir séparément pour les vendre aux fabricants de céruse, qui en mêlent une certaine quantité avec les produits artificiels de l'oxydation du plomb par la décomposition du vinaigre.

APPENDICE.

I. PLOMB CARBONATÉ NOIR.

Car. Facilement réductible au chalumeau, en répandant assez ordinairement une odeur sulfureuse.

Formes : Presque en tout semblables à celles du plomb carbonaté.

Fragile et même friable; poussière grise.

Opaque; rarement un peu translucide.

Noir ou d'un brun foncé.

Composition : Oxyde de plomb, 80; acide carbonique, 18; carbone, 2.

Cette sous-espèce paraît n'être que le résultat d'une modification naturelle du plomb carbonaté; on y trouve les mêmes formes, seulement les cristaux qu'un agent quelconque est parvenu à altérer sensiblement, ont perdu de leur consistance et se sont recouverts d'une croûte noirâtre qui semble indiquer une tendance à la réduction métallique. Elle est surtout abondante dans les mines de Freyberg et de Tshopau, en Saxe; en Transylvanie, en France, en Angleterre, etc., etc.

II. PLOMB CARBONATÉ CUPRIFÈRE.

Syn. *Plomb bleu. — Plomb sulfuré épigène prismatique.*

Car. Réductible au chalumeau, en laissant à côté du bouton métallique un résidu scoriforme.

Forme régulière : Cristaux qui paraissent dérivés de l'octaèdre.

Formes indéterminables : Aciculaire; radiée; massive; concrétionnée.

Translucide; opaque.

Bleu d'azur; bleu de saphir, tendant quelquefois au vert d'émeraude.

Le plomb carbonaté cuprifère, dont la véritable composition n'est point encore bien déterminée, se trouve dans les mines de plomb sulfuré de Linarès, en Andalousie; dans celles de Baden-Weiller, en Suisse; de Schemnitz, en Hongrie; de Winster, dans le Derbyshire, et de celles de Leadhills, en [Écosse. Quelques minéralogistes le regardent comme une combinaison accidentelle de plomb et de cuivre carbonatés.

III. PLOMB CARBONATÉ MURIATIFÈRE.

Syn. *Murio-carbonate de plomb. — Muriate de plomb. — Carbo-hydro-chlorate de plomb.* Beud.

Car. Facilement réductible au chalumeau, en laissant dégager des vapeurs de chlore.

Forme régulière : Petits cristaux sur l'origine cristallographique, desquels les savants diffèrent encore d'opinion.

Formes indéterminables : Massive, concrétionnée.

Fragile; cassure transversale conchoïde; poussière jaunâtre.

Pesanteur spécifique : 6,06.

Translucide; opaque.

Jaune clair; blanc nacré.

Composition : Plomb oxydé, 85,5; acide hydro-chlorique, 8,5; acide carbonique et eau, 6.

Cette substance, qui est, pour quelques minéralogistes, un véritable hydro-chlorate de plomb qu'ils ont même érigé en espèce, et pour d'autres une simple combinaison accidentelle de carbonate et d'hydro-chlorate de ce même métal, est encore tellement rare dans les collections, que l'on n'y trouve point de cristaux dont les faces soient assez nettes pour que l'on puisse géométriquement lui assigner une place certaine dans la méthode. Comme rien ne pouvait nous éclairer à cet égard, nous nous sommes rangé de l'opinion du savant minéralogiste dont nous avons adopté l'ordre systématique, et nous plaçons, d'après lui, cette substance comme sous-espèce de plomb carbonaté, en attendant que la cristallographie ait donné son dernier mot. Le plomb carbonaté muriatifère n'a été trouvé qu'une seule fois, dans la mine de Cromford-Level au Derbyshire, et les eaux qui sont venues peu après se rendre maîtresses des travaux, ôtent tout espoir de le retrouver dans le même gisement.

VIIe ESPÈCE.

Plomb phosphaté.

Syn. *Plomb vert soyeux. — Mine de plomb verte. — Phosphate de plomb.*

Car. Donnant au chalumeau un bouton métallique, polyédrique, irréductible. Soluble sans effervescence dans l'acide nitrique.

Forme primitive : Le rhomboïde obtus. Molécule intégrante : tétraèdre hémi-symétrique.

Formes indéterminables : Aciculaire, massive, mamelonnée.

Fragile : Rayant le plomb carbonaté. Cassure faiblement ondulée et éclatante. Poussière grise.

Pesanteur spécifique : 6,90 à 6,94.

Translucide; opaque.

Gris cendré; gris brunâtre; jaunâtre; rougeâtre; violâtre; vert.

Composition : Deutoxide de plomb, 76; acide. phosphorique, 24.

Le plomb phosphaté se trouve dans les mines de plomb sulfuré d'Huelgoet et de la Croix (Vosges), en France; de Rheinbretenbach, près de Cologne; d'Hofsgrund, de Fribourg, en Souabe; de Clausthal, de Tschopau, en Saxe; de Schemnitz, en Hongrie; de Pzibram, en Bohême; de Bérézof, en Sibérie; de Grashill et d'Alston, en Angleterre. Il y est associé à la chaux fluatée, à la baryte sulfatée, au quartz, au talc, au cuivre pyriteux, au cuivre carbonaté, au fer sulfuré, au fer oxydé, au zinc sulfuré, etc.; il a pour gangue les diverses roches dans lesquelles courent les filons de plomb sulfuré qui semblent lui avoir donné naissance. Les cristaux de plomb phosphaté se font remarquer par leur volume et la régularité de leurs faces; on en trouve assez ordinairement de 0^m,08 à 0^m,10, et souvent davantage.

APPENDICE.

PLOMB PHOSPHATÉ ARSÉNIFÈRE.

Syn. *Plomb phosphaté arsénié. — Plomb arséniaté. — Arséniate de plomb.* Beud.

Car. Donnant, comme le précédent, par l'action du chalumeau, un bouton polyédrique irréductible, mais avec dégagement de vapeurs blanches alliacées:

Forme primitive : Le rhomboïde obtus.

Formes indéterminables : Curviligne; lenticulaire; massive; mamelonnée.

Fragile : Poussière d'un gris violâtre ou verdâtre.

Pesanteur spécifique : 5,60.

Translucide; opaque.

Jaunâtre; jaune rougeâtre; brun rougeâtre; vert jaunâtre; vert foncé.

Composition : Oxyde de plomb, 66; acide arsenique, 34.

Le plomb phosphaté arsénifère a été découvert dans l'un des petits filons de plomb sulfuré, disséminés dans le sol volcanique de l'Auvergne, à Roziers, près du Pont-Gibaut. Il a été ensuite reconnu à Huelgoët, en Bretagne; à Johann-Georgenstadt, à Tschopau, en Saxe; dans la mine de Hausbaden, en Souabe; dans celles de Linarès, en Andalousie; de Huel-Vinty-Unity, en Cornouailles, etc.; il a pour gangue soit un granite, soit un gneiss; il est associé au plomb carbonaté, à l'argent sulfuré, à la chaux fluatée, à la baryte sulfatée, au quartz.

IXe ESPÈCE.

Plomb molybdaté.

Syn. *Plomb jaune. — Oxyde de plomb spathique jaune.*

Car. Réductible au chalumeau et avec décrépitation, en bouton métallique. Insoluble dans l'acide nitrique.

Forme primitive : L'octaèdre symétrique. Molécule intégrante : tétraèdre symétrique.

Forme indéterminable : Laminaire.

Fragile; cassure transversale; légèrement ondulée et médiocrement éclatante. Poussière jaunâtre.

Pesanteur spécifique : 5,48.

Translucide.

Jaune pâle; jaune de miel.

Composition : Oxyde de plomb. 61; acide molybdique, 39.

Ce minéral existe dans les mines de plomb de Bleyberg, en Carinthie; de Koresbanya, en Transylvanie; de Tschopau, en Saxe; de Tyrnitz, en Basse-Autriche; de Schemnitz, en Hongrie; de Pégau, en Styrie ; et finalement, de Zimapan, au Mexique, d'où le célèbre voyageur Humboldt l'a rapporté. Il est, comme tous les minerais de plomb, accompagné de fer oxydé, et souvent même sulfuré, de cuivre carbonaté, de chaux carbonatée et fluatée, de baryte sulfatée et de quarz.

Xe ESPÈCE.

Plomb tungstaté.

Syn. *Plomb schéelaté*.

Car. Réductible au chalumeau, en bouton métallique. Insoluble dans l'acide nitrique froid.

Forme régulière : Petits cristaux dérivant de l'octaèdre.

Forme indéterminable : Petites masses concrétionnées.

Fragile; cassure conchoïde. Poussière d'un gris verdâtre.

Pesanteur spécifique : 8.

Translucide; opaque.

Jaune; verdâtre.

Composition : Deutoxide de plomb, 48 ; acide tungstique, 52.

Cette substance, reconnue depuis peu, comme espèce minéral, est encore extrêmement rare ; on ne l'a jusqu'ici trouvée que dans les mines d'étain de Zinwald, en Bohême.

XIe ESPÈCE.

Plomb sulfaté.

Syn. *Vitriol de plomb natif.*

Car. Réductible à la flamme d'une bougie. Insoluble dans l'acide nitrique ; noircissant par le contact du gaz hydrogène sulfuré.

Forme primitive : L'octaèdre rectangulaire. Molécule intégrante : tétraèdre hémi-symétrique.

Formes indéterminables : Granuleuse ; terreuse ; concrétionnée.

Fragile ; rayé par le plomb carbonaté. Poussière grise.

Pesanteur spécifique : 6,30.

Transparent ; translucide ; opaque.

Limpide ; blanchâtre ; grisâtre ; jaunâtre.

Éclat : Vitreux, assez vif.

Composition : Oxyde de plomb, 74 ; acide sulfurique, 26.

Ce minéral, connu depuis longtemps dans les collections, n'y occupe cependant sa véritable place que depuis peu d'années ; il avait été confondu avec le plomb carbonaté, dont il a quelques-uns des caractères extérieurs, mais dont il diffère suffisamment par son indissolubilité dans l'acide nitrique et son éclat beaucoup plus

17

vif. Il accompagne le plomb sulfuré dans les mines de l'île d'Anglesey, entre l'Angleterre et l'Irlande, où il a été découvert; dans celles de Cornouailles, du Dumfries-shire, du Lanarkshire; de Linarès, en Andalousie; de Saint-Joachim et d'Aaron, en Saxe; de Nertschinck, en Sibérie; à Southampton, aux États-Unis; à San-Pedro, au Chili. Les substances qui l'accompagnent le plus ordinairement sont : la chaux carbonatée, la baryte sulfatée, le quartz, le plomb sulfuré, le cuivre carbonaté, le fer hydraté, etc.

XIIe ESPÈCE.

Plomb hydro-alumineux.

Syn. *Plomb gomme.* — *Hydro-aluminate de plomb.* Beud.

Car. Décrépitant au chalumeau, blanchissant et se boursoufflant sans se fondre. Formant une pâte spongieuse dans l'acide sulfurique chauffé.

Formes : Petites masses amorphes, mamelonnées, composées de lames concentriques.

Rayant la chaux fluatée; cassure conchoïde. Poussière blanche.

Acquérant l'électricité résineuse par le frottement, après avoir été isolé.

Translucide.

Blanc jaunâtre ; aspect de la gomme.

Composition : Deutoxyde de plomb, 42; alumine, 38; eau, 20.

Cette substance n'a encore été trouvée qu'en très-petites

quantités dans la mine de plomb sulfuré d'Huelgoët, en Bretagne; elle ne figure que dans très-peu de collections.

SECOND GENRE.

NICKEL.

Iʳᵉ ESPÈCE.

Nickel natif.

Syn. *Pyrite capillaire.* — *Sulfure de nickel.* Beud.

Car. D'un blanc livide, tirant sur le gris, quelquefois sur le jaune.

Difficilement réductible au chalumeau, sur un support de charbon, en un petit globule métallique. Passant à l'état d'oxyde vert, soit par l'action de la chaleur, soit par la simple exposition à l'air. Soluble dans l'acide sulfurique.

Pesanteur spécifique : 9.

Acquérant une faible électricité résineuse par le frottement, après avoir été isolé.

Agissant par attraction sur l'aiguille aimantée; susceptible d'acquérir le magnétisme polaire.

Forme : Filaments capillaires très-déliés.

Le nickel natif se trouve à Annaberg, Schnéeberg, Johann-Georgenstadt et Andreasberg, en Saxe; à Joachimsthal, en Bohême, dans les fissures des roches primitives. D'après M. Beudant, ce minéral contiendrait 0,35 de soufre, et devrait alors être considéré comme un véritable sulfure, ainsi qu'il le fait.

Les usages très-bornés du nickel font dédaigner l'exploitation de ses mines, et c'est vraisemblablement à cause de cela que les beaux échantillons de ses minerais sont aussi rares dans les collections. On prétend que les Chinois font entrer le nickel dans un assez grand nombre de leurs alliages métalliques, pour la confection de petits meubles, de vases et d'instruments culinaires. Il arrivera peut-être un jour que l'on trouvera des applications réellement utiles de ces sortes d'alliages, et alors les mines de nickel deviendront intéressantes pour le métallurgiste.

II° ESPÈCE.

Nickel arsenical.

Syn. *Kupfernickel.—Mine de cobalt arsenical rougeâtre.* — *Arséniure de nickel.* Beud.

Car. D'un jaune rougeâtre.

Donnant au chalumeau une fumée blanche, fortement imprégnée de l'odeur d'ail ; la même odeur se développe sous le choc du briquet. Formant un dépôt verdâtre dans l'acide nitrique.

Fragile, quoique assez dur. Cassure raboteuse et peu brillante.

Pesanteur spécifique : 6,60 à 7,50.

Forme : Massive,

Composition : Nickel, 44; arsenic, 66.

Ce minerai, le plus commun de tous ceux du métal, se rencontre dans un assez grand nombre de localités, par veines ou petits filons dans les terrains primitifs, et surtout dans le voisinage des mines de cobalt. Ces filons courent dans le gneiss et le schiste micacé à

Freyberg, Schnéeberg, Annaberg, Hohenstein et Johann-Georgenstadt, en Saxe; à Joachim-Stahl, en Bohême; à Schladming, dans la Haute-Styrie. Ils traversent les granites à Wittichin, en Souabe; à Salzbourg, en Tyrol; à Saalfeld, en Thuringe; à Normarck, en Suède; dans la Daourie; en Chine, etc. Ils prennent leur direction dans les siénites porphyriques à Orawicza, dans le Bannat; à Andreasberg, près du Hartz; à Sainte-Marie, Allemont, Rieman, en France; à Vanloclhlead et Leadhills, en Écosse, où les terrains souvent aussi sont de transition. Les substances auxquelles le minerai se trouve associé le plus habituellement sont la chaux carbonatée, la baryte sulfatée, le quartz, l'argent et le cuivre natifs, le cobalt arsenical et le fer spathique.

C'est de ce minerai que l'on obtient le peu de métal qu'emploient les arts et la chimie; son traitement et sa purification sont les résultats d'une série d'opérations longues et délicates.

IIIe ESPÈCE.

Nickel antimonial.

Syn. *Antimoniure de nickel.* Beud.

Car. D'un rouge jaunâtre.

Donnant un bouton scoriforme par le chalumeau, après avoir laissé se dégager des vapeurs blanches. Soluble dans l'acide nitrique.

Fragile; cassure conchoïde, assez éclatante; poussière d'un jaune tirant sur l'orangé.

Forme lamellaire : Massive.

Composition : Nickel, 48 ; antimoine, 52.

Ce minéral a été trouvé dans les mines d'antimoine de Schemnitz, en Hongrie. MM. Abel et Gourgon viennent tout récemment de découvrir, dans les Pyrénées, une substance minérale qui présente beaucoup d'analogie avec celle-ci.

IVe ESPÈCE.

Nickel sulfaté.

Syn. *Hydro-sulfate de nickel*. Beud.

Car. Soluble dans six parties d'eau ; bouillonnant au chalumeau, se desséchant ensuite, et donnant enfin un bouton métallique scoriforme.

Saveur : Styptique, très-prononcée.

Formes : En petits dépôts superficiels des minerais de nickel ; susceptible, après dissolution, de cristalliser en prismes rhomboïdaux, obliques, très-allongés.

Très-fragile.

Translucide ; opaque.

Vert d'émeraude ; vert jaunâtre.

Composition : Nickel, 27 ; acide sulfurique, 28 ; eau, 45.

Cette substance, que l'on ne trouve qu'à la surface des parois de fissures des mines de nickel, où les eaux qui en sont chargées l'auront sans doute déposée au moment de l'infiltration, se rencontre plus abondamment que dans les autres mines à Salzbourg, dans le Tyrol. Les eaux souterraines que l'on puise dans ces mines donnent quelquefois jusqu'à 0,02 et 3 de sulfate de nickel.

Ve ESPÈCE.

Nickel arséniaté.

Syn. *Nickel oxydé. — Ocre de nickel. — Nickel terreux. —·Carbonate de nickel. — Nickel hydraté. — Arséniate de nickel.* Beud.

Car. Infusible au chalumeau, dont l'action néanmoins lui fait perdre sa couleur; l'addition du borax le réduit en bouton métallique. Insoluble dans l'acide nitrique. Happant à la langue.

Formes : Terreuse; massive; en petites croûtes minces, recouvrant les autres minerais du même métal.

Fragile; quelquefois friable; cassure assez souvent écailleuse.

Opaque; rarement translucide sur les bords des fragments massifs.

Vert; verdâtre.

Composition : Oxyde de nickel, 37 ; acide arsenique, 37 ; eau, 26.

Les mines de nickel arsenical produisent le nickel arséniaté qui se montre toujours à la surface des minerais, sous forme d'efflorescence ou d'enduit qui, rarement, jouit d'une épaisseur notable. Il recouvre quelquefois certains minerais d'argent, soit natifs, soit sulfurés; que les mineurs, dans cette circonstance, appellent argent merde-d'oie. Rarement le nickel arsenical se trouve privé de cobalt, et très-souvent il forme avec ce métal combiné comme lui avec de l'acide arsenique, un brillant mélange de vert et de lilas. Les gisements les plus ordinaires et les plus riches sont : Schnéeberg, en Saxe; Riégelsdorf, en Hesse ; Joachimisthal, en Bohême ; Schemnitz, en Hongrie ; Wittichin, en Souabe ; Allemont, Barrège, en France. Il a souvent pour gangue la chaux carbonatée ou le quartz.

TROISIÈME GENRE

CUIVRE.

1re ESPÈCE.

Cuivre natif.

Car. Rouge jaunâtre.

Soluble dans l'acide nitrique ; solution verte ; colorant en bleu l'ammoniaque liquide.

Pesanteur spécifique : 8,58.

Moins éclatant que le platine, le fer, l'argent et l'or ; plus que l'étain et le plomb.

Moins dur que le fer et le platine ; plus que l'argent, l'or, l'étain et le plomb.

Moins ductible que l'or, le platine et l'argent ; plus que le fer, l'étain et le plomb.

Ténacité : Inférieure à celle de l'or et du fer ; supérieure à celle du platine, de l'argent, de l'étain et du plomb.

Forme régulière : Dérivant du cube ou de l'octaèdre

Formes indéterminables : Ramuleuse divergente ou réticulaire ; filamenteuse ; laminaire ; granuleuse ; concrétionnée ; mamelonnée ou botrioïde ; massive ; cimentée.

De toutes les subtances métalliques autopsides natives, celle-ci paraît être la plus abondante en masses comme en gisements; elle se trouve dans les terrains de transitions comme dans les formations primordiales, formant des filons et des veines dans le granite, le gneiss, le schiste, les amygdaloïdes, le calcaire, la serpentine, etc., etc. Elle abonde, en Sibérie, aux mines de Tourinski, Geumechefski, Frolowski et Turtschaninowski; en Suède, à Fahlun; en Saxe, à Saalfelden, Marienberg et Annaberg; en Transylvanie, à Offenbaya; en Hongrie, à Schemnitz, Herrengrund et Saint-Joseph; en Bohême, à Kupferberg; dans le Bannat à Dognatzka; en Styrie, à Sainte-Élisabeth; en Bavière, à Mitterag; au Hartz, à Rammelsberg; en Thuringe, à Bottemdorf; dans les provinces rhénanes, à Reichenback et Rheinbretenback; en France, à Chessy et Saint-Bel; en Toscane, à Montalto; en Angleterre, à Huelgorland, comté de Cornouailles: au Canada, au Mexique, dans les mines d'Aigaran et de Guetamo; au Brésil; Cachoeira, au Chili; en Afrique, en Asie, au Japon, à Timor, etc., etc. Les substances que l'on voit le plus fréquemment associées au cuivre natif, sont d'abord tous les autres minerais de ce métal, le fer oxydulé, le plomb sulfuré, le talc chlorite, le quartz et la chaux carbonatée.

Le traitement du cuivre natif est en général très-simple; il ne s'agit que de bocarder et laver le minerai pour séparer toutes les particules de gangue et de procéder à la fusion, puis à un simple affinage, si cette dernière opération est jugée nécessaire.

Les usages du cuivre et ceux de ces alliages se sont multipliés en raison de l'accroissement des besoins de l'homme : on connaît assez la nature des instruments de ménage, fabriqués avec ce métal, pour qu'il soit inutile d'en parler. Des mesures d'une prévoyante salubrité ont proscrit, dans divers états, l'emploi du cuivre pour la confection des vaisseaux culinaires; elles ont attiré l'attention particulière des savants, et l'expérience a prouvé qu'il n'y avait de danger que dans le cas de négligence et de grossière malpropreté; du reste, les mesures de sûreté ont fait contracter la sage habitude de recouvrire, au moyen d'un alliage facile, les surfaces de cuivre d'une couche d'étain et d'argent; opérations préservatives que l'on nomme vulgairement *étamage* ou *plaqué*. Les arts utiles et libéraux font concourir le cuivre à la construction d'une foule de machines, ustensiles, appareils et instruments qui, chaque jour, dirigent ces différents arts vers un perfectionnement désiré. Les sciences physiques et chimiques trouvent dans ce métal un puissant auxiliaire d'un grand nombre d'expériences et d'opérations; par lui, la navigation a acquis plus d'assurance, en ce que les bâtiments revêtus, par le radoub, des feuilles métalliques, sont à l'abri de la piqûre des vers; accidents communs dans certaines mers, et d'où l'on a vu naître les plus désastreux périls; par lui encore la couverture des palais et des temples réunissent la solidité, la légèreté et la grâce que l'on parviendrait difficilement à leur donner avec d'autre matériaux. Le cuivre est le métal que l'on emploie pour la fabrication des monnaies et médailles de moindre valeur; sa grande ductilité permet de le tirer en fils de toutes dimentions qui servent à maints usages, et principalement à produire des vibrations sonores dans la plupart des instrument à cordes; de le réduire en feuilles très-minces, utiles dans la grosse décoration. Ses combinaisons chimiques sont d'une très-grande utilité dans les arts et les manufactures. Allié au zinc ou à l'étain, et quelquefois à tous deux, il constitue ce que l'on nomme vulgairement *laiton* ou *cuivre jaune*, *airain* et *bronze*, compositions employées non moins fréquemment que le cuivre pur à la production d'objets où toute la ductilité de ce dernier métal n'est point d'une nécessité absolue. Les proportions, dans ces alliages, sont susceptibles de modifications nombreuses, et produisent des variétés de nuances depuis la belle couleur de l'or, que l'on admire dans le tomback et les bijoux de bas prix, jusqu'au gris brillant qui se fait remarquer dans les cloches et les timbres employés à produire des sons par le choc. C'est encore ce même alliage qui multiplie les bouches à feu, si redoutables sur un champ de bataille, qui reproduit, par l'adresse et les savantes combinaisons de l'artiste fondeur, des exemplaires des chefs-d'œuvre de la sculpture ancienne et moderne. Enfin, l'alliage triple du cuivre, de l'arsenic et du zinc aurait, avec l'argent, la plus grande ressemblance, s'il pouvait aussi en acquérir la ductilité, si l'oxydation surtout ne venait le recouvrir promptement d'une couche de poussière noire qui a fait évanouir tout projet de substitution.

Le cuivre de *cémentation*, que l'on rencontre assez fréquemment dans le voisinage des mines de cuivre pyriteux, paraît dû à la décomposition naturelle de ce minerai, qui, par un contact quelconque, passant à l'état de cuivre sulfaté, est bientôt, en raison de sa solubilité, emporté par les eaux. Lorsque celles-ci, chargées du sel métallique, viennent à rencontrer du fer, l'acide sulfurique qui a plus d'affinité pour ce métal que pour le cuivre, s'empare des molécules ferrugineusse, et dépose en leur place des molécules cuivreuses, dégagées par cet échange, de leur conbinaison avec l'acide. C'est ainsi que le cuivre de cémentation reproduit toujours la figure du fer qu'il a remplacé de molécule à molécule, et que ses formes sont toujours celles d'une concrétion. Il arrive plus souvent que les eaux, tenant en dissolution du cuivre sulfaté, se mêlent brusquement avec d'autres eaux, dans lesquelles sont dissoutes diverses substances salines, susceptibles de produire des décompositions réciproques, il en résulte alors des précipitations de cuivre, soit à l'état métallique, soit à celui d'oxyde ; à la longue ces précipités présentent des couches assez épaisses, recouvrant presque toujours des pierres et des matières organiques, auxquelles ils donnent l'apparence d'une métallisation.

IIe ESPÈCE.

Cuivre pyriteux.

Syn. *Pyrite cuivreuse. — Cuivre minéralisé par le soufre. — Mine jaune de cuivre. — Cuivre ferro-sulfuré. — Sulfure de cuivre et fer.*

Car. D'un jauné métallique.

Fusible au chalumeau en un bouton noir qui finit par se réduire complétement.

Pesanteur spécifique : 4,31.

Éclat plus ou moins vif ; brillant dans les cassures fraîches.

Dur; non malléable; cédant à la lime; donnant quelquefois des étincelles sous le choc du briquet; cassure raboteuse.

Forme primitive et molécule intégrante : Le tétraèdre régulier.

Formes indéterminables; Massive; concrétionnée.

Reflet particulier : Irisé.

Composition : Cuivre, 35; fer, 30; soufre, 35.

Ce minéral, d'une extème importance par la richesse de ses produits, existe dans le sein de la terre, en veines, filons et couches, et paraît appartenir exclusivement aux formations primitives. Il constitue à lui seul des masses considérables gisantes sur des lits d'amphibole au Kupferberg, en Bohême; Radolstadt, en Silésie; sur les schistes bitumineux de Mansfeld, en Thuringe, sur un schiste argileux de transition ou psammite; à Zamabar, en Croatie; au Hartz, etc., etc. Ses couches alternent avec le schiste et la serpentine à Fahlun et Niakopparberg, en Suède; il forme des veines et des filons très-étendus courant dans le granit, en Saxe, à Schaudau; en Norwège, à Raeras; dans le gneiss, à Schwarzwald, en Souabe; dans une roche quartzeuse, à Clifton, en Perthshire; à Crombane, en Irlande; à Stolzembourg et à Golzberg, dans le Luxembourg; à Baygorry, Chessy, Saint-Bel et Gyromany, en France; à Allagne, en Piémont; dans un schiste micacé, à Bieber, près de Hanau; à Saska, dans le Bannat et à Schemnitz, en Hongrie; dans la Sibérie, dans le Cornouailles. Les substances qui accompagnent ordinairement le cuivre pyriteux, sont : les chaux carbonatée et fluatée, la baryte sulfatée, le quartz, le grenat, l'amphibole, le talc, le plomb sulfuré, les cuivres natif, gris et carbonaté; les fer sulfuré, oxydé, et spathique, le zinc sulfuré, etc., etc.

C'est du cuivre pyriteux que l'on obtient presque tout le métal qui alimente le commerce; et son traitement long et difficile varie et se modifie suivant la richesse des minerais et les connaissances chimiques répandues dans les diverses usines; dans toutes, le minerai est préalablement dépouillé de sa gangue et trié à la main. Le grillage se fait de la manière la plus économique, sur une aire, par tas, sur lesquels on place du bois recouvert de charbon; une cheminée en planche placée au centre du bûcher, sert à faciliter l'infflammation du combustible; dans beaucoup d'usines, on dirige les travaux de façon à pouvoir recueillir le soufre que cette opération sépare. On procède à la première fonte du minerai grillé dans un fourneau à manche; elle se nomme fonte crue, parce qu'on n'y ajoute que des scories provenant d'une fonte précédente : le résultat est des mattes que l'on grille et font une seconde fois avec addition de quartz concassé, dans les proportions de 1 à 10. Cette addition de quartz donne naissance à un laitier très-abondant qui jouit de la propriété d'entraîner par la vitrification l'oxyde de fer, tandis que le cuivre se rassemble au fond du creuset. On est obligé de répéter dix ou douze fois le grillage et la fonte des mattes; mais à chacune de ces refontes successives, on diminue la quantité du quartz. On obtient pour dernier résultat, du *cuivre noir* que l'on coule en saumons, et que l'on affine dans un fourneau à réverbère sans cheminée et presque circulaire. On essaye de temps en temps l'état de la fonte, et quand on la juge suffisamment pure, on en tire des *rosettes*, ou l'on en coule des lingots que l'on porte au martinet, ou au laminoir pour disposer le métal à être livré au commerce.

APPENDICE.

CUIVRE PYRITEUX HÉPATIQUE.

Syn. *Cuivre pyriteux panaché.* — *Cuivre sulfuré violet.*

Car. D'un brun-rougeâtre, violâtre, bleuâtre et verdâtre.

Se comportant au chalumeau, de la même manière que le cuivre sulfuré.

Éclat faible, souvent presque nul.

Fragile au point de céder à la seule pression de l'ongle; poussière rougeâtre.

Forme : Massive.

Composition : Cuivre, 66 ; fer, 14 ; soufre, 20.

Le cuivre pyriteux hépatique, qui paraît n'être qu'une modification du cuivre pyriteux ordinaire, se trouve dans la plupart des gisements de ce dernier; mais il y est peu abondant. On a observé que des minerais de cuivre pyriteux, après un premier grillage, offraient tous les caractères de l'hépatique; et l'on a tiré cette conséquence, que la nature pouvait, par des moyens qui ne sont point encore connus, enlever une portion de soufre au cuivre pyriteux pour le réduire à l'état d'hépatique.

IIIe ESPÈCE.

Cuivre gris.

Syn. *Mine d'argent grise.* — *Argent gris.*

Car. D'un gris métallique éclatant, qui se ternit promptement par le contact de l'air.

Réductible au chalumeau en un bouton métallique.

Pesanteur spécifique, 4,86.

Fragile; aucunement malléable; cassure raboteuse, peu éclatante; poussière noirâtre quelquefois rougeâtre.

Acquérant, par le frottement et lorsqu'il est isolé, l'électricité résineuse.

Forme primitive et molécule intégrante : Le tétraèdre régulier.

Forme indéterminable : Massive.

Composition : cuivre, 60; fer, 15; soufre, 25.

Les mines de Zméof, en Sibérie, et celles de Schemnitz et de Kremnitz, en Hongrie; de Gableau, en Silésie; d'Offenbahia et de Kapnik, en Transylvanie; de Thuringegrube, en Styrie; de Gersdorf, en Saxe; de Clausthal, au Harz; de Fakenstein et de Theirberg, dans le Tyrol; de Baygorry et de Sainte-Marie, en France; de Cornouailles, en Angleterre; d'Hualgayoc, au Pérou, passent pour les plus riches en cuivre gris qui, généralement se trouve dans tous les gisements du cuivre pyriteux.

Le mode de traitement de ce minerai est absolument semblable à celui du cuivre pyriteux; aussi confond on les deux espèces dans la même opération, et l'on s'en trouve bien en raison de ce que le cuivre gris y apporte plus de métal.

Le fer oligiste et le fer arsenical ont de grands rapports extérieurs avec le cuivre gris, et quelquefois il est difficile de ne pas y être trompé lorsqu'on n'a point recours aux essais habituels.

APPENDICE.

I. CUIVRE GRIS ARSENIFÈRE.

Syn. *Mine de cuivre arsenicale. — Mine de cuivre blanc. — Cuivre ferro-sulfuré arsenifère. — Tennantite-falhertz.*

Car. Le gris d'acier ou le gris livide.

Dégageant des vapeurs alliacées à la simple flamme d'une bougie; décrépitant au chalumeau, se fondant ensuite en un bouton métalloïde, friable et noirâtre.

Formes : en tout semblables à celles du cuivre gris.

Composition : Cuivre, 41; fer 22; arsenic, 24; soufre, 13.

Cette sous-espèce accompagne presque toujours le cuivre gris, de concert avec l'antimoine, l'argent et le plomb. On trouve dans les mêmes filons, associés aux cuivres gris et pyriteux, le plomb sulfuré, le zinc sulfuré, le fer oxydé, le fer sulfuré, le manganèse oxydé, la chaux carbonaté et fluatée, les diverses variétés de quartz; ils ont pour gangue des schistes micacés, des porphyres et des gnéiss. Dans le traitement des minerais, l'arsenic est emporté pendant le grillage.

II. CUIVRE GRIS ANTIMONIFÈRE.

Syn. *Mine de cuivre antimoniale. — Cuivre ferro-sulfuré antimonifère. — Cuivre gris antimonié. — Mine de cuivre noir.*

Car. D'un gris-noirâtre plus ou moins éclatant.

Fusible à la flamme d'une simple bougie en un bouton métallique éclatant, après avoir répandu une fumée blanche d'oxyde d'antimoine.

Dureté supérieure à celle du cuivre gris; cassure lisse et un peu concoïde; poussière noirâtre.

Mêmes formes que le cuivre gris.

Composition : Cuivre, 38; fer, 8; soufre, 24; antimoine, 30.

Cette sous-espèce se trouve à Kapnick et Porach, en Hongrie; à Freyberg et Annaberg, en Saxe; à Zilla, au Hartz; à Vencelas, en Souabe; à Baygorry, en France; en Piémont; au Cornouailles; au Pérou, et dans un assez grand nombre des gisements du cuivre pyriteux.

III. CUIVRE GRIS PLATINIFÈRE.

Car. D'un gris éclatant.

Donnant, au chalumeau, en un bouton métallique,

Forme : Massive.

Composition : Cuivre, 26; plomb, 20; fer, 13; antimoine, 13; argent, 2; platine, 7; arsenic, 5; soufre, 14.

Le cuivre gris platinifère n'a encore été observé que dans les mines d'argent de Guadalcanal, en Estramadure; il a pour gangue ordinaire la chaux carbonatée, la baryte sulfatée et le quartz.

IVe ESPÈCE.

Cuivre sulfuré.

Syn. *Cuivre vitreux.* — *Cuivre noir.* — *Kupferglas.* — *Sulfure de cuivre.* — *Argent en épis.*

Car. D'un gris plus ou moins foncé, tirant quelquefois sur le bleuâtre ; éclat susceptible de se tenir assez promptement ; colorant en bleu l'ammoniaque liquide ; fusible, avec bouillonnement, au chalumeau, et donnant un bouton métallique, attirable à l'aimant, pendant la fusion, il se dégage des vapeurs d'acide sulfurique.

Pesanteur spécifique : 4,80 à 5,30.

Tendre et cassant ; cassure à grain fin ; poussière noirâtre.

Forme primitive : Le prisme hexaèdre régulier. Molécule intégrante ; prisme triangulaire équilatéral.

Formes indéterminables : Laminaire ; compacte ; pseudomorphique ; spiriforme.

Composition : Cuivre, 80 ; soufre, 20.

Beaucoup plus rare et moins répandue que le cuivre pyriteux et le cuivre gris, cette espèce appartient néanmoins aux mêmes époques de formation, et les accompagne dans divers gisements. Ses mines les plus abondantes sont à Tourinski, à Pochadjasch, en Sibérie ; à Moldava et Anastusigrube, dans le Bannat ; à Deutchendorf, en Bohême ; à Limberg, en Bavière ; à Fraukemberg, en Hesse ; à Scharz, en Tyrol ; à Duttweiser, dans le Palatinat : il en existe aussi en Angleterre, en Espagne, en Silésie, en Hongrie, en Suède, etc., etc. Ses veines traversent le granit, les schistes et le calcaire grénu ; il est ordinairement associé au cuivre carbonaté, au fer oxydé, aux cobalts arsenical et arséniaté, au quartz, à la baryte sulfatée, à la chaux carbonatée.

Son traitement est à peu de chose près le même que celui du cuivre pyriteux.

Les minerais avec lesquels il pourrait être confondu, sont : l'argent sulfuré, le cuivre gris et le cuivre oxydulé.

APPENDICE.

CUIVRE SULFURÉ HÉPATIQUE.

A la couleur près, qui tire sur le rouge brun, et si l'on en excepte la privation d'une partie de son soufre, que l'on peut attribuer, à une décomposition analogue à celle qu'éprouve le cuivre pyriteux hépatique, cette sous-espèce jouit des mêmes propriétés que le cuivre sulfuré.

Vᵉ ESPÈCE.

Cuivre oxydulé.

Syn. *Cuivre oxydulé. — Cuivre vitreux rouge. — Cuivre oxydé rouge. — Ocre de cuivre rouge. — Oxyde rouge de cuivre. — Protoxyde de cuivre. — Cuivre tuilé. — carbonate de cuivre rouge.*

Car. Soluble avec effervescence dans l'acide nitrique, qu'il colore en vert. Également soluble, mais tranquillement, dans l'acide hydro-chlorique.

Forme primitive : L'octaèdre régulier. Molécule intégrante : tétraèdre régulier.

Formes indéterminables : Capillaire ; filamenteuse ; laminaire ; drusillaire ; massive ; terreuse.

Facile à réduire en poussière, qui est toujours rouge.

Pesanteur spécifique : 5,4.

Opaque ; translucide sur les bords.

Rouge ; les cristaux présentent quelquefois à leur surface une sorte d'éclat métallique.

Composition : Cuivre, 89; oxygène, 11.

Ce minéral se trouve en veines dans les terrains de première formation, tels que le granite, dans le Cornouailles, en Suède, en Norwège, en Saxe et dans le Tyrol; on le rencontre dans les psammites, à Gosenbach et Reinbretenbach en Nassau; dans le quartz, à Stirstenberg, à Schemnitz, en Hongrie, à Moldava et Florimund dans le Bannat, à Chessy en France; dans le calcaire primitif, en Sibérie. Il accompagne, mais en petites quantités, la plupart des autres minerais de cuivre. Il est souvent associé au fer oxydulé, au fer hématite, à la lithomarge, au quartz-hyalin et à la chaux carbonatée.

Les mines de cuivre oxydulé sont extrêmement précieuses, en ce que, contradictoirement avec celles de cuivre pyriteux, elles offrent peu de difficultés dans le traitement; souvent même il ne s'agit que de fondre à travers les charbons, les minerais lavés et bocardés pour en obtenir, du premier jet, une fonte qui dispense de l'affinage.

Les substances qui partagent, avec le cuivre oxydulé, quelques-unes de ses propriétés extérieures, sont le cuivre, le mercure, l'antimoine sulfuré et l'argent antimonié sulfuré.

APPENDICE.

CUIVRE OXYDULÉ ARSENIFÈRE.

Car. Soluble dans l'acide nitrique, en formant, au bout de quelques heures, un dépôt jaunâtre; fusible à la simple flamme d'une bougie; traité par le chalumeau sur un support de charbon, il répand des vapeurs arsenicales.

Formes et couleurs analogues à celles du cuivre oxydulé.

On le trouve associé au cuivre arséniaté dans les mines du Cornouailles.

VIe ESPÈCE.

Cuivre oxydé noir.

Car. Colorant en bleu l'ammoniaque liquide. Irréductible par le chalumeau; donnant une scorie noirâtre.

Formes : Massive; pulvérulente.

Fragile; cédant assez souvent à la pression de l'ongle; cassure terne et terreuse. Poussière d'un brun noirâtre.

Pesanteur spécifique : 4,72.

Opaque.

Noir bleuâtre, noir brunâtre.

Composition : Cuivre, 80; oxygène, 20.

Cette espèce, qui paraît provenir de la décomposition des autres minerais du même métal, et principalement du cuivre carbonaté, se trouve en masses, en amas pulvérulents, et souvent en une sorte d'efflorescence, dans les mines de cuivre de la Sibérie, d'Arandal en Norwège, du Hartz, de la Hongrie, de Freyberg en Saxe, de Schwartz dans le Tyrol, du Cornouailles en Angleterre, etc. Il est souvent accompagné de fer oxydé hématite, de fer et de zinc sulfurés, de quartz, de baryte sulfatée, de chaux carbonatée et fluatée.

VIIe ESPÈCE.

Cuivre sélénié.

Syn. *Séléniure de cuivre.*

Car. D'un blanc argentin, dans l'état de pureté; ordi-

nairement d'une teinte noirâtre, tachant d'autres substances minérales.

Ductible; susceptible d'aplatissement sous le marteau,
et acquérant un certain poli.

Électricité résineuse par le frottement.

Forme : Dendritique entre des lames de chaux carbonatée.

Composition : Cuivre, 61; sélénium, 39.

Ce minéral, que l'on n'a encore trouvé qu'à Skrickerum,
en Smolande, s'y trouve disséminé dans la chaux carbonatée laminaire, où il est déposé entre les feuillets de
cette substance, sous forme de dendrites ou de taches.
On met le cuivre sélénié à nu, en séparant les feuillets;
et si l'on passe, avec frottement, un corps dur sur la
substance métallique, elle reprend sa couleur et son éclat
naturel.

VIIIe ESPÈCE.

Cuivre hydraté-siliceux ou hydro-siliceux.

Syn. *Hydro-carbonate vert de cuivre.* Beud.

Car. Devenant blanc et translucide par l'immersion
dans l'acide nitrique froid. Fusible au chalumeau, en un
bouton métallique.

Forme primitive : Le prisme droit rhomboïdal. Molécule intégrante : prisme triangulaire isocèle.

Formes indéterminables : Globuleuse-radiée; compacte;
concrétionnée.

Pesanteur spécifique : 2,73.

Électricité résineuse par le frottement, lorsque le fragment est isolé.

Opaque; translucide sur les bords.

Vert bleuâtre; bleu verdâtre; vert pur; vert foncé.

Aspect : quelquefois luisant comme la résine.

Composition : Oxyde de cuivre, 50,5; silice, 29; eau, 17,5; acide carbonique, 3.

Le cuivre hydraté siliceux ou silicifère se trouve dans un certain nombre de mines de cuivre; presque toujours il y adhère au minerai avec le fer oxydé, le quartz et la baryte sulfatée. C'est ainsi qu'on l'observe en Sibérie, en Hongrie, à Lauterberg, au Hartz, à Saalfeld en Thuringe, à Kamsdar en Saxe, à Rheinbretenbach dans la Prusse Rhénane, à Schwartz en Tyrol, au cap de Gates en Espagne, à Villac en France, dans le Cornouailles, au Chili, etc.

IXe ESPÈCE.

Cuivre dioptase.

Syn. *Émeraude de Sibérie. — Émeraude de cuivre. — Émeraudine. — Dioptase. — Achirite. — Chrysocolle.*

Car. N'éprouvant aucun changement par le séjour dans l'acide nitrique. Infusible au chalumeau; mais acquérant par son action, une couleur brune, et communiquant au dard de la flamme une teinte d'un vert jaunâtre.

Forme primitive et molécule intégrante : Le rhomboïde obtus.

Rayant à peine le verre. Poussière d'un vert clair.

Pesanteur spécifique : 3,30.

Électricité résineuse par le frottement, et lorsque l'échantillon est isolé.

Translucide; quelquefois presque transparent.

Le vert pur.

Composition : Oxyde de cuivre, 55 ; silice, 33 ; eau, 12.

Un négociant de la Bucharie, Achir Malmed, découvrit le cuivre dioptase dans les mines de cette contrée, dépendante de la Chine ; il le présenta comme une variété d'émeraude ; mais plusieurs chimistes s'étant occupés de l'examen et de l'analyse de cette substance, ont reconnu bientôt qu'elle ne pouvait appartenir à l'émeraude ; on en fit une espèce particulière, que l'on plaça parmi les substances terreuses de la première méthode publiée par Haüy, mais que l'on a fini par ramener dans le genre cuivre. Le dioptase est d'une extrême rareté dans les collections, et les analyses qui en ont été faites sont les résultats d'opérations entreprises sur des quantités infiniment petites.

Xe ESPÈCE.

Cuivre hydro-chloraté.

Syn. *Sable vert du Pérou. — Atakamite. — Smaragdo-cholzite. — Cuivre muriaté. — Hydro-chlorate de cuivre.* Beud.

Car. Soluble sans effervescence dans l'acide nitrique. Colorant en bleu l'ammoniaque liquide. Fusible au chalumeau, en bouton métallique, après avoir dégagé des vapeurs d'acide hydro-chlorique.

Forme : En cristaux octaédriques si petits, que l'on ne peut en déduire la forme primitive.

Formes indéterminables : Aciculaire ; lamellaire ; concrétionnée ; compacte ; pulvérulente.

Friable : poussière d'un vert pâle.

Translucide; opaque.

D'un vert d'émeraude, quelquefois très-foncé.

Composition : Oxyde de cuivre, 72 ; acide hydro-chlori que, 12; eau, 16.

Ce minéral, qui a été découvert sous la forme de sable, dans le lit d'une petite rivière du désert d'Acatama, qui sépare le Chili du Pérou, a été rapporté en Europe, par le célèbre voyageur Dombey; depuis, un autre voyageur, faisant le commerce des minéraux, et qui était allé sur les lieux à la recherche de celui-ci, en recueillit des petites masses engagées dans un quartz mêlé d'argile, associées au cuivre oxydulé, au cuivre carbonaté, au fer oxydé, à l'argent sulfuré, à l'argent hydro-chloraté, aux chaux carbonatée et sulfatée, formant, dans le terrain dont on n'a pas exactement déterminé la constitution, des veines d'une très-faible puissance. Le cuivre hydro-chloraté ayant encore été découvert dans le voisinage de quelques volcans, et notamment au Vésuve, où il se sublime et se concrétionne dans les fissures des laves, il ne serait pas étonnant que l'action des feux souterrains ait quelque part à sa production.

XIe ESPÈCE.

Cuivre carbonaté.

Syn. *Malachite. — Fleurs vertes ou bleues de cuivre. — Cuivre soyeux. — Cuivre oxydé vert. — Chaux de cuivre verte. — Azure de cuivre azuré. — Bleu ouvert de monta-gne. — Carbonate de cuivre. — Chrysocolle bleue.—Cuivre.*

Car. Soluble avec effervescence dans l'acide nitrique, qu'il colore en vert, quelle que soit la couleur de l'échantillon. Facilement réductible par le chalumeau.

Forme primitive : L'octaèdre régulier. Molécule intégrante : tétraèdre irrégulier.

Formes indéterminables : Aciculaire ; fibreuse ; lamellaire ; concrétionnée ; mamelonnée ; terreuse.

Facile à diviser ou à gratter avec un couteau. Poussière verte ou bleue.

Pesanteur spécifique : 3,50 à 3,60.

Translucide ; opaque.

D'un vert plus ou moins pur, ou d'un bleu plus ou moins intense, quelquefois même noirâtre.

Éclat : Soyeux dans certaines variétés.

Composition : Oxyde de cuivre, 69 à 72 ; acide carbonique, 26 à 20 ; eau, 5 à 8.

Quoique le cuivre carbonaté ne constitue point à lui seul de véritables mines, des filons ou des veines d'une certaine importance, il n'en est pas moins l'un des minerais de ce métal les plus répandus ; et ses concrétions si belles et d'un si beau volume en Sibérie, sont recherchées non-seulement par les minéralogistes, mais encore par tous les amateurs d'objets curieux, qui attachent un très-grand prix aux plaques de malachite, lorsqu'elles offrent de belles zones, bien contournées, nuancées et satinées. On cite même comme la plus belle pierre de ce genre, celle que possède actuellement le docteur Guthrie : elle a trente-deux pouces de longeur sur dix-sept de largeur, et deux d'épaisseur. Le cuivre carbonaté partage le gisement de presque tous les minerais cuivreux ; la variété verte

abonde aux monts Ourals, Altaïs, et dans les principales
mines de la Sibérie, dans celles du Bannat; il est moins
abondant, mais tout aussi commun, dans toutes les autres
mines de cuivre du nouveau comme de l'ancien continent.
Le cuivre carbonaté bleu, dont on avait fait une espèce
distincte avant que la cristallographie ait pu confirmer
les doutes que la chimie avait élevés sur cette distinction,
accompagne souvent la variété verte. Il était extrêmement
difficile de s'en procurer des échantillons cristallisés, avant
la découverte que l'on a faite, en 1812, à Chessy, près de
Lyon, d'un filon renfermant des groupes d'un volume
considérable, dont les cristaux ont quelquefois un pouce
environ d'épaiseur. Ces cristaux sont engagés dans une
gangue argiliforme, mêlés de grains confus de quartz, de
feld-spath et de mica, encaissés dans des grès rouges qui
reposent eux-mêmes sur le terrain primitif. Il n'est pas
très-rare de trouver disséminés dans cette gangue des
cristaux libres, complétement terminés.

Si le cuivre carbonaté était assez abondant pour ali-
menter seul une fondrie de ce métal, son traitement serait
l'un des plus avantageux et des plus faciles : une fonte à
travers les charbons pourrait même suffire; mais ordinairement le minerai se trouve si intimement mêlé avec le
cuivre gris et le cuivre pyriteux, que, hors le cas d'un
triage parfait, on est obligé de recourir à un traitement
presque semblable à celui des cuivres minéralisés par le
soufre.

On emploie le cuivre carbonaté vert ou malachite à
la confection de certains bijoux, à l'ornement des boîtes,
à la décoration des appartements somptueux; les plaques

prennent facilement le poli, mais malheusement elles le perdent par une pression assez faible. On fait usage, dans les peintures grossières de ces deux carbonates réduits préalablement en poudre très-fine et lavés à grande eau : on reproche, avec raison, à ces couleurs d'abord très-brillantes, de se ternir et de noircir promptement; cela est dû en partie à l'action de la lumière, qui opère insensiblement la réduction métallique.

M. Beudant persiste à considérer comme deux espèces la malachite et l'azurite, qu'il nomme *hydro-cabonnates vert*, et *bleu de cuivre*. La dénomination spécifique de carbonate de cuivre est appliquée par ce savant à une substance d'un brun noirâtre, compacte et luisante, ou terreuse, qui ne donne pas d'eau à l'analyse. Elle est soluble, avec effervescence, dans l'acide nitrique, en y laissant un dépôt rouge. Sa pesanteur spécifique est de 2,62; elle est tendre, facile à racler avec le couteau; sa poussière est d'un brun rougeâtre; elle a été découverte, en 1810, dans l'Inde, près de Mysore; depuis on l'a reconnue dans la plupart des mines de cuivre; elle est composée de : oxyde de cuivre, 78; acide carbonique, 22. Il serait possible que cette substance fût le résultat d'un commencement d'altération de la malachite ou de l'azurite.

L'urane oxydé vert, le plomb phosphaté vert, le cuivre hydro-chloraté, le cuivre arséniaté et le cuivre phosphaté sont, de toutes les substances minérales, celles qui, par leur caractères extérieurs, se rapprochent le plus du cuivre carbonaté.

APPENDICE.

CUIVRE CARBONATÉ ÉPIGÈNE.

Car. Soluble avec effervescence dans l'acide nitrique;
réductible au chalumeau.

Forme : Dérivant du prisme rhomboïdal.

Friable; poussière bleuâtre ou verdâtre.

Translucide; opaque.

Bleu ou vert, offrant quelquefois les deux couleurs
réunies.

Cette variété n'est qu'une altération ou modification qui
prouve le passage du cuivre carbonaté, originairement
vert, au cuivre carbonaté bleu, et réciproquement. Cette
épigénie paraît n'avoir été observée que dans les cristaux
de la mine de Zméof, en Sibérie.

XIIᵉ ESPÈCE.

Cuivre arséniaté.

Syn. *Cuivre oxydé vert arsenical. — Arséniate de
cuivre.*

Car. Soluble sans effervescence dans l'acide nitrique;
décrépitant à la flamme d'une bougie; réductible au chalumeau, en un bouton métallique blanc, après avoir laissé
dégager des vapeurs alliacées; colorant en bleu l'ammoniaque liquide.

Forme primitive : L'octaèdre rectangulaire obtus.

Formes indéterminables : Aciculaire, fibreuse; mamelonnée; terreuse.

Rayant la chaux carbonatée et quelquefois la chaux fluatée. Poussière verte.

Translucide; opaque.

Bleu verdâtre; vert foncé; vert brunâtre.

Composition : Oxyde de cuivre, 40 à 50; acide arsenique, 30 à 43; eau, 17 à 20.

Ce minéral a été observé, pour la première fois, en Angleterre, dans les mines du Cornouailles, d'où proviennent tous les beaux échantillons qui se trouvent dans les collections; il a ensuite été reconnu dans le pays de Nassau, à Altenkirchen et Mittelberg; en France, à Saint-Léonard, près de Limoges. Dans ces divers gisements, il est très-rare et toujours accompagné de cuivre pyriteux, de cuivre oxydulé, de fer arsenical et de fer oxydé. Il a pour gangue le quartz engagé dans un granit en partie décomposé.

Les substances que l'on peut aisément prendre pour du cuivre arséniaté, sont : le cuivre carbonaté vert, le cuivre hydro-chloraté et l'urane oxydulé.

APPENDICE.

I. CUIVRE ARSÉNIATÉ, MAMELONNÉ, ALTÉRÉ.

Syn. *Pharmacochalzite.*

Car. Fusible au chalumeau avec dégagement de vapeurs blanches alliacées.

Forme : Fibreuse; mamelonnée.

Très-friable; cédant à une légère pression de l'ongle.

Blanchâtre; grisâtre satiné; jaunâtre; olivâtre.

Cette altération n'était guère susceptible de provoquer

l'établissement d'une sous-espèce; il n'en est pas de même de la suivante, dont M. de Bournon a fait une espèce sous le nom d'*arséniate-cupromartial*.

II. CUIVRE ARSÉNIATÉ FERRIFÈRE.

Car. Réductible, au chalumeau, en un bouton métallique, gris-noirâtre, après avoir dégagé des vapeurs alliacées.

Forme primitive : Dérivant du prisme rhomboïdal.

Formes indéterminables : Concrétionnée; mamelonnée; massive.

Rayant la chaux carbonatée; poussière bleuâtre.

Pesanteur spécifique, 3,40.

Opaque; translucide sur les bords.

Bleu pâle; quelquefois nuancé de jaunâtre ou de verdâtre.

Composition : Oxyde de cuivre, 24; acide arsénique, 35; oxyde de fer, 28; eau, 13.

Cette sous-espèce fût longtemps particulière aux mines de cuivre de Cornouailles; on l'a aussi trouvée, en France, dans le Limousin, près de Saint-Léonard.

XIII° ESPÈCE.

Cuivre phosphaté.

Syn. *Mine de cuivre phosphoré et antimonial. — Phosphate de cuivre. — Cuivre phosphoré.*

Car. Fusible, à la flamme d'une bougie, en culot métallique, gris, cassant; soluble, sans effervescence, dans l'acide nitrique, qui acquiert une teinte bleue.

Forme primitive : L'octaèdre rectangulaire.

Formes indéterminables : Fibreuse; mamelonnée : massive.

Rayant la chaux carbonatée; facile à gratter avec un corps dur; poussière bleue.

Pesanteur spécifique : 3, 51 à 4,07.

Opaque; quelquefois translucide.

Vert; vert-bleuâtre, très-foncé.

Reflet : Noirâtre.

Composition : Oxyde de cuivre, 69; acide phosphorique, 31.

Ce minéral a été découvert dans la mine de Finberg, près de Rheinbretenbach, dans la Prusse rhénane. On l'a retrouvé à Chemnitz, en Hongrie, et tout récemment il a été rapporté des mines de Falhuen au Chili. Partout il a pour gangue le quartz hyalin, sur lequel se trouvent aussi du cuivre oxydulé capillaire et du cuivre natif. Ses filons traversent les psammites. Les cuivres carbonaté et arséniaté, que l'on pourrait confondre avec cette espèce, si l'on n'avait la précaution de constater comparativement les trois substances, sont loin de se comporter au chalumeau de la même manière que le cuivre phosphaté.

XIVe ESPÈCE.

Cuivre sulfaté.

Syn. *Vitriol de cuivre. — Vitriol de Chypre. — Coupe rose bleue. — Sulfate de cuivre. — Hydro-trisulfate de cuivre.* Beud.

Car. Soluble dans quatre parties d'eau. Éprouvant au feu la fusion aqueuse, et formant par le desséchement une masse bleuâtre; laissant sur le fer poli, humide, des traces cuivreuses lorsqu'on l'y passe avec frottement; s'effleurissant par le contact de l'air.

Saveur : Stiptique très-prenoncée.

Forme primitive et molécule intégrante : Le parallélipipède obliquangle irrégulier.

Formes indéterminables : Concrétionnée; amorphe; pulvérulente.

Fragile; cassure conchoïde, brillante; poussière d'un blanc-bleuâtre.

Pesanteur spécifique : 2,19.

Transparent; translucide; opaque.

Réfraction double.

Bleu azuré; la croûte effleurie est d'un bleu pâle, verdâtre.

Composition : oxyde de cuivre, 32; acide sulfurique, 32; eau, 36.

Le cuivre sulfaté se produit journellement dans les mines de ce métal. Les minerais sulfureux, exposés aux contacts successifs ou simultanés de l'air et de l'eau, se décomposent insensiblement : le soufre s'acidifie aux dépens des deux corps qui exercent sur lui leur action décomposante; et, de son côté, le cuivre passant à l'état d'oxyde par un. phénomène semblable se combine de molécule à molécule avec l'acide sulfurique à mesure que celui-ci est formé. Le sulfate qui résulte de cette combinaison, en raison de sa dissolubilité, est entraîné par les eaux qui, quelquefois, le déposent sous forme cristalline, sur les parois des canaux qu'elles parcourent. C'est sur cette explication naturelle qu'ont été fondés certains procédés pour fabriquer, en grand, la majeur partie du sulfate de cuivre versé dans le commerce. On grille les minerais, puis on les arrose avec de l'eau. On laisse se terminer le plus complétement possible la sulfatisation par l'exposition à l'air. Dès que l'on juge l'opération assez avancée, on lessive, la matière avec de l'eau chaude; on filtre la lessive, on la fait évaporer et on l'abandonne à la cristallisation dans des cuviers. Dans les mines où le carbonate de cuivre est abondant, on pourrait l'employer avantageusement à sa combinaison directe avec l'acide sulfurique pour le convertir en sulfate.

Ce sel est en usage dans différents procédés particuliers de la teinture, et surtout dans ceux qui procurent au noir un œil bleuâtre. La médecine externe trouve en lui un puissant escarotique pour ronger les chairs baveuses.

La dissolubilité et la saveur du cuivre sulfaté suffisent pour empêcher d'autres substances minérales qui peuvent lui ressembler.

QUATRIÈME GENRE.

FER.

Iʳᵉ ESPÈCE.

Fer natif.

Car. Le gris foncé, tirant sur le blanchâtre.

Éclat supérieur à celui des autres métaux, le platine excepté.

Soluble dans l'acide nitrique, qu'il colore en brun-rougeâtre. Fusible au chalumeau.

Pesanteur spécifique : 7,78.

Dureté assez grande, qui s'accroît par la trempe, et surtout par l'acération; dans ce dernier cas, le fer devient le plus dur des métaux; il donne, par le choc du quartz des étincelles vives et brillantes, qui sont dues à la grande combustibilité du métal, et conséquemment à la rapidité avec laquelle il décompose le gaz oxygène de l'air atmosphérique.

Cassure mettant à nu une multitude de facettes plus ou moins larges, extrêmement brillantes.

Ductilité et élasticité supérieures à celles de tous les autres métaux. Le laminoir le réduit en plaques très-minces, et la filière en fils d'une finesse aussi plus grande que celle des cheveux.

Moins tenace que l'or seulement.

Susceptible d'acquérir facilement et de conserver long-temps la propriété magnétique.

Formes cristallines dérivant du cube ou de l'octaèdre.

Forme indéterminable : Massive.

La nature, si prodigue de minerais de fer, semble, au contraire, avoir mis tous ses soins à nous refuser ce métal dans l'état de pureté. Son existence fut regardée pendant longtemps comme problématique, ce qui s'explique par le petit nombre de gisements ou l'on a jusqu'ici reconnu le fer natif. Le seul d'entre ces gissements qui ait procuré ce minéral cristallisé en cubes, et le centre de l'Afrique, vers le haut du fleuve Sénégal. Les montagnes de Kamsdorff et d'Eibenstock en Saxe, celles de Meidziana-Gora en Pologne, de Grand Galbert en Dauphiné, de diverses parties de l'Amérique méridionale et de l'île Bour-

bon, ont fourni des grains et même des blocs de fer natif
dans lequel l'analyse chimique a constaté la présence de
quelques atomes de plomb et de cuivre.

L'immense généralité des usages du fer, les services
importants que chaque jour il rend à l'économie générale et particulière, à la sûreté respective des peuples, aux
progrès des sciences, à la prospérité des arts, dispense
de tous détails qui, sous ce rapport, concernent ce métal,
le plus précieux de tous.

On a divisé le fer natif en volcanique, pseudo-
volcanique et météorique; ces trois états si différents
de la même substance, font l'objet d'un examen particulier.

APPENDICE.

I. FER NATIF VOLCANIQUE.

Car. d'un blanc-grisâtre éclatant; nuancé de veinules
d'un gris-bleuâtre; moins soluble dans les acides et plus
difficile à fondre par le chalumeau que le fer forgé.

Pesanteur spécifique : 7,50.

Forme : En masses poreuses où cellulaires.

Cette sous-espèce a été découverte dans les flancs de la
Graveneirie, montagne des environs de Clermont-Ferrand,
par feu M. Mossier, pharmacien de cette ville, et minéralogiste distingué. Il trouva le premier échantillon dans un
ravin creusé par les pluies; il était encroûté d'une couche
d'oxyde rouge, de plusieurs pouces d'épaisseur. On assure
que le même fer natif se trouve en très-grande abondance,
puisqu'il subvient à presque tous les usages des naturels,
dans les terrains volcaniques de Madagascar.

II. FER NATIF PSEUDO-VOLCANIQUE.

Syn. *Acier natif.*

Car. Attaquable, mais non totalement dissoluble dans l'acide nitrique; presque infusible au chalumeau.

Pesanteur spécifique : 7,44.

Dureté : Très-grande : susceptible d'être à peine entamé par les meilleures limes; cassure à grain très-fin.

Malléabilité assez faible, mais qui s'accroît par le secours de la chaleur rouge.

Couleur : Le gris-bleuâtre.

Formes : Massive; globuleuse.

Composition : Fer, 94,50; carbone, 4,30; phosphore, 1,20.

C'est encore à Mossier qu'est due la découverte de cette seconde sous-espèce; il la trouva aussi dans les montagnes de l'Auvergne, mais sur le territoire de la Bouiche, non loin de Néry. Il paraît, d'après l'opinion de ce savant, que l'inspection du terrain trompait rarement sur la nature des minéraux qu'il devait renfermer, que la production du fer pseudo-volcanique est le résultat du violent embrasement d'une mine de houille. C'est une observation que nous avons été à portée de réitérer, à la houillère embrasée d'Artweiller, dans le ci-devant duché de Deux-Ponts, où nous avons reconnu parmi les produits scorifiés de ce grand foyer, des grains de fer pseudo-volcanique.

III. FER NATIF MÉTÉORIQUE.

Syn. *Météorolites. — Aréolithes. — Céraunites. — Bolides. — Pierres de Tonnerre.*

Car. D'un gris-bleuâtre terne ou noirâtre, assez souvent lustrée; aspect terreux; intérieur parsemé de points brillants.

Fusible, mais avec difficulté, par l'action du chalumeau en un bouton métalloïde, noir.

Fragile et même friable.

Pesanteur spécifique : 3,40 à 3,70.

Agissant fortement sur le barreau aimanté.

Formes très-variables : Ordinairement arrondies.

Composition : Fer, 33; silice, 41; magnésie, 10; chaux, 5; alumine, 3; soufre, 5; chrôme, 1; nickel, 1; manganèse, 1.

Quelle est l'origine, quel est le mode de formation du fer natif météorique? Ce sont des questions auxquelles le génie de l'homme n'a pu jusqu'ici répondre que d'une manière très-imparfaite, et par des hypothèses admissibles, il est vrai, mais point du tout concluantes. Des savants, à la tête desquels on remarque le célèbre Laplace, ne répugnent pas à croire que les météorites pourraient être lancées du grand satellite de la Terre, par des volcans dont la force de projection serait suffisante pour vaincre l'atraction terrestre, si elle égalait quatre fois et demi celle que l'on imprime à un boulet de 24, chassé de sa pièce, par l'explosion de douze livres de poudre. D'autres physiciens, d'un mérite reconnu, ont admis la formation spontanée de météorolites au sein de l'atmosphère qui en contiendrait les éléments, qu'un phénomène quelconque, tel qu'une grande masse d'électricité, par exemple, déterminerait à se réunir et entrer en combinaison pour produire les corps solides dont il est ici question.

Quoiqu'il en soit, concernant la valeur de ces opinions sur la cause productrice des météorolites, l'existence du fait, objet de longues contestations, est maintenant appuyée de preuves trop authentiques pour que l'on puisse encore la révoquer en doute. Ces corps solides renferment une grande quantité de fer malléable, disséminé dans une matière siliceuse, magnésienne et calcaire qui leur sert d'enveloppe. A l'époque immédiate de leur chute, ces corps, qui paraissent sortir avec fracas d'un globe aérien lumineux, ont un degré de température si élevé, que les personnes qui ont voulu les saisir ont eu les mains brûlées. Ces chutes ne sont point le résultat d'un de ces météores qui portent sur une grande étendue la terreur et la dévastation, elles s'effectuent par un temps calme et serein, et n'ont d'autre avant-coureur que la détonation qui les accompagne.

On paraît d'accord pour considérer comme météorolites les masses de fer malléable, que l'on a trouvées isolées sur différents points, très-distants entre eux, de la surface du globe. Les principales sont celles découvertes par Pallas sur une montagne voisine de l'Oubéi, en Sibérie; elle pesait 1,600 livres; par Sonnenschmidt, à Zacatécas, au Mexique; on l'estimait d'environ 2,000 livres; par don Michel Rubin de Celis, à Olumpa, dans l'Amérique méridionale : son poids paraissait être de 30,000 livres environ. Enfin, on cite comme supérieure à toutes, quant au poids, la masse de la pleine de Durango, dans la Nouvelle-Biscaye, qu'on évalue à 40,000 livres.

Du reste, l'analyse chimique a fait reconnaître dans ces diverses variétés de fer natif météorique, à très-peu de chose près les mêmes principes constituants.

11ᵉ ESPÈCE.

Fer oxydulé.

Syn. *Aimant. — Ethiops martial natif. — Fer phlo-gistiqué. — Fer magnétique. — Mine de fer attirable à l'aimant.*

Car. D'un gris-noirâtre.

Éclat : Médiocre, plus sensible dans les cristaux.

Insoluble dans l'acide nitrique ; réductible par le chalu-meau, sur un support de charbon.

Pesanteur spécifique : 4,24 à 4,94.

Assez fragile ; cassure conchoïde ; poussière noire, qui s'attache au barreau aimanté.

Exerçant une action vive et prompte sur l'aiguille aimantée.

Forme primitive : L'octaèdre régulier. Molécule inté-grande : tétraèdre régulier.

Formes indéterminables : Lamellaire ; spéculaire ; granu-laire ; terreuse ; fuligineuse.

Composition : Fer, 76 ; oxygène, 24.

De tous les minerais de fer, celui-ci n'est pas, à la vérité, le plus commun ; mais il en est peu qui forment des masses d'une aussi grande puissance ; car on le voit, dans certains cantons, indépendamment de ce qu'il s'étend à des profondeurs souterraines considérables, élever ses couches à des hauteurs prodigieuses, et même constituer à lui seul des chaînes entières de montagnes. Ses cristaux, ordinairement d'une forme très-nette, et d'un beau volume, sont disséminés dans plusieurs roches talqueuses et schis-teuses : certains schistes tégulaires (ardoises), renferment une multitude d'octaèdres de fer oxydulé, qui n'excèdent point en grosseur une graine de pavot ; et il est à remarquer que ces cristaux, répandus uniformément dans la pâte, ont leur sommets tournés d'un même côté. Les gisements les plus abondants du fer oxydulé sont : Gallivaca, en Laponie ; le Keskanar et le Blagodatski des monts Ourals, Katschtanarski, Magnetberg, Dolgogorskoi, Budnik, Maïb, en Sibérie, où la gangue métallifère est le talc verdâtre, la chlorite et la chaux carbonatée laminaire ; le Taberg, l'Hoegberg, Laermstadt, Fahlun, Donnemora, Arandal, Sahlberg, Bisberg, Bamble, Philippstadt et Westermanlan, en Suède, où les masses les plus grandes connues et pour la plupart, dépourvues de gangues, donnent souvent plus 0,80 de métal ; Schmalzgrube, en Saxe ; Janowitz, en Moravie ; Orbizan, Neustadt, Kugferberg, Tœpliz, en Bohême, où il est accompagné de cuivre pyriteux et de grenat dans une roche amphibolique ; Anlea, en Souabe ; Nassau-Siegen et Lichtenberg, Franconie ; Le Mont-Blanc, le Mont-Cervin, Cogne, Orpez, Teulada, Arsana, Monteferro, en Piémont et en Sardaigne, où le minerai en couches, qui alterne avec la serpentine, se dirige dans le gneiss, le schiste micacé et la chaux carbonatée ; en Corse, où de superbes cristaux sont empâtés dans un talc chlorite schisteux, ainsi qu'on le retrouve encore en Espagne, en Angleterre, aux États-Unis, dans les Antilles, au Brésil, dans la Colombie, au Pérou, en Chine, aux Molluques, etc., etc.

Presque tous les volcans en activité rejettent, avec les laves, des cristaux de fer oxydulé, qui paraissent ne pas avoir éprouvé d'altération ; il n'est pas rare d'en rencontrer également dans les amas qui constituent les bouches des anciens cratères, et surtout de ceux de l'Auvergne, et du Vivarais. En général, on peut regarder le fer oxydulé comme appartenant aux terrains primitifs, dans lesquels il constitue des filons, des couches, et même, comme il a été dit plus haut, des montagnes entières.

Le traitement du fer oxydulé, analogue à celui du fer oxydé ou hydraté, est néanmoins beaucoup plus facile; le métal qui en résulte est, à juste titre, le plus estimé. Ce produit de l'industrie fait la principale richesse des contrées du Nord. La Laponie, la Norwège et la Suède fournissent à la consommation générale, des fers qui, vu le bas prix auquel ils sont livrés sur les lieux, peuvent partout soutenir la concurrence avec les produits semblabes des autres usines, et leur être même préférés pour la qualité.

Le magnétisme du fer oxydulé ne consiste pas seulement dans une simple attraction de l'aiguille aimantée : plusieurs variétés de ce minéral jouissent de la propriété polaire, c'est-à-dire, d'attirer par un point une des extrémités de l'aiguille suspendue et de la repousser l'orsqu'on lui présente le point opposé Les premiers aimants naturels consistaient même en un simple morceau de l'une de ces variétés de fer oxydulé; mais l'on s'est aperçu que la propriété magnétique s'affaiblissait sensiblement par succession de temps, et qu'on la maintenait en enveloppant d'une armure de fer le minéral brut; on a eu recours à ce moyen. Plus tard on a reconnu, que par le contact en certain sens, avec une armure aimantée, on pouvait communiquer à l'acier une propriété magnétique aussi durable que celle dont jouit l'aimant: depuis lors l'on ne s'est plus servi que d'aimants artificiels, et tout récemmement, les brillantes expériences de MM. Œrsted, Ampère et Arago, ont prouvé que le fer oxydulé n'était pas indispensable pour procurer de bons aimants; mais il est inutile d'affaiblir l'intérêt qu'inspire la minéralogie : on lui devra toujours la production des premiers moyens de se diriger sur l'immense uniformité des mers.

APPENDICE.

Fer oxydulé titanifère.

Syn. *Mine de fer en sable volcanique. — Sable ferrugineux des volcans. — Fer magnétique sablonneux.*

Car. Ils ne diffèrent de ceux du fer oxydulé ordinaire que par un peu plus de dureté et d'éclat dans la cassure, ainsi que par un peu plus de pesanteur spécifique. Les cristaux sont rares et d'un très-petit volume, de même que les grains amorphes.

Cette sous-espèce se trouve en France, en Espagne, en Italie, en Allemagne, en Amérique, dans l'Australie, etc., etc.; elle est disséminée dans le basaltes, dont elle se sépare à mesure qu'ils se décomposent, pour se rassembler dans les ruisseaux et les ravins, où l'entraînent les pluies. Elle est composée de fer oxydulé, 84; et de titane, 16.

III° ESPÈCE.

Fer oligiste.

Syn. *Mine de fer spéculaire. — Mine de fer grise. — Fer de l'île d'Elbe. — Fer spéculaire de Framont. — Chaux de fer cristallisée. — Fer sublimé des volcans. — Fer micacé. — Fer oxydé. — Fer oxydé rouge luisant. — Hématite rouge. — Safran de Mars natif. — Ocre de fer. Sanguine. — Crayon rouge. — Rouge de montagne.*

Car. Le gris livide, bleuâtre, dans les cristaux et les masses parfaitement métalloïdes.

Éclat : Vif dans les cristaux qui ont l'aspect de l'acier poli, et qui sont formés quelquefois de reflets irisés.

Fusible au chalumeau ; donnant une teinte verte, sombre au verre de borax.

Pesanteur spécifique : 5 à 5,2.

Fragile, quoique susceptible de rayer le verre, cassure raboteuse ; poussière noirâtre, tirant plus ou moins sur le rouge sombre.

Action très-faible sur le barreau aimanté.

Forme primitive et molécule intégrante : Le rhomboïde un peu aigu.

Formes indéterminables : Lenticulaire ; laminaire ; granuleuse ; écailleuse ; concrétionnée ; compacte ; spéculaire ; bacillaire ; terreuse ; pseudo-morphique.

Composition : Fer, 69 ; oxygène, 31.

La réunion au fer oligiste proprement dit (Haüy, Traité, 1re édition) d'une grande partie des minerais qui, dans cet ouvrage, se trouvaient placés sous le seul titre générique de fer oxydé, a de beaucoup étendu les gisements du fer oligiste, qui d'abord se bornaient en quelque sorte à l'île d'Elbe, Framont, dans les Vosges, la Norwège, la Suède, et quelques terrains volcaniques. A ces gisements, qui restent toujours les plus importants, il faut ajouter un grand nombre de points métallifères de la Saxe, de la

Bohême, de la Silésie, de la Hesse, de la Thuringe, de la Prusse, du Palatinat, du Piémont, de la Sardaigne, de l'Italie, de la France, de l'Espagne, de l'Angleterre, de l'Irlande et de l'Amérique, où le minerai se rencontre plus ou moins abondamment sous une multitude de formes et d'aspects différents, depuis le poli brillant de l'acier, dans les facettes des cristaux, jusqu'à la nuance sombre et terreuse de ces masses qui donnent aux terrains qui les recèlent, l'apparence d'un sol ensanglanté.

Le fer oligiste constitue assez ordinairement des montagnes à couches; il stratifie, avec les schistes micacés et les roches granitoïdes, quelques porphyres, le quartz, la chaux carbonatée et la baryte sulfatée : il est disséminé dans des laves de différente nature; des minerais de cuivre pyriteux, de cuivre carbonaté, de plomb sulfuré, de fer oxydé, de fer oxydulé titané, de titane anatase, des cristaux de feld-spath, d'amiantoïde, de grenat, d'amphibole, lui sont assez ordinairement associés.

Traité de la même manière que le fer hydraté, le fer oligiste donne un métal qui ne le cède en qualité qu'à celui provenant des fontes du fer oxydulé.

On emploie le fer oligiste rouge terreux à la grosse peinture, à la fabrication des crayons de cette couleur. Les masses les plus dures sont taillées en prismes quadrangulaires plus ou moins gros, et servent ainsi aux dessinateurs, et même aux artisans, pour le tracé de leurs ouvrages. C'est avec la variété qui se rapproche davantage de l'état métalloïde, l'hématite, que les doreurs préparent ces instruments appelés *brunissoirs*, avec lesquels ils donnent le brillant aux métaux.

Les substances minérales qui présentent les rapports plus apparents avec le fer oligiste, sont le fer oxydulé, le cuivre gris, le plomb sulfuré, le schéelin ferruginé et le mica noirâtre.

IVe ESPÈCE.

Fer arsenical.

Syn. *Mispickel.* — *Mine de fer arsenicale.* — *Pyrite blanche.* — *Mine d'arsenic blanc.* — *Pyryte arsenicale.* — *Arsenic pyriteux.* — *Fer sulfuré arsénié.* — *Arsenic ferro-sulfuré.* — *Sulfo-arseniure de fer.*

Car. Le blanc livide, tirant sur le jaunâtre.

Éclat : Susceptible d'une assez prompte altération.

Fusible au chalumeau, en produisant une fumée blanche alliacée, qui se dégage aussi par la flamme d'une simple bougie.

Pesanteur spécifique : 6,52.

Donnant des étincelles par le choc du briquet, et dégageant même une odeur d'ail. Cassure granuleuse et peu brillante; poussière grise.

Forme primitive et molécule intégrante : Le prisme droit rhomboïdal.

Formes indéterminables : Bacillaire; aciculaire; massive.

Composition : Fer, 34; arsenic, 46; soufre, 20.

Le fer arsenical paraît appartenir aux terrains primitifs, et ne former que des lits ou couches d'une puissance assez médiocre; ses principaux gisements sont en Bohême, où le gneiss, les schistes micacés, la serpentine et la chlorite lui servent de gangue; ses cristaux sont disséminés dans le talc à **Freyberg**; en Sibérie, en France, en Angleterre et dans l'Amérique du Nord, ses filons traversent les roches quarzeuses et diverses espèces de granite. Les minéraux qui l'accompagnent le plus ordinairement sont : le fer sulfuré, le fer hépatique, le plomb sulfuré, le zinc sulfuré, l'étain oxydé, le schéelin ferruginé, l'émeraude, la baryte sulfatée, la chaux carbonatée, etc.

Ce minéral n'est point exploité pour le métal qu'il peut fournir, car le fer résultant de son traitement est toujours d'une qualité inférieure, aigre et cassant : ce qui est dû aux dernières portions d'arsenic dont il est bien difficile de le débarasser; mais on le grille dans des appareils qui sont décrits à l'article *arsenic*, pour en obtenir cette substance à l'état de deutoxide. La plus grande partie du deutoxyde d'arsenic, ou arsenic blanc du commerce, provient du grillage du fer arsenical de Bohême.

On ne distingue pas sans peine, à la première vue, le fer arsenical, du colbalt arsenical, du colbalt gris de certaines variétés de fer sulfuré, et surtout de l'argent antimonial.

APPENICE.

FER ARSENICAL ARGENTIFÈRE.

Syn. *Pyrite d'argent.* — *Mine d'argent blanche arsenicale.* — *Argent avec fer et arsenic, minéralisés par le soufre.* — *Pyrite arsenicale, tenant argent.*

Car. Ils ont en général les plus grands rapports avec ceux du fer arsenical ordinaire; on remarque seulement que la couleur blanche métalloïde tire davantage sur le jaune, principalement dans les cassures anciennes.

Composition : Contenant assez souvent jusqu'à 0,10 d'argent.

Cette variété du fer arsenical a été, pendant longtemps, considérée comme espèce ; elle se trouve plus abondamment que partout ailleurs à Andreasberg, à Braunsdorf et à Freyberg en Saxe ; à Kremnitz, Schmnitz et Wittichen en Bohême ; à Ruthausberg en Bavière. L'argent antimonié sulfuré, l'argent sulfuré, le cuivre pyriteux, le plomb sulfuré, le quartz, la baryte sulfatée, et la chaux carbonatée, lui sont assez fréquemment associés.

Vᵉ ESPÈCE.

Fer sulfuré.

Syn. *Marcassitte.* — *Pyrite martiale.* — *Fer minéralisé par le soufre.* — *Mine sulfureuse de fer.* — *Miroir des Incas.* — *Pierre d'arquebuse.* — *Pierre de foudre.* — *Pierre de tonnerre.* — *Quadri-sulfure de fer cubique* Beud.

Car. Le jaune de bronze.

Éclat : Assez vif, mais qui s'altère promptement par le contact de l'air.

Fusible au chalumeau en une masse scoriforme ; altérable à la flamme d'une simple bougie, s'y réduisant en une masse brune attirable à l'aimant.

Pesanteur spécifique : 4,10 à 4,75.

Étincelant sous le choc du briquet, en exhalant une odeur sulfureuse ; cassure raboteuse ; peu éclatante, quelquefois, mais très-rarement conchoïde ; poussière d'un vert noirâtre.

20

Forme primitive : Le cube.

Formes indéterminables : Aciculaire, radiée; capillaire; globuleuse; granuleuse; dendritique; concrétionnée; pseudo-morphique.

Composition : Fer, 54; soufre, 46.

Ce minéral est encore l'un des plus universellement répandus; on le trouve disséminé dans toutes les formations, et quelquefois il y constitue des veines ou des couches d'une puissance et d'une étendue assez remarquables. C'est surtout dans les schistes tégulaires, dans les schistes bitumeux qui recouvrent les mines de houille, et dans les houilles mêmes, qu'il abonde : on y voit ses cristaux briller d'un éclat si vif, que le vulgaire les considère habituellement comme des mines d'or. Il accompagne dans leurs gisements la plupart des autres minerais; c'est ainsi qu'on le rencontre associé à toutes les autres espèces du genre fer, à l'or et à l'argent natifs, au mercure, au plomb, au zinc et à l'antimoine sulfurés. Il est quelquefois si intimement uni au cuivre pyriteux, et dans des proportions si variées, que l'on se trouve dans l'impossibilité de le reconnaître, ou pour fer sulfuré cuprifère, ou pour cuivre pyriteux ferrifère.

La propriété qu'a le fer sulfuré de donner des étincelles sous le choc du briquet, lui a mérité le nom de pyrite; celui de Pierre de Carabine lui vient de ce que primitivement, et avant que l'on eût songé au quartz pyromaque, on en armait le chien des fusils; celui de Pierre de Foudre ou de *Tonnerre*, provient de la persuasion où l'on était que les globules radiées de fer sulfuré, que l'on trouve fréquemment dans les terrains calcaires, avaient une origine météorique, d'où l'on peut tirer la conséquence qu'à des époques bien éloignées de celle où l'on reconnu le fait comme positif, les observateurs de la nature n'avaient aucun doute sur l'existence de corps métallifères tombés des régions célestes; que seulement ils s'étaient trompés sur la véritable nature de ces corps, et leur en avaient assimilé d'autres d'une origine toute différente. Les anciens souverains du Pérou attachaient un grand prix à de belles et grandes lames de fer sulfuré dont ils faisaient polir soigneusement la surface, de manière à ce qu'elle pût leur tenir lieu de miroirs, dont ils ne connaissaient pas l'invention. Ces plaques, que les Européens ont retrouvées dans les opulentes sépultures des rois péruviens, ont été nommées *Miroirs des Incas*.

L'abondance d'autres minerais de fer, plus riches en métal et moins difficiles à traiter, est cause que l'on néglige l'exploitation des sulfures qui, du reste, ne donneraient qu'un fer de médiocre qualité; mais on obtient de la décomposition de ces sulfures la plus grande partie du sulfate employé dans le commerce. A cet effet, l'on bocarde les pyrites pour les réduire en fragments de médiocre grosseur; on en forme des tas sur un sol faiblement incliné de chaque côté, de manière à laisser au centre une rigole d'écoulement qui aboutit à un réservoir. On arrose les pyrites ; bientôt elles s'échauffent, et se disposent à une décomposition qui est déterminée par celle d'une portion de l'eau dont l'oxygène se porte à la fois sur le fer, qu'il fait passer à l'état d'oxyde; et sur le soufre qu'il transforme en acide sulfurique. L'acide et la base salifiable, se trouvant en contact, se combinent, et le sel qui en résulte, entraîné par l'eau non décomposée, se rend au réservoir, à l'état de dissolution ; mais la quantité de fer, dans le sulfure, n'étant pas assez grande pour saturer tout l'acide sulfurique produit, on est obligé de déposer dans le réservoir des copeaux de fer qui neutralisent complétement le sulfate. On filtre la dissolution; on la fait évaporer, puis cristalliser.

L'or natif, le cuivre pyriteux et le fer arsenical, présentent dans quelques-uns de leurs caractères extérieurs, des points d'analogie assez frappants avec le fer sulfuré.

APPENDICE.

I. FER SULFURÉ AURIFÈRE.

Syn. *Pyrite aurifère. — Or pyriteux.*

Car. Cette sous-espèce ne se distingue du fer sulfuré que par la couleur, que l'on a remarqué être d'un jaune plus clair et plus brillant. On a également observé qu'il s'effleurissait moins facilement par l'exposition à l'air humide.

Le fer sulfuré aurifère est assez abondant au Pérou et dans plusieurs antres contrées de l'Amérique méridionale, en France, en Suisse, en Norwège et surtout en Hongrie et en Transylvanie, où, malgré le peu d'or qu'il renferme, on ne laisse pas que de l'exploiter pour en obtenir le métal précieux.

On attribue à la décomposition spontanée des pyrites aurifères, la production des paillettes d'or que l'on trouve assez communément dans les sables qui forment le lit de certains ruisseaux.

II. FER HÉPATIQUE.

Syn. *Fer oxydé épigène. — Fer sulfuré décomposé. — Pyrite brune martiale.*

Car. Soluble dans l'acide nitrique; réductible par l'action prolongée du chalumeau.

Forme primitive : Le cube.

Formes indéterminables : Massive; concrétionnée; pseudomorphique.

Fragile: cassure terreuse; poussière d'un rouge-brun.

Pesanteur spécifique : 3,50 à 3,90.

Magnétisme nul.

Opaque.

Brun rougeâtre; brun-noirâtre; surface des cristaux d'un brun noirâtre, luisant.

Composition : Fer, 70,5; oxygène, 29,5.

Le fer oxydé épigène paraît être le résultat d'une altération complète (les formes exceptées) du fer sulfuré. On explique cette altération par un dégagement insensible du soufre; mais ce dégagement, si toutefois l'expression peut être admise dans ce cas-ci, n'a pu avoir lieu qu'après la conversion du soufre en acide sulfurique, et avant que l'acide affaibli sans doute par beaucoup d'eau, ait pu agir sur les molécules du métal oxydé. Du reste, cette sous-espèce accompagne le fer sulfuré dans presque tous ses gisements.

VIe ESPÈCE.
Fer sulfuré magnétique.

Syn. *Pyrite magnétique.*

Car. D'un jaune de bronze nuancé, de brunâtre et de

rougeâtre; soluble dans l'acide nitrique affaibli; dégageant, pendant sa dissolution, de l'hydrogène sulfuré.

Pesanteur spécifique : 4,51.

Dureté : médiocre; cassure raboteuse; poussière d'un gris verdâtre.

Action sensible sur le barreau aimanté, et souvent avec indication des deux pôles.

Formes indéterminables : Laminaire; lamellaire; massive.

Composition : Fer, 60; soufre, 40.

Le fer sulfuré magnétique paraît exclusif aux terrains de première formation, tels que les gneiss, les schistes micacés, le calcaire primitif, etc., etc., dans lesquels il est disséminé en grains, rognons, et petits filons. C'est ainsi qu'on le trouve à Catherinebourg en Sibérie; à Konsberg en Norwège; à Breitenbrunn et Andréasberg en Saxe; à Boehmich-Neustadt en Bohême; à Badenmaïs en Bavière; près de Nantes en France; à New-York aux États-Unis; à Zacatécas au Mexique, etc., etc. Il a souvent pour minéral d'union, dans ces divers gisements, le fer sulfuré jaune, le cuivre pyriteux, le zinc sulfuré, auxquels on peut encore ajouter le quartz et l'amphibole.

VIIe ESPÈCE.

Fer sulfuré blanc.

Syn. *Sulfuré de fer. — Pyrite rayonnée. — Quadri-sulfate de fer prismatique.* Beud.

Car. D'un blanc métallique tirant sur l'éclat de l'étain, mais jaunissant par le contact de l'air, qui bientôt accomplit la décomposition ou l'efflorescence; altérable à la flamme d'une simple bougie, qui en dégage une odeur sulfureuse et le rend attirable à l'aimant.

Pesanteur spécifique : 4,75.

Étincelant par le choc du briquet; cassure conchoïde, éclatante; poussière d'un noir verdâtre.

Forme primitive et molécule intégrante : Le prisme droit rhomboïdal.

Formes indéterminables: Aciculaire; globulaire; radiée; concrétionnée.

Composition : Fer, 54; soufre, 46.

Il se présente ici, entre le fer sulfuré blanc et le fer sulfuré ordinaire ou jaune, la même difficulté qui a été observée entre l'arragonite et la chaux carbonatée : dans les deux cas, la géométrie seule impose une limite spécifique, et l'ensemble de la science ne paraît pas encore avoir prononcé définitivement en faveur de la suffisance de ce seul caractère. On a encore remarqué que la décomposition spontanée du fer sulfuré blanc, toujours certaine d'ailleurs, était beaucoup plus prompte que celle du fer sulfuré jaune, qui souvent ne peut être déterminé que par des moyens accidentels. Cette propriété fait aussi que l'on recherche de préférence le fer sulfuré blanc dans les établissements où l'on convertit cette substance minérale en sulfate de fer. Le fer sulfuré blanc partage presque tous les gisements du fer sulfuré ordinaire, et dans tous deux on observe les mêmes accidents d'épigénie.

VIII° ESPÈCE.

Fer carburé.

Syn. *Plombagine.* — *Crayon noir.* — *Mine de plomb noire.* — *Carbone oxydulé ferruginé.* — *Graphite.*

Car. D'un gris-noirâtre ; susceptible d'acquérir plus de brillant par le frottement ; laissant des traces métalliques sur les corps où on le passe avec pression ; brûlant et se volatilisant par l'action prolongée du chalumeau.

Surface douce et onctueuse au toucher.

Fragile ; tendre ; facile à racler avec un couteau ; poussière grise.

Pesanteur spécifique : 2,08 à 2,44.

Acquérant, par le frottement et lorsqu'il est isolé, l'électricité résineuse ; n'en communiquant aucune, par le frottement, à la résine ou à la cire à cacheter.

Forme primitive : Le prisme hexaèdre régulier.

Formes indéterminables : Lamellaire ; granuleuse ; schistoïde.

Composition : Carbone, 92 ; fer, 8.

Après avoir fait passer cette espèce de la classe des substances métalliques hétéropsides, où elle fut primitivement placée comme présumée appartenant au genre mica, dans celle des substances combustibles non-métalliques, où elle reçut le nom de *graphite,* on paraît enfin l'avoir irrévocablement fixée dans le genre de fer, des substances métalliques autopsides : cette place n'est-elle pas la plus naturelle ? C'est une question difficile à résoudre ; car, malgré sa petite quantité de fer relativement à celle de carbone, elle constitue toujours un minéral métallifère, dont le gisement exclusif aux terrains de première formation, serait en quelque sorte une anomalie dans la classe des combustibles non métalliques.

Le fer carburé occupe des petites veines ou poches dans le granit, les schistes primitifs et micacés, et le calcaire granuleux. L'Andalousie, les Pyrénées, la France, les Alpes, le Piémont, la Calabre, la Bohême, la Norwège, l'Angleterre, le Groenland, les États-Unis, fournissent plus ou moins abondamment ce minéral.

Les usages de cette substance sont assez fréquents, quoiqu'ils n'en exigent pas des masses considérables : on sait qu'on la divise en parallélipipèdes très-minces que l'on introduit dans une rainure de bois tendre et que l'on recouvre d'une tringle semblable, afin de pouvoir en former des cylindres que l'on nomme crayons. Sa douceur, son onctuosité la fait souvent employer de préférence aux corps gras, pour adoucir les frottements des machines ; on en recouvre les surfaces de fer et de plomb, pour leur donner une sorte de vernis moins altérable que ces métaux. On mêle sa poussière avec l'argile destinée à la fabrication des creusets : ce mélange procure une pâte qui soutient mieux les brusques alternatives des extrêmes de température.

IXe ESPÈCE.

Fer calcaréo-siliceux.

Syn. *Licvrite.* — *Ilvaïte.* — *Yénite.*

Car. Soluble dans les acides hydro-chlorique, nitrique et sulfurique ; acquérant la propriété magnétique après avoir été chauffé par la flamme d'une simple bougie; fusible au chalumeau en un bouton noir.

Forme primitive : L'octaédre rectangulaire. Molécule intégrante; tétraèdre hémi-symétrique.

Formes indéterminables : bacillaire; aciculaire; lamellaire; compacte.

Rayant fortement le verre; donnant quelquefois des étincelles sous le choc du briquet; cassure inégale, raboteuse; poussière brune.

Pesanteur spécifique : 3,82 à 4,06.

Opaque.

Brunâtre; noir.

Composition : Oxyde de fer, 56; silice, 32; chaux, 12.

Le fer calcaréo-siliceux n'a encore été trouvé que dans l'île d'Elbe, au cap Calamite et à Rio-la-Marine; il y forme des masses superposées au calcaire mêlé de talc vert; il est ordinairement accompagné de pyroxène, de grenat, de quartz et de fer oxydulé.

Xe ESPÈCE.

Fer oxydulé titané.

Syn. *Chrichtonite. — Craitonite.*

Car. Infusible au chalumeau.

Forme primitive : Le rhomboïde très-aigu.

Forme indéterminable : Lamellaire.

Rayant la chaux fluatée; cassure conchoïde, éclatante; poussière d'un noir foncé.

Noir.

Éclat : Très-vif.

Composition : Oxyde de fer, oxyde de titane.

Ce minéral, que M. de Bournon a fait connaître, et auquel il a donné le nom de *chrichtonite;* de celui du docteur Chricton, médecin de l'empereur de Russie, et minéralogiste distingué, n'a jusqu'ici été trouvé que dans le Dauphiné, au bourg d'Oisans, associé au titane anatase, sur une gangue feld-spathique.

XIe ESPÈCE.

Fer hydraté.

Syn. *Mine de fer terreuse. — Fer limoneux. — Fer réniforme. — Œtite. — Pierres d'aigle. — Fer oxydé, brun, géodique. — Hématite brune. — Fer pisiforme. — Mine de fer brune, compacte. — Ocre martial. — Terre d'ombre. — Ocre brun. — Fer oxydé cirrographique. — Hydroxyde de fer.* Beud.

Car. Fusible au chalumeau avec le borax, en un vert jaunâtre ; donnant, sans addition, une espèce de fritte d'un brun rougeâtre, qui décèle la propriété magnétique.

Forme primitive : le cube.

Formes indéterminables : Apicée ; fistulaire ; mamelonnée ; cylindrique ; conique ; géodique ; globuleuse ; massive ; pulvérulente ; terreuse ; cloisonnée.

Dureté très-variable ; fragile et souvent friable ; poussière jaune, qui passe au rouge par la calcination.

Pesanteur spécifique : 3,50 à 4.

Magnétisme : Quelquefois sensible dans quelques variétés ; mais se développant toujours après l'action du feu.

Opaque.

Jaune ; brun ; noirâtre.

Reflet : Irisé.

Composition : Tritoxyde de fer, 80; eau, 20.

Il n'est pas de minerai plus généralement ni plus abondamment répandu que le fer hydraté; mais on ne le trouve que dans les terrains secondaires, et même dans ceux dont la formation se rapproche le plus de l'époque actuelle : il s'y présente en dépôts si considérables qu'on ne peut, pour ainsi dire, s'empêcher de les regarder comme une preuve ostensible de la prévoyance de la nature, qui aurait voulu mettre à la portée de l'homme les matériaux propres à lui fournir le métal le plus nécessaire à ses besoins comme à sa propre conservation.

Ce minerai constitue des couches massives, d'une grande étendue, assises sur le calcaire, l'argile, et même le sable. Quelquefois se sont de simples amas ou dépôts qui remplissent des cavités plus ou moins considérables, et qui paraissent avoir été formés par précipitations successives; on trouve souvent entre les lits de nuances différentes, dues à quelques légères modifications dans les précipités, des corps organiques qui s'y sont conservés intégralement, ou qui, par l'effet d'une décomposition lente, accompagnée d'une forte compression, n'ont pu y laisser que leur empreinte. Les amas peuvent aussi n'être composés que de petites masses irrégulières, libres ou agglomérées par un ciment argileux, et que l'on soupçonne être d'origine pyriteuse; on a d'autant plus de motifs de le penser, que l'analyse chimique de ces masses donne presque toujours de l'acide sulfurique. Ces masses sont géodiques, et conservent ordinairement au centre un noyau mobile, ce que l'on explique par l'espace vide qu'a dû nécessairement occasionner le soufre à mesure qu'il se transformait en acide, que le composé se dissolvait dans les eaux d'infiltration, et qu'il emportait alors quelques parties terreuses auxquelles il se combinait ; les substances indissolubles, qui étaient adhérentes au soufre, n'ayant pu s'échapper comme lui par infiltration, se seront réunies et auront formé des corps solides au milieu de la géode.

Comme la plupart des couches, veines, filons ou dépôts de fer hydraté sont très-voisines du sol, l'exploitation des mines se fait presque toujours à ciel ouvert, et de la manière la plus économique, vu le bas prix du minerai et du métal que l'on en obtient. On suit la tranchée de reconnaissance dans une direction perpendiculaire à celle du gîte ; on l'élargit en rejettant plus au loin, de part et d'autre, les déblais de recouvrement, et l'on procède à l'extraction. Lorsque l'enfoncement de la mine ou la puissance de la couche ou du dépôt sont tels, que les frais de creusement pour mettre à découvert le minerai rendraient l'entreprise ruineuse, on a recours à des travaux souterrains de peu de solidité et d'étendue ; on ouvre, à une faible distance l'un de l'autre, deux puits, dont on soutient les parois au moyen de fascines ; on établit sur l'un deux un treuil pour l'enlèvement des déblais et du minerai, et l'on attaque le filon dans sa direction vers le puits, parallèle ; à mesure que l'on avance, on étaie pour mettre les mineurs à l'abri des éboulements, et lorsque l'on est parvenu au second puits on pratique le creusement d'un troisième, que l'on fascine avec les branchages que l'on enlève du premier, et ainsi de suite.

La fonte du minerai s'opère dans les hauts fourneaux, qui, comme l'on sait, ont la forme pyramidale, et sont beaucoup plus évasés vers le tiers de la base, que l'on nomme *cuve* ou *laboratoire*. Ces hauts fourneaux s'élèvent depuis six jusqu'à douze mètres, et même plus, au-dessus du sol; on les charge par l'ouverture supérieure, appelée *gueulard,* et l'on active la fusion par le jeu des soufflets, dont le vent est dirigé sur le grand foyer de chaleur par la tuyère placée dans l'épaisseur des parois du fourneau. La matière de la charge consiste en minerai bocardé et lavé, en charbon, bois ou cack et en fondants, mélangés en proportions convenables. Les fondants sont ou calcaires ou argileux : calcaires lorsque le minerai abonde en alumine; argileux dans le cas contraire. Les premiers sont nommés, par les maîtres de forge *castine,* et les autres *herbue.* La chaux, l'alumine et la silice, qui accompagnent toujours le minerai, ne pourraient isolément entrer en fusion; mais le mélange de ces trois substances détermine leur fusibilité réciproque, qui favorise celle du métal en le débarassant en même temps de tous les principes hétérogènes qui sont entraînés à la surface, et y forment le laitier ou les scories. Le métal, aussi pur qu'il peut l'être, après une première fusion, se rassemble dans la partie inférieure du fourneau ou le creuset, d'où on le fait écouler dans des moules placés au-dehors, lorsqu'on juge à propos de déboucher une ouverture pratiquée à cet effet.

Dans cette opération première, le métal se dépouille de l'oxygène qui s'empare d'une petite portion de carbone pour se dissiper sous forme d'acide carbonique; mais il s'en faut de beaucoup que le fer soit pur : il s'est, de son côté, combiné avec une quantité indéterminée de carbone, et constitue la fonte, composé aigre et cassant, dont la nature varie en raison des quantités respectives de fer de carbone et d'oxygène. Pour transformer cette fonte en fer malléable, on reprend les pains formés dans les moules, que l'on connaît plus particulièrement sous la dénomination usitée de *queuse*, et on les dépose dans le bassin d'une forge destinée à cet usage; on procède à la fusion au moyen de bons soufflets, et l'on remanie la fonte avec les *ringards* ou crochets de fer. Lorsque la masse paraît suffisamment travaillée, on l'enlève du bassin, sous forme de *loupe*, que l'on dépose sur le sol pour la battre fortement et la débarrasser des scories; on la saisit ensuite avec des tenailles, et on la porte sous le martinet, dont le jeu et des chaudes successivement réitérées achèvent l'épuration du métal. On termine en étirant la loupe en barres ou en lames d'une épaisseur subordonnée aux usages auxquels le métal est destiné.

Lorsque les minerais sont bien riches, c'est-à-dire, lorsqu'ils contiennent moins de parties terreuses, on peut simplifier et abréger le travail, en substituant la méthode catalane au traitement par le haut fourneau; on obtient alors d'un seul feu le métal malléable : conséquemment on évite la transformation première du minerai en fonte. Le fourneau que l'on emploie, par cette méthode, est très-simple; il consiste en une bâtisse carrée, en briques, au centre de laquelle est pratiquée une cavité (creuset) de six à huit décimètres de côté; de forts soufflets portent l'air dans cette cavité, à l'aide d'un tuyau qui traverse un mur élevé sur l'un des côtés du fourneau, de manière à lui donner assez de ressemblance avec une forge de maréchal. Le creuset est recouvert d'une cheminée en forme de hotte, appuyée contre le mur de la tuyère ; on charge le creuset avec du minerai et du charbon, on fait agir les soufflets, et l'on entretient avec du charbon la grande activité de la combustion. Le métal ne tarde pas à entrer en fusion ; alors, avec les ringars, on en retire des loupes, que l'on cingle et que l'on porte sous le martinet pour débiter le fer dans les formes sous lesquelles il doit être livré au commerce. Une forge catalane ordinaire et bien servie peut rendre chaque jour de quinze à seize quintaux de fer.

APPENDICE.

I. FER HYDRATÉ NOIR VITREUX.

Car. Devenant magnétique après l'exposition à la flamme d'une bougie.

Formes : Massive ; concrétionnée.

Rayant faiblement le verre ; cassure conchoïde, luisante, et laissant quelquefois apercevoir des couches concentriques ; poussière jaune.

Pesanteur spécifique : 3,20.

Opaque.

Noir.

Composition : Oxide de fer, 81 ; eau, 15 ; silice, 4.

Cette sous-variété a été trouvée par M. Delcros, aux environs de Soultz, en Alsace, dans une mine de] fer hydraté qu'elle accompagnait.

II. FER HYDRATÉ RÉSINITE

Syn. *Fer piciforme.* — *Pecherz ferrugineux.* — *Fer sul-faté, avec excès de base.* — *Blende légère.* — *Pittizite.* — *Hydro-sulfate bi-ferrugineux.*

Car. Décrépitant à la flamme d'une bougie; s'y fondant ensuite et devenant attirable; divisible spontanément dans l'eau, mais sans y éprouver aucune autre altération, soluble dans les acides.

Forme : Massive.

Fragile et même friable; cassure résineuse; poussière jaune.

Pesanteur spécifique : 2,30.

Acquérant l'électricité résineuse par le frottement, après avoir été isolé.

Translucide sur les bords; opaque.

Jaune; brunâtre; rougeâtre.

Aspect résineux.

Composition : Oxide de fer, 62; eau, 22; acide sulfu-rique, 16.

Cette sous-espèce, découverte en 1770, par Monnet dans une veine de fer hydraté de la mine de Braunsdorff a été retrouvée depuis dans celle de Kutsbeschurung, toutes deux dans l'arrondissement de Freyberg, en Saxe.

XII° ESPÈCE.

Fer carbonaté.

Syn. *Chaux carbonatée ferrifère.* — *Fer spathique.* — *Carbonate de fer.* — *Mine de fer blanche.* — *Mine d'a-cier.* — *Spath brunissant.* — *Fer oxydé carbonaté.*

Car. Soluble avec une effervescence plus ou moins

lente dans l'acide nitrique; devenant magnétique après avoir éprouvé l'action de la chaleur.

Forme primitive et molécule intégrante: Le rhomboïde obtus.

Formes indéterminables : Laminaire; lamellaire; lenti-culaire; massive ; concrétionnée; mamelonnée.

Rayant la chaux carbonatée; cassure lamelleuse.

Pesanteur spécifique : 3,20.

Translucide; opaque.

Blanchâtre; jaunâtre; brunâtre; brun ; brun rougeâtre; noirâtre.

Éclat quelquefois nacré.

Composition : Oxyde de fer, 61; acide carbonique, 39. Il est bien rare que, dans cette composition, l'on ne trouve des quantités, plus ou moins grandes, d'oxyde de manganèse; on a même vu les proportions de cet oxyde s'élever au-delà de 0,10.

Le fer carbonaté abonde dans certains terrains primi-tifs: il y forme des couches d'une puissance et d'une étendue considérables à Sahlberg et à Westersilberg, en Suède; à Clausthal, à Marienberg, à Freyberg, au Hartz, en Saxe; à Eizenertz, Schladming, en Styrie; à Krem-nitz, en Hongrie; à Joachimsthal, en Bohême; à Schwartz, dans le Tyrol; à Allevard, Visile, Allemont, Cascatel, Baygorry, Ste-Marie, en France. On le trouve encore à Kischtimkoi et Nagornoi, en Sibérie; à Henneberg, en Franconie; à Huttemberg, en Carinthie; à Kunitz, Saal-feld; Groscamdorf, en Thuringe; à Schmalkolden, dans la Hesse; à Landsberg, Steinheim, dans le Palatinat; à Jauberling, dans la Carniole; à Brasso, Traverselle, Pezai,

Moustiers, en Piémont; à Sommo-Rostro, en Espagne, en Angleterre, dans l'Amérique du Nord, et dans une foule d'autres gisements. On remarque parmi les minéraux qui sont le plus fréquemment associés au fer carbonaté, la chaux carbonatée, la chaux fluatée, la baryte sulfatée, le quartz, le grenat, l'amphibole, l'argent sulfuré, le cuivre pyriteux, le cuivre gris, le cuivre carbonaté, le plomb sulfuré, le plomb carbonaté, le fer sulfuré, le fer hydraté, l'étain oxydé et le zinc sulfuré. Le traitement de ces minerais est à peu de chose près le même que celui du fer hydraté; mais presque toujours on y applique la méthode catalane. On les considère comme les plus riches, et il n'est pas rare d'en obtenir de 0,34 à 0,36 de métal.

XIIIe ESPÈCE.

Fer phosphaté.

Syn. *Bleu de Prusse natif.* — *Fer azuré.* — *Fer prussiaté.* — *Bleu martial fossile.* — *Schorl bleu de Sibérie.* — *Vivianite.* — *Hydro-phosphate de fer.*

Car. Soluble sans effervescence dans l'acide nitrique; fusible au chalumeau en un globule métalloïde.

Forme primitive: Le prisme rectangullaire oblique.

Formes indéterminables: Laminaire; aciculaire; compacte; terreuse.

Fragile; rayant la chaux sulfatée; cassure terne; poussière bleue qui noircit par le mélange avec l'huile.

Pesanteur spécifique : 2,60.

Magnétisme: Assez faible, mais qui se manifeste d'une manière plus sensible après l'action du feu.

Transparent; translucide; opaque.

Bleu verdâtre.

Composition : Oxyde de fer, 44; acide phosphorique, 22; eau, 34.

Le fer phosphaté paraît n'appartenir qu'aux formations les plus récentes; et, quoique ses cristaux se trouvent quelquefois engagés dans les cavités de certaines roches primitives, tout porte à croire qu'ils ne se sont emparés de ces gisements qu'après coup. C'est surtout dans les terrains marécageux, dans les tourbières, qu'existe en plus grande abondance ce minéral; mais rarement il s'y présente sous des formes régulières, c'est presque toujours sous l'apparence terreuse, et disséminé en petites masses. Il semble que sa production soit l'effet de la rencontre de globules pyriteux avec des matières animales ou autres, riches en phosphore, et que, dans le contact de ces matières avec les pyrites, les unes et les autres, réciproquement décomposables, aient donné naissance au fer phosphaté. Un assez grand nombre d'observations locales accordent à de telles conjectures un haut degré de vraisemblance.

Le fer phosphaté cristallisé tapisse la surface du fer sulfuré magnétique à Bodemnais en Bavière, celle du granit à Stavern en Norwège, à Irguinskio en Sibérie, à Merzthal en Styrie, à Sainte-Agnès en Cornouailles; des produits volcaniques des bords de la rivière des Créoles, à l'Ile-de-France, de ceux de l'Auvergne, particulièrement à Labouische. La variété pulvérulente se rencontre dans toutes les contrées tourbeuses; au sortir du gisement, et lorsqu'elle est encore humide, sa couleur ne diffère point de celle du terreau; ce n'est qu'en se desséchant, et après une plus ou moins longue exposition à l'air, qu'elle acquiert la belle nuance azurée qui la fait quelquefois employer à la grosse peinture en détrempe.

XIV° ESPÈCE.

Fer chromaté.

Syn. *Chrome oxydé ferrifère. — Fer chromé. — Chromite de fer.*

Car. D'un gris bleuâtre, tirant sur le noir.

Infusible au chalumeau; colorant en vert le borax fondu. Insoluble dans les acides.

Pesanteur spécifique: 4.

Éclat assez faible.

Rayant le verre. Cassure très-raboteuse. Poussière d'un gris noir.

Agissant faiblement sur le barreau aimanté.

Forme primitive: L'octaèdre régulier.

Formes indéterminables: Laminaire; lamellaire; massive.

Composition: Acide chromique, 60; oxyde de fer, 40.

Ce minéral a été découvert en 1799, par M. Pontier, à la Bastide, près de Gassin, en Provence, où ses couches sont superposées à la serpentine; depuis il a été reconnu dans une roche semblable aux environs de Nantes, et dans plusieurs localités des États-Unis. Les roches talqueuses et schisteuses de la Sibérie, de la Styrie, renferment aussi quelques veines de ce même minerai.

C'est du fer chromaté que l'on obtient le chrome et

ses diverses combinaisons, qui sont livrés au commerce, et employés dans les arts.

Les substances qui pourraient être confondues avec le fer chromaté sont: le fer oxydulé, le fer oligiste, le zinc sulfuré, et l'urane oxydulé.

XVe ESPÈCE.

Fer arséniaté.

Syn. *Pharmacosidérite.* — *Scorodite.* — *Hydrarséniate de fer.*

Car. Fusible à la flamme d'une simple bougie, en un bouton métallique brillant. Réductible par le chalumeau, et avec dégagement de vapeurs alliacées, en un culot de fer attirable.

Forme primitive: Le cube.

Forme indéterminable: Concrétionnée.

Rayant la chaux carbonatée; cassure raboteuse et d'un aspect onctueux.

Pesanteur spécifique: 3.

Transparent; translucide; opaque.

Vert jaunâtre; vert olive; brunâtre.

Composition : Oxyde de fer, 49; acide arsenique, 18; eau, 33.

Le fer arséniaté se trouve dans les roches granitiques du Cornouailles, en Angleterre; dans celles de Saint-Léonard, au Limousin; sur le fer oligiste compacte du comté de Nassau-Usingen ; enfin parmi les produits volcaniques de la Solfatarre. Il est souvent accompagné de cuivre pyriteux, de cuivre arséniaté, de fer arsenical, de fer hydraté et de cristaux de quartz.

XVIᵉ ESPÈCE.

Fer hydro-chloraté.

Syn. *Pyrodmalite.* — *Muriate de fer.* — *Fer chloraté.*
— *Pyrosmalite.* — *Pyroxène ferro-manganésien.* Beud.

Car. Répandant, par l'action du chalumeau, une forte odeur de chlore, et se réduisant en une scorie attirable à l'aimant.

Forme primitive : Le prisme rhomboïdal oblique.

Formes indéterminables : Laminaire; concrétionnée.

Fragile; cassure lamelleuse; poussière blanchâtre.

Pesanteur spécifique : 3,08.

Opaque; translucide sur les bords.

Gris-verdâtre; brunâtre.

Ce minéral a été découvert par MM., Gahn et Classon, dans une mine de fer de la Suède, à Wermeland ; ses cristaux et ses petites masses laminaires y sont disséminés dans le calcaire lamelleux ; ils sont associés à l'amphibole, au pyroxène et au fer oxydulé. Les déjections volcaniques du Vésuve, produites par l'éruption de 1805, ont procuré les concrétions de fer hydro-chloraté.

XVIIᵉ ESPÈCE.

Fer oxalaté.

Syn. *Humboldtite.*

Car. Soluble dans l'acide nitrique, qu'il colore en jaune. Réductible par le chalumeau, et devenant attirable.

Forme primitive : Le prisme droit à base carrée.

Forme indéterminable : Laminaire.

Rayant la chaux sulfatée.

Pesanteur spécifique : 1,30.

Action très-faible sur le barreau aimanté.

Translucide; opaque.

Jaune de paille.

Composition : Oxyde de fer, 54; acide oxalique, 46.

Ce minéral a été trouvé dans un dépôt de lignites, aux environs de Freyberg, en Saxe; il est encore extrêmement rare dans les collections.

XVIIIe ESPÈCE.

Fer sulfaté.

Syn. *Vitriol de fer.* — *Couperose verte.* — *Vitriol martial* — *Fer vitriolé.* — *Hydro-sulfate de fer.*

Car. Soluble dans le double de son poid d'eau. S'effléurissant facilement à l'air, y perdant sa couleur et sa transparence. Noircissant sur le champ toutes les infusions végétales qui contiennent de l'acide gallique.

Saveur atramentaire, astringente.

Forme primitive et molécule intégrante : Le rhomboïde aigu.

Formes indéterminables : Fibreuse; concrétionnée.

Fragile.

Pesanteur spécifique : 1,84.

Transparent; translucide.

Réfraction double.

Vert-clair; vert-bleuâtre; vert-olive.

Composition : Oxyde de fer, 25; acide sulfurique, 29; eau, 46.

Le fer sulfaté est le produit de la décomposition naturelle et spontanée des pyrites ferrugineuses; conséquemment, on le trouve partout où il y a des minerais de fer sulfuré exposés au contact de l'air humide, partout où des eaux lavent ces minerais. Ces eaux venant ensuite à s'infiltrer dans les terres, le sel dont elles sont chargées, éprouve à son tour une décomposition partielle, d'où résulte une production de sulfate d'alumine et d'oxyde de fer. Une partie de fer sulfaté non décomposé reste interposée sous forme laminaire dans les fissures des pierres, les feuillets des schistes; quelquefois il suinte de ces mêmes fissures, et se concrétionne en stalactites; plus souvent il effleurit à la surface des terres et des pierres. On recueille ce sel, soit en lessivant les terres qui en sont imprégnées, puis en faisant évaporer la lessive que l'on abandonne à la cristallisation; soit en hâtant sa formation en exposant à l'air des pyrites, dont on humecte les surfaces que l'on a soin de renouveler souvent. Il existe, dans plusieurs parties de l'Allemagne, des fabriques considérables de ce sel, dont les usages dans les arts, et particulièrement dans celui de la teinture, sont très-étendus : on sait qu'il forme la base de toutes les couleurs noires et fauves, de l'encre à écrire: qu'il cède son principe salifiable à l'acide hydrocyanique dans la préparation du bleu de Prusse, etc., etc.

CINQUIÈME GENRE.

ÉTAIN.

Iʳᵉ ESPÈCE.

Étain oxydé.

Syn. *Cristaux d'étain.* — *Étain vitreux.* — *Pierre d'étain.* — *Hématite d'étain.* — *Étain limoneux.* — *Étain de bois.*

Car. Difficilement réductible, par le chalumeau, en un bouton métallique d'un blanc livide.

Forme primitive : L'octaèdre symétrique. Molécule intégrante : tétraèdre symétrique.

Formes indéterminables : Laminaire; concrétionnée; granuleuse; massive.

Étincelant sous le briquet. Cassure raboteuse. Poussière d'un gris-jaunâtre.

Pesanteur spécifique : 6,70 à 6,94.

Développant, par le frottement, l'électricité vitrée.

Translucide, opaque.

Blanc-jaunâtre : blanc-grisâtre; orangé-brunâtre; brun-rougeâtre; brun; brun-noirâtre; noir.

Composition : Étain, 79; oxygène, 21.

Ce minéral n'appartient qu'aux sols primitifs; et si des amas de grenailles et petits cristaux se rencontrent dans les terrains de transport ou d'alluvion, ils s'y sont déposés en vertu de leur pesanteur spécifique et par suite de la dégradation des montagnes primordiales, leurs gîtes de formation. L'Angleterre, et particulièrement le comté de Cornouailles, la Galice, en Espagne, la Bohême et la Saxe, sont les contrées européennes où les mines d'étain sont en exploitation ; les filons de ce minerai traversent des roches de gneiss et de granite, des schistes argileux et micacés.

On a reconnu depuis peu en France, aux environs de Nantes, à Piviac, en Bretagne, et à Saint-Léonard, dans le Limousin, l'existence de l'étain oxydé ; et des indices certains promettent des succès dans les travaux de recherches qui doivent s'exécuter. Mais les mines les plus importantes paraissent être celles de la province de Guanaxuato, au Mexique ; de Malaca, de Tavai, de Junek, sur le continent de l'Inde ; des îles de Ceylan, de Banca, de Sumatra, etc., etc. Les susbtances minérales qui accompagnent l'étain oxydé, ou qui lui servent de gangue sont : la chaux [phosphatée, la chaux fluatée, l'alumine fluatée siliceuse, le quartz, le mica, le talc, le cuivre natif, le cuivre pyriteux, le cuivre arséniaté, le fer arsenical, le fer sulfuré, le molybdène sulfuré, le schéelin calcaire, le schéelin ferruginé.

. Le traitement de ce minerai est sujet à diverses modifications dépendantes de la nature des métaux étrangers à l'étain ; généralement, on commence par séparer à la main tout ce qui n'est point étain ; on bocarde et on lave soigneusement ; on charge de cet étain de lavage et de charbon de bois un *fourneau à manche*, dont la cavité intérieure ou le laboratoire, de forme prismatique, et haut de deux mètres environ, s'évase un peu supérieurement et se couronne d'une cheminée fort élevée. La partie inférieure du fourneau est un bassin de réception pratiqué dans la brasque, et surmonté d'un plan incliné d'arrière en avant, formant la sole. La charge s'opère par une ouverture située à la naissance de la cheminée; le vent se donne un peu au-dessus de la sole par une tuyère placée dans la paroi antérieure du fourneau, et à laquelle aboutit un fort soufflet. A mesure que le métal se revivifie, il coule sur la sole, et se rend par une rigole dans le bassin de réception, d'où on le fait passer au moyen d'une ouverture très-étroite, fermée par un bouchon d'argile que l'on enlève à volonté, dans un second bassin appelé *bassin de percée*. Les scories s'arrêtent dans le premier bassin; il en résulte une fonte pure que l'on fait couler dans une lingotière pour obtenir les pains ou saumons qu'on livre au commerce. Lorsque le minerai contient beaucoup de fer et de cuivre, on est obligé de lui faire subir un grillage préliminaire, puis de le traiter au fourneau de réverbère; souvent même il faut répéter deux ou trois fois l'opération, avant que la fonte ait atteint le degré de pureté convenable.

En raison de son bas prix, de la facilité avec laquelle il prend toute espèce de formes, et de l'éclat dont il brille quand on a soin d'entretenir la propreté sur ses surfaces, ce métal a été appliqué à une foule d'usages domestiques : on en construit des vases culinaires qui ne communiquent aux aliments aucune propriété pernicieuse, lorsque l'étain n'est point frauduleusement allié de plomb. L'étamage du fer est un véritable alliage de ces deux métaux, au moyen duquel le dernier se trouve préservé de l'action dévorante de l'oxygène; pour le pratiquer, on réduit le fer en feuilles assez minces, que l'on enduit de suif, et que l'on tient plongées dans un bain d'étain recouvert d'une couche de suif fondu; au bout d'un certain temps, les deux métaux contractent de l'union, et l'on retire les feuilles brillantes comme l'étain, élastiques comme le fer, et susceptibles de produire une foule d'ustensiles qui jouissent de l'éclat de l'un des métaux, et de la solidité de l'autre. L'étain et le cuivre s'allient facilement par surfaces. C'est encore un alliage ou amalgame des surfaces d'étain et de mercure, qui donne au verre sur lequel il s'applique la propriété de répéter l'image des objets qu'on lui présente. L'art de la teinture tire un grand parti des combinaisons de l'étain dans la précipitation des matières colorantes. L'oxyde d'étain, sous le nom de potée, est d'un emploi précieux pour la taille des pierres fines, et pour donner le poli aux autres métaux; il entre dans la préparation des émaux blancs et des couvertes ou vernis de poterie, dite faïence.

Il faut quelquefois apporter beaucoup d'attention pour n'être pas induit en erreur par la ressemblance de certaines variétés de schéelin ferruginé, de schéelin calcaire, de zinc sulfuré et de grenat avec l'étain oxydé.

II° ESPÈCE.

Étain sulfuré.

Syn. *Or mussif natif. — Sulfure de cuivre et étain.* Beud.

Car. D'un gris tirant au jaune de bronze.

Fusible au chalumeau, en dégageant une odeur sulfureuse et se réduisant en scorie noirâtre; poussière soluble dans l'acide nitrique avec effervescence, dégagement de vapeurs rouges et abandon précipité blanc.

Pesanteur spécifique : 4,35.

Fragile; cassure raboteuse, avec éclat métalloïde; poussière noire.

Forme primitive : Prisme droit rhomboïdal.

Formes indéterminables : Laminaire; massive.

Composition : Étain, 48; soufre, 26 ; cuivre, 26.

Ce minéral n'a encore été reconnu qu'à Wheal-Rock, dans le comté de Cornouailles; il y occupe un filon de cuivre pyriteeux, gissant dans une roche quartzeuse.

SIXIÈME GENRE.

ZINC.

Iʳᵉ ESPÈCE.

Zinc oxydé silicifère.

Syn. *Calamine. — Pierre calaminaire. — Spath de zinc. — Zinc en chaux. — Zinc calamine. — Zinc silicaté.*

Car. Soluble en gelée dans l'acide nitrique. Sa poussière, traitée au chalumeau avec un atòme de cuivre pur, convertit ce métal en laiton.

Forme primitive : L'octaèdre rectangulaire.

Molécule intégrante : Tétraèdre hémi-symétrique.

Formes indéterminables : Lamellaire; aciculaire; concrétionnée; mamelonnée; compacte; caverneuse; terreuse.

Fragile; cassure raboteuse; étincelant quelquefois sous le briquet.

Pesanteur spécifique : 3,42 à 3,50.

Électricité : Constante dans les cristaux.

Transparent; translucide; opaque.

Limpide; blanchâtre; jaunâtre; verdâtre; rougeâtre; brunâtre.

Composition : Oxyde de zinc, 38 à 60; silice, 50 à 25; eau, 12 à 15.

Le zinc oxydé silicifère paraît appartenir à toutes les formations : en Amérique, ses couches occupent une étendue considérable dans les terrains primitifs; en Europe, il abonde principalement dans les terrains secondaires, et n'est point étranger à ceux de transition. Il stratifie souvent, et par une puissance énorme, avec le calcaire, les schistes, les psammites et les grès micacés; les minéraux qui l'accompagnent le plus ordinairement sont : la chaux carbonatée, la baryte sulfatée, le quartz, l'argent sulfuré, le cuivre pyriteux, le cuivre carbonaté, le plomb sulfuré, le fer oligiste, le fer hydraté, le fer sulfuré, le zinc carbonaté, le zinc sulfuré, le manganèse oxydé, etc., et surtout diverses espèces d'argile qui salissent fortement ses masses terreuses. Les mines de zinc oxydé sont très-répandues dans diverses contrées de la Sibérie, de la Daourie, de la Pologne, de la Carinthie, de la Hongrie, de la Souabe, du Brisgaw, du Tyrol, du Limbourg, de la France, de l'Espagne, de l'Angleterre, de l'Écosse, des deux Amériques, de la Chine, etc., etc. Elles forment, dans la Brisgaw, et le Limbourg, l'objet d'exploitations importantes, quoique celles-ci présentent tous les vices de l'enfance de l'art; ce sont des galeries percées irrégulièrement entre deux bures, et soutenues par de forts piliers laissés de distance en distance. La descente des mineurs, et l'extraction du minerai, s'opèrent par l'un des bures, sur lequel s'élève un simple treuil; l'autre est destiné à l'aérage. Comme souvent les masses se continuent à des profondeurs encore inconnues, lorsqu'on a exploité un premier niveau on établit une nouvelle exploitation au-dessous, en laissant des massifs intermédiaires pour préserver des éboulements. Les eaux sont épuisées à l'aide de fortes machines. Le minerai étant amené au jour, on procède à son grillage dans le voisinage même du bure; pour cet effet, après qu'il a été bocardé et lavé, on le dispose en plein air, par couches, sur un lit de bois, et on fait alterner les autres couches avec des lits de charbon; on met le feu au tas, qui a l'apparence d'une cloche. Après cette première opération, qui dure dix ou quinze jours, suivant l'épaisseur du tas, on bat le minerai pour le réduire en poudre, et on l'enferme dans des sacs pour le livrer au commerce. Le principal usage du zinc oxydé après la calcination, est de concourir directement à la fabrication du laiton : dans ce dessein on mélange quarante parties de cuivre en grenaille avec soixante parties de zinc oxydé, et le double de charbon en poudre; on en remplit des creusets dont on garnit un fourneau à vent disposé à cet effet; on allume le feu, et on l'entretient dans toute sa violence pendant douze ou quatorze heures; au bout de ce temps on coule la fonte sur le sable; on affine, au moyen d'un ciment composé d'un mélange de zinc oxydé et de charbon, tous deux en poudre, alternant avec des lits de fonte; on conduit le feu de même qu'à la première opération, et l'on obtient par quintal de cuivre employé, cent quarante livres environ de laiton. L'alliage de cuivre et de zinc est malléable, ductible, d'une couleur jaune plus ou moins brillante, suivant les proportions respectives des deux métaux ; selon l'éclat dont il jouit on lui donne les noms de *tombac, similor, or d'Allemagne*, etc.

Lorsqu'au lieu de faire concourir le zinc oxydé à la fabrication du laiton, on veut en revivifier le métal, on mêle le minerai grillé avec de la poussière de charbon, et on introduit le mélange dans un assemblage de pots cylindriques en terre, traversant un long fourneau à réverbère, sous une inclinaison déterminée. Cet assemblage de pots est terminé par un cylindre en fer qui dépasse le fourneau, et où se rend le métal fondu à mesure qu'il se revivifie. On le puise pour le couler en saumons. Tout le monde connaît les divers usages du laiton ou cuivre jaune, il est inutile de les mentionner, de même que ceux du zinc, qui acquièrent chaque jour plus d'extension par sa substitution au plomb, dans la construction des grands édifices.

APPENDICE.

ZINC OXYDÉ FERRIFÈRE.

Syn. *Franklinite. — Bi-oxyde de zinc ferro-manganésien.* Beud.

Car. Fusible au chalumeau en un bouton métallique attirable à l'aimant. Soluble dans l'acide nitrique.

Forme primitive : L'octaèdre.

Formes indéterminables : Laminaire; massive; concrétionnée.

Rayant la chaux fluatée; cassure lamelleuse, luisante; poussière orangée, brune dans les échantillons noirs.

Pesanteur spécifique, 3,90.

Opaque; translucide sur les bords.

Rouge de sang; brun; noirâtre.

Composition : Zinc, 40; fer, 32; manganèse, 4; oxygène, 24.

Cette sous-espèce, qui paraît former des couches d'une grande puissance dans un terrain calcaire des États-Unis, province de New-Jersey, n'a jusqu'ici été reconnue dans aucun autre gisement. Des cristaux de chaux carbonatée, d'émeraude, de fer oxydulé et de zinc oxydé silicifère sont assez souvent associés à ce minerai, dont je tiens plusieurs beaux échantillons de la générosité du docteur Smith-Rogers de New-York.

IIᵉ ESPÈCE.

Zinc carbonaté.

Syn. *Zinc spathique.* — *Carbonate de zinc.* — *Hydrocarbonate de zinc.*

Car. Soluble avec effervescence et en entier dans l'acide sulfurique; réductible au chalumeau, en un bouton métallique, qui bientôt s'enflamme et se volatilise.

Forme primitive : le rhomboïde obtus.

Formes indéterminables : Aciculaire; concrétionnée; mamelonnée; compacte; pseudomorphique, régulière, en cristaux métastatiques de la chaux carbonatée.

Rayant la chaux fluatée ; fragile ; poussière dépolissant le verre sur lequel on la passe avec frottement.

Pesanteur spécifique : 3,50 à 4,30.

Ne donnant aucun signe d'électricité.

Translucide, opaque.

Blanchâtre ; blanc-jaunâtre ; jaune-brunâtre ; noirâtre.

Composition : Oxyde de zinc, 65 ; acide carbonique, 35.

La variété concrétionnée de Carinthie, contient environ 0,15 d'eau, et·cette circonstance a décidé M. Beudant à établir l'espèce *hydro-carbonate de zinc.*

Cette espèce, confondue pendant longtemps avec la précédente, sous le nom commun de *calamine,* n'en a été bien distinguée que depuis que la chimie a porté la précision plus rigoureuse dans l'analyse des minéraux ; du reste, toutes deux paraissent partager les mêmes gisements, et comme le même mode de traitement doit être apliqué à l'une comme à l'autre, il en résulte que dans l'exploitation l'on ne doit prendre aucun soin pour les séparer.

IIIe ESPÈCE.

Zinc sulfuré.

Syn. *Blende. — Mine de zinc sulfureuse. — Pseudo-galène. — Sulfure de zinc.*

Car. Infusible au chalumeau, dégageant une odeur de gaz hydrogène sulfuré par le mélange de la poussière dans l'acide sulfurique.

Forme primitive : Le dodécaèdre à plans rhombes. Molécule intégrante ; tétraèdre symétrique.

Formes indéterminables : Laminaire; concrétionnée; globuleuse; radiée; fibreuse.

Rayant la baryte sulfatée; facile à rayer avec une pointe d'acier; cassure lamelleuse]; poussière jaune ou d'un gris-brunâtre.

Pesanteur spécifique : 4,16.

Phosphorescence sensible par le frottement dans l'obscurité.

Transparent; translucide; opaque.

Réfraction simple.

Jaune; jaune-verdâtre; jaune-brunâtre; brun; rouge; noirâtre; métalloïde.

Éclat : Vif et luisant à la surface des lames.

Composition : Zinc, 67; soufre, 33.

Comme les autres minerais de zinc, le sulfure paraît appartenir à toutes les époques de formation; et quoique moins abondant que le zinc oxydé, dans ses gîtes, ceux-ci ne sont ni moins communs ni moins généralement répandus. Outre les couches qu'il constitue à lui seul, il est bien rare qu'il n'accompagne pas le plomb sulfuré et même quelques autres subtances, telles que l'argent sulfuré, le cuivre pyriteux, le cuivre gris, le fer arsenical, le fer sulfuré, etc., etc. On lui trouve souvent associés la chaux carbonatée, la chaux fluatée, la baryte sulfatée, le quartz, le grenat, le talc, le fer oligiste, le fer carbonaté, etc., etc.

L'exploitation des mines de zinc sulfuré n'est souvent qu'un accessoire de celle des mines de plomb. Le traitement est conforme à celui employé pour les zincs oxydé et carbonaté, seulement on soigne davantage le grillage en raison de la quantité de soufre que contient le minerai, et qu'il faut expulser par une action bien ménagée de la chaleur; on est même obligé de recourir aux fourneaux à réverbère pour opérer parfaitement ce grillage.

Le grenat, l'étain oxydé, le fer chromaté, l'urane oxydulé et le plomb sulfuré présentent souvent dans leurs caractères extérieurs des points d'analogie avec le zinc sulfuré.

IVe ESPÈCE.

Zinc sulfaté.

Syn. *Vitriol de Goslar.* — *Vitriol blanc. Couperose blanche.* — *Zinc vitriolé.* — *Hydrosulfate de zinc.* — *Gallizinite.*

Car. Soluble dans deux parties et demi d'eau; se boursoufflant au feu, et s'y réduisant en vapeur et en flocons, avec dégagement d'une flamme blanche.

Saveur : Styptique.

Forme régulière : Le prisme droit quadrangulaire.

Formes indéterminables : Capillaire; concrétionnée.

Fragile; cassure un peu conchoïde.

Pesanteur spécifique : 1,40 à 2,00.

Transparent; translucide; opaque.

Limpide; blanchâtre; jaunâtre; grisâtre.

Composition : Oxyde de zinc, 30; acide sulfurique, 30; eau, 40.

Le zinc sulfaté se trouve dans les fissures d'un schiste micacé, et en dissolution dans quelques eaux qui lavent les mines à Sahlberg, en Suède; à Goslar, au Hartz; à Schemnitz, en Hongrie; à Spitz, en Autriche; à Idria, en Carniol; dans quelques endroits de la France et de l'Angleterre, où il paraît être le résultat de la décomposition spontanée du zinc sulfuré. On imite et on accélère artificiellement cette décomposition dans plusieurs établissements formés dans le voisinage des mines. On commence par griller les minerais dans un fourneau à réverbère, on lessive les produits de la calcination, on filtre les liqueurs on les fait évaporer jusqu'à consistance assez grande pour qu'en les versant dans des moules, elles se prennent en masses par le refroidissement; on fait dissoudre de nouveau, on filtre et l'on fait évaporer sur une suffisante quantité d'oxyde de zinc, afin qu'il puisse décomposer les sulfates de cuivre et de fer, qui, vu l'impureté du minerai, ont dû se former en même temps que le sulfate de zinc, et on coule une seconde fois dans les moules pour livrer ensuite ce sel au commerce.

Avant la découverte de médicaments plus certains et moins dangereux, on employait le zinc sulfaté comme émétique; maintenant ses usages médicinaux ne sont plus qu'externes. Sa plus grande consommation est dans l'art de la teinture, où il sert comme mordant; la peinture à l'huile trouve en lui d'excellentes propriétés dessicatives.

SEPTIÈME GENRE.
BISMUTH.

Iʳᵉ ESPÈCE.
Bismuth natif.

Syn. *Étain de glace.*

Car. D'un blanc-jaunâtre.

Éclat : très-vif. Reflets : quelquefois irisés.

Fusible à la flamme d'une bougie; soluble avec effervescence dans l'acide nitrique, en y produisant un dépôt nuageux, verdâtre..

Pesanteur spécifique : 9,02 à 9,80.

Très-fragile par une simple percussion du marteau; cassure lamelleuse; poussière grise.

Développant par le frottement, et après avoir été isolé, de l'électricité vitrée.

Forme primitive : L'octaèdre régulier.

Formes indéterminables : Lamellaire; ramuleuse.

Ce métal ne se présente point comme constituant à lui seul des couches ou filons, toujours il accompagne, dans leurs gîtes, soit le cobalt gris ou le cobalt arsenical, soit l'arsenic, le nickel arsenical et même l'argent natif, le plomb et le zinc sulfurés. Il a ordinairement pour gangue la chaux carbonatée, la baryte sulfatée et le quartz. Les principaux gisements du bismuth natif sont : les mines de Modum, en Norvége; de Tunaberg, en Suède; de Schnéeberg, Marienberg et Freyberg, en Saxe; de Joachimsthal, en Bohême; d'Annaberg, en Autriche; de Bieber, en Hesse; de Reinerzau, en Wurtemberg; de Wittichen, en Souabe; de Saint-Sauveur, en France; de Batallack, en Angleterre, etc., etc.

Le traitement des mines de bismuth est, en quelque sorte, une opération première de celui des autres minerais auxquels ce métal est associé, puisqu'il ne s'agit que d'une simple élévation de température pour le fondre; on le recueille dans le fond des fourneaux, et l'on se contente, pour le purifier, d'une seconde fusion bien ménagée.

Le bismuth n'est employé que dans la composition de

quelques alliages, pour augmenter la dureté et la fragilité des métaux non moins fusibles que lui, mais beaucoup trop mous. Le plus remarquable de ces alliages est celui qui porte le nom de Darcet, son inventeur ; il se fond à un degré de température inférieur à l'ébullition de l'eau ; il consiste en huit parties de bismuth, cinq de plomb et trois d'étain ; on s'en sert pour la production des clichés ou empreintes des médailles.

IIe ESPÈCE.

Bismuth sulfuré.

Syn. *Galène de bismuth. — Bismuth minéralisé par le soufre.*

Car. D'un gris livide.

Éclat : Médiocre. Reflets : Quelquefois irisés.

Fusible à la flamme d'une bougie. Soluble sans effervescence dans l'acide nitrique.

Pesanteur spécifique : 6,00.

Fragile ; facile à râcler avec un couteau. Poussière grise.

Développant, par le frotement et lorsqu'il est isolé, l'électricité résineuse.

Formes : Aciculaire ; lamellaire.

Composition : Bismuth, 82 ; soufre, 18

Ce minerai accompagne le bismuth natif dans les mines de la Suède, de la Saxe, de la Bohême et de la Hesse ; il s'y rencontre en assez petite quantité, et se distingue assez difficilement du bismuth natif, du plomb sulfuré et de l'antimoine sulfuré.

APPENDICE.

BISMUTH SULFURÉ. PLUMBO-CUPRIFÈRE.

Car. D'un gris d'acier, tirant au jaune ou au rougeâtre
Éclat : Assez vif.

Fusible au chalumeau, avec bouillonnement et flamme,
en un globule métallique. Soluble avec effervescence
dans l'acide nitrique.

Fragile; cassure raboteuse; poussière noirâtre.

Forme régulière : Prisme hexaèdre.

Formes indéterminables : Aciculaire ; amorphe.

Composition : Bismuth, 46; plomb, 26; cuivre, 13, soufre,
12; nickel et tellure, 3.

Cette sous-espèce n'a encore été trouvée que dans les
mines de Bérézof, en Sibérie, où elle a pour gangue le
quartz.

IIIᵉ ESPÈCE.

Bismuth oxydé.

Syn. *Fleurs de bismuth. — Ocre ou chaux de bismuth.*

Car. Réductible au chalumeau en un bouton métallique; soluble dans l'acide nitrique.

Formes : Massive; pulvérulente.

Friable.

Pesanteur spécifique : 4,38.

Opaque; un peu translucide sur les bords.

Jaune-verdâtre; gris-verdâtre.

Composition : Bismuth, 90 ; oxygène, 10.

Ce minéral se rencontre, mais très-rarement, à la
surface des autres minerais de bismuth, à Schnaberg, en

Saxe; on l'a aussi reconnu à Loos, en Suède et à Joachimstal, en Bohême.

IVe ESPÈCE.

Bismuth carbonaté.

Car. Réductible au chalumeau, en un bouton métallique. Soluble avec effervescence dans l'acide nitrique.

Forme : Pulvérulente.

Pesanteur spécifique : 4,31.

Opaque.

Jaunâtre; verdâtre.

Composition : Oxyde de bismuth, 28,80 ; oxyde de fer, 2,10 ; acide carbonique, 51,30 ; alumine, 7,50 ; silice, 6,70 ; eau, 3,60.

Dans la mine de Saint-Agnès, en Cornouailles.

HUITIÈME GENRE.

COBALT.

Ire ESPÈCE.

Cobalt arsenical.

Syn. *Arseniure de cobalt.* Beud.

Car. D'un blanc livide, qui, dans la variété massive, passe au gris.

Éclat plus ou moins vif.

Exhalant une forte odeur d'ail par l'action du chalumeau. Communiquant au verre de boraxe une belle couleur bleue. Soluble avec effervescence dans l'acide nitrique.

Pesanteur spécifique : 6,35 à 7,72.

Fragile ; cassure raboteuse, à grain fin et serré.

Forme primitive : Le cube.

Formes indéterminables : Aciculaire ; filicaire ; dendritique ; concrétionnée ; massive.

Composition : Cobalt, 28 ; arsenic, 72.

Le cobalt arsenical paraît appartenir à toutes les formations, car on l'a observé également dans les roches primitives comme dans les terrains secondaires, et même dans ceux de transport. Il se présente en veines, dans le granite, à Loos en Suède, et à Wittichen en Souabe ; dans le gneiss, à Tunaberg, en Suède, à Joachimstal en Bohême, à Saalfeld en Turinge, à Schlamind en Styrie, à Allemont, en France ; dans les schistes argileux, à Schnéeberg et Annaberg, en Saxe ; en Espagne, en Angleterre, etc., etc. Il est ordinairement associé à l'une ou à l'autre des substances suivantes, et souvent à plusieurs à la fois : la chaux carbonatée, la baryte sulfatée, le quartz, l'argent natif, l'argent antimonié sulfuré, le cuivre pyriteux, le nickel arsenical, le fer sulfuré, le fer spathique, l'arsenic natif, le bismuth natif, et surtout le cobalt gris.

Dans les lieux où l'on exploite les mines de cobalt, ce n'est point pour en obtenir ce métal que l'on traite les minerais, mais bien pour en séparer l'arsenic, qui est le premier produit du grillage, et que l'on force à se condenser à l'état de deutoxyde, contre les parois de longues caisses en planches, disposées en manière de cheminées, immédiatement au-dessus de celle du fourneau à réverbère : ce qui reste dans le creuset est un oxyde de cobalt impur, que l'on connaît dans le commerce sous le nom de *saffre*. Cet oxyde, mêlé avec une suffisante quantité de silice et de potasse, puis porté à l'état de fusion, donne un verre bleu, que l'on broie ensuite dans des moulins pour le convertir en azur ou smalt, qui sert dans le blanchissage, à donner un œil bleuâtre au linge. L'oxyde de cobalt, préparé avec plus de soin et bien purifié, procure à la peinture sur verre ou sur émail et porcelaine, ces belles teintes bleues qui ornent les différentes poteries, et en relèvent si agréablement la blancheur.

Le cobalt gris, arsenical et l'argent antimonial peuvent être facilement confondus avec le cobalt arsenical.

IIᵉ ESPÈCE.

Cobalt gris.

Syn. *Cobalt éclatant. — Sulfo-arseniure de cobalt.* Beud.

Car. D'un blanc-grisâtre, tirant sur le jaunes.

Éclat vif, surtout dans les fractures récentes.

Dégageant des vapeurs alliacées par l'action du chalumeau; colorant en bleu le verre de borax. Soluble dans l'acide nitrique.

Pesanteur spécifique : 6,35 à 6,45.

Étincelant sous le choc du briquet, en dégageant l'odeur de l'ail; cassure lamelleuse; poussière d'un gris-noirâtre.

Forme primitive et molécule intégrante : Le cube.

Forme indéterminable : Massive.

Composition : Cobalt, 35; arsenic, 45; soufre, 20.

La Suède, et surtout la mine de Tunaberg, fournissent tous les beau cristaux de cobalt gris que l'on trouve, soit dans le commerce, soit dans les collections. Ces cristaux sont disséminés dans une roche calcaire, et quelquefois accompagnés de cuivre pyriteux.

On emploie le cobalt gris aux mêmes usages que le cobalt arsenical.

IIIe ESPÈCE.

Cobalt oxydé noir.

Syn. *Chaux noir de cobalt.* — *Cobalt-pur oxygéné.* — *Cobalt terreux noire.* — *Peroxyde de cobalt.*

Car. Colorant en bleu le verre de borax. Soluble dans l'acide hydro-chlorique. Prenant une sorte d'éclat lorsqu'on le frotte avec un corps dur et poli.

Formes : Massive ; concrétionnée ; terreuse.

Friable.

Pesanteur spécifique : 4,20.

Opaque.

D'un noir-bleuâtre.

Composition : Cobalt, 71 ; oxygène, 29.

Ce minéral accompagne assez ordinairement les autres minerais de cobalt. Saalfedt, en Turinge ; Wittichen, en Souabe ; Kamsdorf, en Saxe ; Kitzbichel, en Tyrol ; Allemont, en France, et quelques points de l'Angleterre, paraissent être les gisements les plus riches du cobalt oxydé noir. Il a pour gangue la chaux carbonatée, la baryte sulfatée, et quelques roches argileuses.

APPENDICE.

Car. Colorant en bleu le verre le borax. Donnant au chalumeau une scorie noire, attirable à l'aimant.

Formes : Massive; concrétionnée; terreuse.

Opaque.

Blanc-jaunâtre; jaune; brun-noirâtre.

Composition : Oxyde de cobalt, 63; oxyde de fer, 37.

Cette sous-espèce accompagne, à Saalfeld en Thuringe, à Kamsdorf en Saxe, à Alpirback en Wurtemberg, et à Allemont en France, le cobalt oxydé noir; elle est même assez souvent beaucoup plus abondante que lui, dans les veines métallifères.

IVᵉ ESPÈCE.

Cobalt arséniaté.

Syn. *Fleurs de cobalt.* — *Cobalt en efflorescence.* — *Cobalt minéralisé par l'acide arsenical.* — *Oxyde rouge de cobalt.* — *Cobalt terreux rouge.*

Car. Colorant en bleu le verre de borax.

Formes : Aciculaire; concrétionnée; terreuse.

Translucide; opaque.

Rouge lilas; rouge lie de vin.

Composition : Oxyde de cobalt, 40; acide arsenic, 41; eau, 19.

Ce minéral se rencontre assez fréquemment disséminé dans la gangue de tous les minerais de cobalt, et même en efflorescence, à la surface de ces mêmes minerais. Les mines de Furstemberg, en Thuringe; celles d'Annaberg, et de Schnéeberg, en Saxe; de Schemnitz, en Hongrie;

d'Allemont, en France ; de Dolcoath, en Cornouailles, fournissent de très-beaux échantillons de cette substance, que les métallurgistes traitent par la même méthode qu'ils emploient pour le cobalt arsenical.

Quelques variétés d'antimoine oxydé sulfuré, de cuivre oxydulé capillaire et de fer oligiste terreux peuvent, au premier aspect, être prises pour du cobalt arséniaté.

APPENDICE.

COBALT ARSÉNIATÉ ARGENTIFÈRE

Syn. *Mine d'argent merdoie.* — *Cobalt merdoie.*

Car. Réductible au chalumeau, avec dégagement de vapeurs alliacées, en un bouton métallique blanchâtre.

Formes : Concrétionnée ; massive ; terreuse.

Friable.

Jaune ; verdâtre ; rougeâtre ; brunâtre.

Cette sous-espèce est assez commune à Schemnitz en Hongrie, à Allemont en France, et dans quelques autres gisements, pour que l'on en fasse l'objet d'exploitations dont le but principal est d'obtenir l'argent ; les proportions de ce dernier métal varient de 0,05 à 0,13.

NEUVIÈME GENRE
ARSENIC.

Ire ESPÈCE.
Arsenic natif.

Car. D'un gris foncé.

Éclat vif, mais susceptible de s'altérer et de disparaître très-promptement ; répandant une odeur d'ail par le choc du briquet; dégageant par le chalumeau d'abondantes vapeurs blanches.

Pesanteur spécifique : 5,76.

Fragile; cassure granuleuse, brillante lorsqu'elle est fraîche; poussière noirâtre.

Formes : Lamellaire; tuberculeuse; testacée; bacillaire; aciculaire; globuleuse; massive.

L'arsenic, quoique peu abondant, constitue néanmoins des couches et des filons dans les terrains primitifs, comme dans ceux de transition. On le trouve à Joachimsthal en Bohême, à Freyberg en Saxe, Allemont en France, dans un gneiss qui sert également de gangue à l'argent antimonié sulfuré. D'autres mines d'argent, de cobalt d'antimoine en Sibérie, en Norwége, en Saxe, en Bohême en Hongrie, dans le Palatinat, en France, dans le Piémont, et en Espagne, en Angleterre, etc., etc., produisent des quantités plus ou moins grandes d'arsenic natif, que, dans le traitement de ces divers minerais, on convertit en deutoxyde d'arsenic, et que l'on recueillie sous cette forme pour le livrer au commerce.

La chaux carbonatée, la baryte sulfatée et le quartz, sont les gangues ordinaires de ce minéral.

L'arsenic n'est employé dans les arts qu'à la préparation de quelques alliages de cuivre, avec lesquels on fabrique divers petits ustensiles et ornements. Ces alliages, qui prennent un éclat assez semblable à celui de l'argent, seraient d'un usage plus général s'ils étaient moins facilement à l'état d'oxyde, par le simple frottement.

Arsenic oxydé.

Syn. *Chaux native d'arsenic.* — *Arsenic blanc natif.* — *Acide arsénieux.* Beud.

Car. Volatile au chalumeau en répandant une épaisse vapeur blanche, alliacée; soluble dans une grande quantité d'eau.

Forme primitive : L'octaèdre régulier.

Formes indéterminables : Aciculaire; granuleuse; pulvérulente.

Fragile; friable.

Pesanteur spécifique : 3,71.

Translucide; opaque.

Blanc-grisâtre.

Composition : Arsenic, 76; oxygène, 24.

Ce minéral ne se trouve que rarement, et plus rarement encore à l'état de pureté, dans les mines d'argent, de nickel, de tellure et de cobalt, en Bohême à Joachimsthal, en Hongrie à Schemnitz, en Transylvanie à Nagyag, au Hartz à Andresberg, en France à Sainte-Marie, à Allemont et dans les Pyrénées. Il forme à Bieber, près de Hanau, une efflorescence blanchâtre à la surface d'une argile grise, qui renferme assez abondamment de la chaux arséniatée et du cobalt arséniaté; il existe encore parmi les productions volcaniques de la solfatare au Vésuve, de la Guadeloupe, etc., etc.

L'arsenic oxydé naturel peut être employé aux mêmes usages que le deutoxyde ou arsenic blanc du commerce, qui est le résultat du grillage des minérais

23

d'arsenic; il sert de mordant à différentes teintures, dans l'impression de la plupart des tissus de coton et de soie; il accélère la fusion des ingrédiens du verre et de certains émaux; il fournit à la médecine externe une scarotique dont on a tiré de l'avantage dans plusieurs cures.

III° ESPÈCE.

Arsenic sulfuré.

Syn. *Réalgar natif.* — *Rubine d'arsenic.* — *Soufre rouge des volcans.* — *Sandarac.* — *Oxyde d'arsenic sulfuré rouge.* — *Sulfure rouge d'arsenic.* — *Orpiment natif.* *Orpin jaune.* — *Oxyde d'arsenic sulfuré jaune.* — *Sulfure jaune d'arsenic.*

Car. Se volatilisant par l'action du chalumeau, sous forme de vapeurs ou fumées blanches, alliacées.

Forme primitive : Le prisme rhomboïdal oblique.

Formes indéterminables : Bacillaire; aciculaire; laminaire; concrétionnée; globuleuse; compacte.

Facile à rayer avec un corps dur; fragile; cassure conchoïde et lamellaire dans la variété jaune, dont l'élasticité se montre ordinairement assez grande; poussière d'un rouge-orangé ou d'un jaune-citron.

Pesanteur spécifique : 3,33 à 3,45.

Développant de l'électricité résineuse par le frottement.

Transparent; translucide; opaque.

Rouge, tirant sur l'orangé; jaune verdâtre.

Éclat : Assez vif, passant quelquefois au métalloïde dans la variété jaune, laminaire.

Composition : Arsenic, 57 à 90; soufre, 43 à 10

L'arsenic sulfuré paraît appartenir à toutes les formations, et plusieurs de ses variétés ou modifications doivent leur naissance à l'action des feux volcaniques. On trouve ce minéral dans le granite et le gneiss ; mais ses gangues les plus ordinaires sont le schiste argileux et la lave altérée ; il y est disséminé en grains ou en rognons, rarement en couches, cependant on cite une veine remarquable qui existe dans la Bukovine, et à laquelle on donne plus d'un pied d'épaisseur. Les mines nombreuses de la Sibérie, celles de Kapnick, Nagyag, Ohlapian, en Transylvanie ; de Joachimsthal, en Bohème ; de Maldawa, Felsobaya, Thajaba, en Hongrie ; de Marienberg, Braunsdorf, Schnéeberg, en Saxe ; de Wittichen, en Souabe ; de Sainte-Marie en France ; du Saint-Gotharr, de Pouzzole, d'Espagne, d'Angleterre, du Mexique, de la Guadeloupe, de la Chine, du Japon, etc., etc., offrent aux recherches du géologue et du minéralogiste, les diverses variétés de l'arsenic sulfuré qu'accompagnent souvent la chaux carbonatée, la dolomie, la baryte sulfatée, le quartz, l'argent antimonié sulfuré, le plomb sulfuré, le cuivre pyriteux, le cuivre gris, le fer sulfuré, le fer arséniaté, l'étain oxydé, le zinc sulfuré, l'arsenic oxydé, etc., etc.

Cette subtance minéralle est employée dans la teinture comme mordant, dans la peinture à l'huile, pour recouvrir les pannaux de bois d'un enduit brillant et peu altérable ; il sert aux fabricants de plomb de chasse à faciliter la formation de ces petits projectiles sphériques. Quelques peuples ont l'habitude, pour se purger, de laisser séjourner pendant plusieurs heures, du suc de citron dans un vase fait d'un fragment d'arsenic sulfuré il se produit vraisemblablement un citrate d'arsenic auquel ils attribuent des propriétés merveilleuses dans le traitement des fièvres intermittentes, contre lesquelles aussi des médecins anglais prescrivent l'arséniate de potasse; mais on sait à quels dangers expose l'administration de semblables remèdes.

DIXIÈME GENRE.

MANGANÈSE.

Iʳᵉ ESPÈCE.

Manganèse oxydé.

Syn. *Manganèse cristallisé.* — *Péroxyde de manganèse.*

Car. D'un gris-noirâtre.

Éclat : vif dans les parties cristallisées, dans les cassures récentes.

Infusible au chalumeau; colorant en violet le verre de borax.

Pesanteur spécifique : 3,70.

Fragile; friable; poussière noire; tachant fortement les doigts et le papier.

Forme primitive : Le prisme droit rhomboïdal.

Formes indéterminables : Aciculaire; fibreuse; compacte; terreuse.

Composition : Manganèse, 64; oxygène, 36.

Le manganèse oxydé fait également partie des terrains primitif et des terrains secondaires; on l'y trouve, soit en rognons ou en masses, soit en filons d'une puissance assez considérable; le gneiss, le granite et les chiste micacé constituent sa gangue. Il est presque toujours accompagné de fer oxydé, de baryte sulfatée et quartz, outre plusieurs autres substance qui lui sont unies plus accidentellement, telles que le cuivre pyriteux, le cuivre gris, le cuivre carbonaté, le plomb sulfuré, le fer sulfuré, etc., etc. Le manganèse oxydé est assez abondamment répandu en Sibérie, en Norwége, en Suède, en Saxe, en Turinge en Bohême, en Hongrie, en Silésie, en Carinthie, en Franconie, en France, en Piémont, en Toscane, à l'île d'Elbe, en Angleterre, en Écosse, au Chili, etc., etc.

Les usages de ce minéral étaient autrefois très-bornés; ils étaient le résultat d'une routine incertaine, plutôt que d'une observation réfléchie; mais depuis l'établissement des principes d'une saine chimie, depuis que l'on a pu rendre un compte exact du phénomène de la combustion, le manganèse oxydé par la propriété qu'on lui a reconnue de céder avec facilité le principe universel de cette combustion, est devenu le grand pourvoyeur d'oxygène, qu'il laisse échapper aussitôt que l'on procure à la combinaison naturelle assez de calorique et de lumière pour porter l'oxygène à l'état gazeux. On a pu, dès lors, expliquer comment l'addition d'une certaine quantité de manganèse oxydé, jetée à propos dans le creuset du verrier, faisait disparaître les nébulosités noirâtres, causées par la présence, dans la masse en fusion, de molécules charbonneuses. Le minéral, cédant son oxygène au carbone, celui-ci s'y combine, le convertit en acide, et tous deux se dégagent de la masse qu'ils laissent parfaitement transparente; mais un des avantages les plus importants du manganèse oxydé, et dont on est redevable aux applications des nouvelles théories chimiques, c'est de contribuer à prévenir les effets délétères d'une atmosphère chargée de miasmes pestillentiels. Ces miasmes sont décomposés, brûlés et détruits par le chlore, dont la production est rendue facile et peu coûteuse à l'aide de l'oxygène du manganèse oxydé. C'est avec le chlore, et indirectement au moyen du manganèse oxydé, que l'on décolore et blanchit promptement les fils et tissus de lin et de coton, la cire et autres objets susceptibles de supporter l'action de ces agents chimiques.

IIe ESPÈCE.

Manganèse oxydé hydraté.

Car. Noirâtre; éclat nul ou presque nul; infusible au chalumeau; colorant en violet le verre de borax.

Pesanteur spécifique, 3,83.

Rayant la chaux fluatée; cassure granuleuse; poussière brune.

Forme primitive et molécule intégrante : Le prisme droit, symétrique.

Formes indéterminables : Incrustante (enduit argentin à la surface d'autres minéraux); testacée; ramuleuse; concrétionnée; massive; terreuse.

Composition : Oxyde de manganèse, 79; eau, 21.

Excepté sous la forme régulière, modification extrêmement rare, et que l'on n'a encore trouvée qu'en Saxe à Ilmenau, ce minéral ne se présente jamais dans un état aussi pur que le font ordinairement la plupart des substances amorphes; il est toujours mêlé d'une quantité très-variable de fer oxydé et de manganèse oxydé, ce qui fait que l'on préfère pour l'emploi, le minérai de cette dernière espèce. Il est néanmoins exploité, surtout en France, à la Romanèche près Màcon, ou il constitue de grandes masses reposant immédiatement sur le granit.

APPENDICE.

I. MANGANÈSE OXYDÉ HYDRATÉ LÉGER.

Syn. *Manganèse oxydé brunâtre. — Manganèse terne et terreux.*

Car. Colorant en violet le verre de borax; soluble en partie et avec effervescense dans l'acide nitrique.

Formes : Pseudo-prismatique; concrétionnée; massive; pulvérulente.

Fragile; friable; poussière brune; s'attachant facilement aux doigts. Prenant une sorte de luisant par le frottement avec un corps poli.

Pesanteur spécifique, 0,96 à 1,31

Brun; noir.

Composition : Oxyde de manganèse, 61; oxyde de fer 29; eau, 10.

En France, dans les Cévennes; à Iberg, au Hartz où cette sous-espèce se trouve aussi en petites masses fibreuses ou feuilletées. Les prismes que l'on trouve quelquefois dans les nids que forme ce minerai, au sein des granits, paraissent être l'effet d'un retrait qu'a pu prendre la masse encore humide, lorsqu'elle est parvenue à sa dessiccation; c'est ce que tend à faire croire l'irrégularité de ces prismes, qui ont indifféremment quatre, cinq ou six faces toujours imparfaites.

II. MANGANÈSE OXYDÉ HYDRATÉ BARITIFÈRE.

Car. Se convertissant en scorie par l'action du chalumeau.

Forme : Massive.

Rayant le verre; cassure granuleuse et quelquefois lamelleuse; poussière brune, noirâtre, tâchant les doigts.

Gris-noirâtre; noir.

Composition : Oxyde de manganèse, 62; oxyde de fer, 13; baryte, 7; chaux et silice, 4; eau, 14.

Cette sous-espèce accompagne souvent le manganèse hydraté dans ses divers gisements, surtout à la Romanèche.

III. MANGANÈSE OXYDÉ HYDRATÉ SILICIFÈRE.

Syn. *Hydro-silicate de manganèse.* Beud.

Car. Se transformant en une fritte vitreuse d'un noir violet par l'action prolongée du chalumeau.

Forme : Compacte.

Étincelant sous le choc du briquet; cassure vitreuse en certains points, granuleuse en d'autres; poussière noire.

Pesanteur spécifique, 3,20.

Noirâtre.

Composition : Oxyde de manganèse, 60; Silice, 26; eau, 14.

Dans la plupart des mines de manganèse.

IIIᵉ ESPÈCE.

Manganèse sulfuré.

Car. D'un gris brillant, promptement altérable par le contact de l'air; soluble dans l'acide nitrique en répandant une odeur sulfureuse fétide.

Pesanteur spécifique, 3,98.

Fragile; s'égrenant par la pression d'une lame de couteau; poussière d'un noir-verdâtre.

Phosphorescent par la poussière placée sur un charbon ardent

Forme primitive : L'octaèdre rectangulaire.

Formes indéterminables : Laminaire; massive.

Composition : manganèse, 85 à 64; soufre, 15 à 16.

Ce minéral est peu abondant; il accompagne les autres minerais de manganèse à Nagyag en Transylvanie et au Mexique; il a ordinairement le quartz pour gangue, et contient souvent du tellure.

IVe ESPÈCE.

Manganèse carbonaté.

_ Car. Soluble avec effervescence dans l'acide nitrique; passant au brun-noirâtre par l'action du chalumeau; colorant en violet le verre de borax.

Formes : Concrétionnée; massive.

Rayant la chaux carbonatée, quelquefois même la chaux fluatée; poussière d'un rouge de rose plus ou moins intense, suivant la couleur de l'échantillon soumis à l'observation.

Pesanteur spécifique, 3,30 à 3,60.

Translucide; opaque.

Blanc; rose; rouge; brunâtre.

Composition : Oxyde de manganèse, 62; acide carbonique, 38.

La Sibérie aux mines d'Orlèz, et la Transylvanie à

celles de Nagyag et de Kapnick, sont encore les seuls gisements connus du manganèse carbonaté, où il fait partie de la gangue du tellure et du manganèse sulfuré; la chaux carbonatée, la chaux fluatée, le quartz, le cuivre gris, l'antimoine sulfuré, le zinc sulfuré, le manga-nèse oxydé hydraté, lui sont souvent associés. On en forme, pour la bijouterie, des plaques d'ornement, lesquelles étant polies, font un très-bel effet.

Vᶜ ESPÈCE.

Manganèse phosphaté.

Syn. *Fer phosphaté.* — *Manganèse et fer phosphaté.* — *Triplite.*

Car. Fusible au chalumeau; soluble lentement et sans effervescence dans l'acide nitrique.

Massif; laminaire.

Rayant faiblement le verre; facile à écraser par la per-cussion; cassure raboteuse: poussière rougeâtre.

Pesanteur spécifique : 3,9.

Développant par le frottement, et après avoir été isolé de l'éctricité résineuse.

Opaque.

Brun-rougeâtre; brun-noirâtre.

Composition : Oxyde de manganèse, 34; oxyde de fer, 32; acide phosphorique, 34.

Ce minéral a été découvert aux environs de Limoges, en Auvergne, par M. Alluaud, minéralogiste distingué et directeur de la manufacture de porcelaine de cette ville. Son gisement est dans un granite; les minéraux qui l'accompagnent sont : l'émeraude, le quartz, le feld-spath, le fer oxydé, le fer phosphaté, etc,, etc. Il n'a encore été trouvé que par très-petites masses ou nids.

ONZIÈME GENRE.

ANTIMOINE.

Iʳᵉ ESPÈCE.

Antimoine natif.

Car. D'un blanc-bleuâtre, un peu plus sombre que celui de l'argent ; éclat assez vif.

Soluble dans l'acide nitrique, en y laissant un dépôt blanc ; fusible par le chalumeau, et se dissipant en entier sous forme de fumée blanche.

Pesanteur spécifique : 6,70.

Fragile ; cassure lamelleuse ; poussière grise.

Forme primitive : L'octaèdre régulier. Molécule inté-grante ; tétraèdre irrégulier.

Formes indéterminables : Laminaire ; massive.

L'antimoine natif n'a encore été rencontré qu'en très-petites masses dans les mines de Sahlberg en Suède, où la chaux carbonatée constitue sa gangue ; dans celles d'Allemont en France, reposant sur le gneiss ; les schistes argileux du Hartz, ceux du Mexique en ont également offert. Ces mines sont trop peu riches en antimoine pour que l'exploitation de ce métal ne soit point considérée comme produit accessoire ; en effet, ce n'est qu'en recher-chant l'argent et le cobalt, presque toujours associés à l'antimoine, que l'on s'occupe de recueillir ce dernier métal, qui, en raison de sa plus grande fusibilité, vient se rassembler dans la partie inférieur du creuset.

Les propriétés purgatives et vomitives de l'antimoine ont fait entrer ce métal dans plusieurs préparations médicamenteuses des plus actives; il fait la base principale de l'émétique, du kermès minéral, du soufre doré, du safran des métaux, et de plusieurs autres combinaisons qui ont triomphé de la réforme pharmaceutique. On conservait autrefois dans les familles, la pilule perpétuelle, qui n'était autre chose qu'une balle d'antimoine que l'on faisait avaler aux malades, et qui, dans les fluides intestinaux, rencontrait les éléments d'un composé purgatif. Parmi les alliages dans lesquels les arts ont fait entrer l'antimoine, le plus précieux et celui qui sert à mouler les caractères d'imprimerie : une partie d'antimoine communique à quatre parties de plomb assez de fermeté pour résister longtemps à la pression qui force le papier à se charger de l'encre déposée sur les caractères.

IIe ESPÈCE

Antimoine sulfuré.

Syn. *Mine d'antimoine grise ou sulfureuse. — Antimoine cru.*

Car. D'un gris-bleuàtre; éclat vif dans les fractures récentes; fusible à la flamme d'une simple bougie.

Odeur de soufre par le frottement.

Pesanteur spécifique : 4,50.

Très-fragile; cassure granuleuse; poussière d'un gris-bleu foncé; tachant le papier en noir.

Acquérant l'électricité résineuse après avoir été frotté et isolé.

Forme primitive : L'octaèdre rhomboïdal. Molécule intégrante ; tétraèdre irrégulier.

Formes indéterminables : Cylindroïde ; aciculaire ; capillaire ; granulaire ; compact.

Reflet particulier : Irisé.

De tous les minerais d'antimoine, celui-ci est le plus commun, et quelques gisements le présente même dans une abondance remarquable. Il appartient à toutes les formations, cependant on le rencontre le plus souvent dans les terrains primitifs, serpentant à travers les couches de gneiss et de schiste argileux, ou coupant des roches quartzeuses. Les principales mines d'antimoine sulfuré sont à Sahlberg en Suède ; à Braunsdorf, Stollberg, Freyberg, en Saxe ; à Kapnick, Kremnitz, Magurska, Schemnitz, en Hongrie ; à Felsobanya, Offenbanya, Nagyag, en Transylvanie ; à Sahlfeld en Thuringe ; à Massiac, Langle, en Auvergne ; à Balicella en Corse ; à Selvena en Toscane ; à Baulado en Sardaigne ; à Niso, Novara en Sicile ; en Espagne, en Angleterre, au Mexique, etc., etc. On trouve fréquemment associés à l'antimoine sulfuré, la chaux carbonatée, la chaux fluatée, la baryte sulfatée, le quartz, le cuivre pyriteux, le plomb sulfuré, le fer sulfuré, le zinc sulfuré.

Ce minéral étant employé en médecine, concurremment avec l'antimoine natif, et dans les arts pour la coloration de certains émaux et vernis de poteries, on lui fait subir dans les lieux voisins des mines une fusion épuratoire ; elle consiste à placer le minerai lavé et bocarder dans un pot presque sphérique percé d'un trou à son extrémité inférieure et fermé par un couvercle ; on pose ce pot sur un autre semblable, mais non percé, et l'on arrange ce double vase dans un fourneau plein de charbons allumés. La chaleur fait fondre le sulfure qui se rend dans le vase inférieur par le petit trou de communication, les scories et autres matières hétérogènes restent dans le vase supérieur. Pour réduire le sulfure, on le grille et on le traite par la poussière de charbon, dans un fourneau de réverbère : l'antimoine se débarrasse aussi successivement et du soufre et de l'oxygène.

APPENDICE.

I. Antimoine sulfuré argentifère

Syn. *Mine d'argent grise antimoniale.—Antimoine noir.*

Car. Il ne diffère de l'antimoine sulfuré que par sa couleur, qui est le gris presque noir.

Composition : Antimoine, 70 ; argent, 6 ; soufre, 24.

On a trouvé cette sous-espèce en Saxe, dans la mine d'Immelsfurt à Freyberg ; elle y produit même, outre des masses compactes, des petits cristaux prismatiques fort éclatants, implantés sur des druses quartzeuses, parsemées de mica et de cristaux lenticulaires de fer spathique, de lamelles de plomb sulfuré, de zinc sulfuré et de cuivre gris. Les cristaux de même nature, qui ont été apportés du Mexique, sont d'un plus gros volume et plus réguliers.

II. Antimoine sulfuré plumbo-cuprifère.

Syn. *Triple sulfure. — Bournonite. Thomps. — Plomb sulfuré antimonié. — Endellione.*

Car. : D'un gris foncé, très-éclatant.

Réductible au chalumeau en un bouton métallique de cuivre, après avoir dégagé des vapeurs blanches antimoniales, et s'être dépouillé d'un oxyde jaune de plomb, vitrifiable.

Pesanteur spécifique : 5,75.

Fragile; cassure raboteuse, présentant quelquefois un aspect vitreux; poussière grise, brillante.

Phosphorescent par la projection de la poussière sur une plaque de fer rouge de feu.

Forme régulière : Le prisme rectangulaire.

Formes indéterminables : Laminaire; massive.

Composition : Antimoine, 26; plomb, 42; cuivre, 13; soufre 19.

Cette substance, quoique peu connue, s'est trouvée dans un assez grand nombre de gisements. En Sibérie, dans la mine de Schlangerberg, elle est disséminée dans une gangue quartzeuse, renfermant aussi du plomb sulfuré et du cuivre carbonaté vert; à Kapnick, en Transylvanie, sa gangue est également quartzeuse, et parmi les cristaux on en remarque de zinc sulfuré, et de cuivre gris; en Hongrie, à Schemnitz, les cristaux de bournonite, de zinc sulfuré, d'antimoine sulfuré et de quartz, sont engagés dans un gneiss; enfin la bournonite se trouve encore, et à peu près dans les même circonstances, à Clausthal au Hartz, à Freyberg en Saxe, à Servoz en Savoie, en Angleterre, au Brésil, au Pérou, etc., etc.

III. Antimoine sulfuré cuprifère.

Syn *Mine de cuivre grise antimoniale.*

Car. D'un gris foncé; médiocrement éclatant.

Soluble dans l'acide nitrique; fusible par la flamme d'une bougie, en répandant une odeur sulfureuse, accompagnée de dégagement de vapeurs blanches.

Pesanteur spécifique : 4,90.

Fragile; cassure conchoïde, lisse et brillante.

Forme : Massive.

Composition : Antimoine, 38; cuivre, 38; soufre, 24.

Cette sous-espèce existe dans différentes mines de cuivre de la Sibérie et des Pyrénées; outre les minerais cuivreux auxquels elle est associée, on remarque encore la chaux carbonatée, la baryte sulfatée et le quartz.

IV. ANTIMOINE SULFURÉ NICKELIFÈRE.

Car. D'un blanc éclatant, veiné de gris foncé qui paraît être la couleur de l'une des modifications de cette sous-espèce.

Soluble en partie dans l'acide nitrique; fusible (la partie blanche) à la flamme d'une simple bougie : la partie grise répand une fumée blanchâtre.

Pesanteur spécifique : 5,65.

Fragile; cassure lamelleuse; poussière grise, brillante.

Formes : Laminaire; massive.

Cette sous-espèce qui paraît n'être qu'un mélange d'antimoine sulfuré et de nickel arsenical, et non une combinaison naturelle des principes de ces deux composés minéraux, a été découverte dans une mine des environs de Fraïsbourg, dans le pays de Nassau.

IIIe ESPÈCE.

Antimoine oxyde.

Syn. *Antimoine blanc.* — *Antimoine corné.* — *Muriate d'atimoine.*

Car. Décrépitant sur un charbon ardent; fusible à la flamme d'une simple bougie; volatile en fumée blanche par l'action du chalumeau.

Formes : Laminaire; aciculaire; terreuse.

Très-facile à entamer avec un couteau. Cassure lamelleuse.

Opaque.

Blanc; reflets : ordinairement nacrés

Composition : Antimoine, 84; oxygène, 16.

Les plus beaux échantillons de ce minéral existent à Allemont en Dauphiné, où la substance a été découverte par Mongez; depuis. on a reconnu que la plupart des mines d'antimoine sulfuré contenaient de ce métal à l'état d'oxyde, recouvrant, sous forme de croûte blanche ou d'enduit jaunâtre, les surfaces altérées de l'antimoine sulfuré.

IVe ESPÈCE.

Antimoine oxydé sulfuré.

Syn. *Antimoine rouge.* — *Kermès minéral natif.* — *Soufre doré natif.* — *Oxyde d'antimoine sulfuré rouge.* — *Antimoine hydro-sulfuré.* — *Oxy-sulfure d'antimoine.* Beud.

Car. S'évaporant en fumée blanche par l'action du

chalumeau ; se recouvrant d'un enduit blanchâtre dans l'acide nitrique.

Formes : Aciculaire ; granuleuse ; pulvérulente.

Friable ; poussière d'un rouge sombre, mordoré.

Opaque.

Rouge ; rouge-brunâtre ; brun.

Composition : Tri-oxyde d'antimoine, 80 ; soufre, 29.

Cette substance minérale ne constitue ni masses, ni veines ou filons, elle revêt simplement les surfaces altérées de l'antimoine sulfuré, dont elle est, sans doute, le produit de la décomposition ; on la trouve presque toujours accompagnée de petits cristaux octaèdres de soufre. Les mines d'antimoine sulfuré qui paraissent les plus abondantes en kermès natif, sont celles d'Allemont, en Dauphiné ; de Pereta, en Toscane ; de Malaska, en Transylvanie ; de Braunsdorf et Freiberg, en Saxe.

DOUZIÈME GENRE.

URANE.

Ire ESPÈCE.

Urane oxydulé

Syn. *Pech-blende.* — *Mine de fer en poix.* — *Pecherz.* — *Uranite.* — *Uranite minéralisé par le soufre.* — *Urane sulfuré brun.* — *Bi-oxyde d'urane.*

Car. Soluble dans l'acide nitrique, après une légère effervescence.

Infusible au chalumeau.

Formes : Lamellaire ; massive.

Fragile, quoique assez dure ; cassure raboteuse ; poussière d'un brun-noirâtre.

Pesanteur spécifique : 6,53.

Électrique par communication.

Opaque.

Brun-noirâtre, quelquefois avec un éclat qui tire sur le métallique.

Composition : Urane, 94 ; oxygène, 6.

Ce minéral appartient aux terrains primitifs, où il constitue rarement des couches ou des filons comme à Johann-Georgen-Stadt en Saxe, et Joachimstal en Bohême ; plus souvent il se rencontre en petits dépôts ou rognons, soit à Konsberg en Norwège, soit à Schnéeberg et Wiesenthal en Saxe ; à Wolfendorf, en Bavière ; dans le Cornouailles, en Écosse, et dans plusieurs autres gisements. L'argent natif, l'argent sulfuré, l'argent antimonié sulfuré, le cuivre pyriteux, le plomb sulfuré, le fer hydraté, le fer sulfuré, le cobalt arsenical, l'arsenic natif, le talc, le mica, le quatz, la baryte sulfatée, et la chaux carbonatée l'accompagnent ordinairement.

Le zinc sulfuré brun, le schéelin ferrugineux et le fer chromaté sont les substances avec lesquelles on pourrait confondre l'urane oxydulé dont il n'a encore été fait aucun usage dans les arts.

IIe ESPÈCE.

Urane oxydé.

Syn. *Spath pesant vert.* — *Cuivre corné.* — *Oxyde de bismuth micacé.* — *Uranite spathique.* — *Uranite terreux.*

— *Chaux jaune d'urane.* — *Phosphate d'urane.* Beud.
— *Calcholithe.*

Car. Soluble avec effervescence dans l'acide nitrique
qu'il colore en jaune; décrépitant au chalumeau sans s'y
fondre; colorant en vert-jaunâtre le verre de borax.

Forme primitive : Le prisme droit symétrique.

Formes indéterminables : Flabellée; lamellaire; terreuse.

Très-fragile; cédant à la pression de l'ongle; cassure
lamelleuse; poussière d'un jaune-verdâtre;

Pesanteur spécifique : 2,90 à 3,12.

Translucide; opaque.

Jaune; jaune-citrin; verdâtre; vert.

Composition : Urane, 76; oxygène, 7; eau, 17.

Les terrains primitifs sont les gisements de l'urane
oxydé; les roches granitiques et quartzeuses lui servent
de gangue; il a été découvert par M. Champeaux, en
France, à Saint-Symphorien, près d'Autun; il a été
reconnu ensuite à Saint-Yrieix, près de Limoges; enfin
il existe parmi les autres mines d'urane, en Saxe, en
Norwège, en Bohême, en Bavière, en Angleterre, etc., etc.

III° ESPÈCE.

Urane sulfaté.

Car. Soluble dans l'eau; dissolution précipitant en brun
par l'infusion de noix de galle.

Forme régulière : Le prisme rhomboïdal.

Formes indéterminables : Aciculaire; radiée; terreuse.

Translucide.

Vert-pâle.

Ce minéral a été découvert depuis peu de temps par M. John, de Berlin, à Joachimsthal, en Bohème, dans un filon traversant des schistes micacés. M. John le considère comme un sous-sulfate d'urane, associé à des cristaux aciculaires de chaux sulfatée.

TREIZIÈME GENRE.

MOLYBDÈNE.

ESPÈCE UNIQUE.

Molybdène sulfuré.

- Car. D'un gris livide assez éclatant. Volatile en fumée blanche, et en exhalant une odeur sulfureuse, par l'action du chalumeau.

Pesanteur spécifique : 4,73.

Fragile ; cassure lamelleuse. Poussière grise, tachant le papier.

Surface onctueuse au toucher.

Communiquant, par le frottement, l'électricité vitrée à la résine ; acquérant, par le même moyen et après l'isolement, l'électricité résineuse. Laissant des traces vertes sur une surface de porcelaine, lorsqu'on l'y passe en appuyant.

Forme primitive : Le prisme hexaèdre régulier.

Formes indéterminables : Laminaire ; écailleuse.

Composition : Molybdène, 60 ; soufre, 40.

.. Le molybdène sulfuré ne se trouve que dans les terrains primitifs, où il ne forme ni couches ni filons, mais seulement des petits dépôts ou rognons ; c'est ainsi qu'on l'observe à Giachta, en Sibérie, où il a pour gangue un schiste micacé, qui reçoit aussi du cuivre gris et du cuivre pyriteux. Les stéatites d'Æderfors et de Norberg, en Suède; les gneiss d'Altenberg, de Geier et de Schnéeberg, en Saxe; les granites de Schlackenwal et de Zinwaldt, en Bohême; de Glatz et de Riesengeberge, en Silésie; de Passau, en Bavière; du Mont-Blanc, des Vosges et de Chessy, en France; de Corybuy, de Schap et de Coldbeck, en Angleterre; les schistes chloritiques de Glenelg, en Écosse; les roches quartzeuses de Spanistown, dans l'Amérique du Nord en renferment également. Il accompagne ordinairement le fer arsenical, le fer oxydé, l'arsenic natif, le schéelin ferruginé, et se trouve mêlé de cristaux de chaux fluatée, de chaux phosphatée, de baryte sulfatée, de quartz, de grenat, de feld-spath, etc., etc.

Ce minéral que jusqu'ici, l'on a veinement assayé d'appliquer aux diverses espèces de peintures, diffère peu, quant aux caractères extérieurs, du fer oligiste écailleux, et surtout du fer carburé avec lequel on le confond très-souvent.

QUATORZIÈME GENRE.

TITANE.

1re ESPÈCE.

Titane oxydé.

Syn. *Schorl pourpre en aiguilles.—Schorl de Madagascar. — Schorl rouge de Hongrie. — Ruthile. — Sagenite. — Crispite.*

Car. Infusible; colorant en jaune le verre de borax.

Forme primitive : Le prisme droit symétrique. Molécule intégrante. Prisme triangulaire, rectangle, isocèle.

Formes indéterminables : Cylindroïde ; aciculaire ; réticulée ; laminaire ; granuleuse ; pulvérulente.

Rayant le verre, quelquefois scintillant sous le choc du briquet ; d'autres fois s'égrenant avec assez de facilité. Cassure transversale ; poussière d'un rouge-brunâtre, tirant sur l'orangé.

Pesanteur spécifique : 4,10 à 4,24.

Acquérant, par le frottement, l'électricité résineuse.

Translucide ; opaque.

Jaune ; orangé ; rouge-brunâtre ; brun noirâtre.

Composition : Titane, 66 ; oxygène, 54.

D'origine primitive, le titane oxydé ne se rencontre que dans les granites, les gneiss et les roches quartzeuses rarement dans le calcaire d'antique formation ; il s'y trouve disséminé en petite masses, en faisceaux aciculaires, ou tapissant, par ses cristaux, l'intérieur des cavités géodiques. Il est acompagné de chaux carbonatée, de quartz, de feldspath, de pyroxène, de talc, de fer oxidé, de fer sulfuré, de fer spatique et des autres espèce du genre. La Norwége, la Russie, la Carinthie, la Hongrie, la Bavière, les Alpes, la France, les États-Unis, le Brésil, Madagascar, offrent plusieurs gisements de ce minéral qui, souvent, se laisse difficilement distinguer du titane calcareosiliceux, de l'étain oxydé et du grenat.

APPENDICE.

I. TITANE OXYDÉ CHROMIFÈRE.

Syn. *Titane chromaté.*

Car. Infusible. Colorant en vert le verre de borax.

Formes : Lamellaire ; massive.

Opaque.

D'un rouge-brun foncé ; quelquefois d'un gris métalloïde.

Composition : Environ 0,03. de chrôme sur 0,97 de titane oxydé.

Trouvé à Fimbo, en Suède, dans une roche talqueuse primitive, renfermant aussi du mica verdâtre, de la tourmaline noire et du quartz.

II. TITANE OXYDÉ FERRIFÈRE.

Syn. *Menakanite.* — *Isérine.* — *Nigrine.* — *Gallitzinite.* — *Titaniate de fer.* Beud.

Car. Infusible au chalumeau, s'y réduisant quelquefois en une scorie noirâtre attirable à l'aimant.

Formes : Laminaire ; granuleuse.

Fragile ; cassure lamelleuse ; poussière d'un brun-noirâtre.

Pesanteur spécifique : 4,44 à 4,74.

Opaque.

Brun-noirâtre ; noir ; aspect quelquefois métalloïde.

Composition : Oxyde de titane, 68 ; oxyde de fer, 32.

On trouve cette sous-espèce à Gumoer en Norwège, à Riesengebirge en Bohême, à Ohlapian en Transylvanie, à Spessart en Franconie, à Pegli, près de Gènes, à Manakan en Angleterre, en Écosse, dans l'Amérique du Nord, dans l'Australie, etc. Elle abonde dans quelques sables, et surtout dans ceux qui font partie de certaines rivières, où probablement elle aura été entraînée par les eaux atmosphériques. Du reste, on ne l'a observée en place que par petites masses, disséminées dans les roches primitives

IIᵉ ESPÈCE.

Titane anatase.

Syn. *Anatase.* — *Schorl octaèdre rectangulaire.* — *Schorl bleu octaèdre.* — *Oisanite.*

Car. Infusible au chalumeau.

Forme primitive : L'octaèdre symétrique. Molécule intégrante : tétraèdre symétrique.

Rayant le verre; cassure raboteuse; poussière blanchâtre.

Pesanteur spécifique : 3,85.

Développant, par le frottement, de l'électricité résineuse.

Translucide; opaque.

Brun-noirâtre; offrant des reflets métalliques dans une certaine position de lumière; jaune-brunâtre; bleu.

Cette espèce, qui paraît n'être qu'une modification particulière du titane oxydé, n'a encore été trouvée que sous forme de petits cristaux disséminés dans des roches primitives s'élançant de quelques points des fissures dues au retrait ou à toute autre cause naturelle. La découverte en est attribuée à M. Schreiber qui, le premier, l'observa en place dans les montagnes de l'Oisans en Dauphiné. Des recherches postérieures ont fait connaître l'existence de ce même minéral à Barrège dans les Pyrénées, à Selvoz en Suisse, dans les montagnes de la Vieille-Castille en Espagne, dans le Cornouailles, à

Nadeland en Norwège, au Brésil, etc. Les substances qui l'accompagnent d'ordinaire sont : la chaux carbonatée, le quartz, le feld-spath, le talc, la chlorite, le fer oligiste, le titane oxidé et le titane calcareo-siliceux.

III° ESPÈCE.

Titane calcareo-siliceux.

Syn. *Titanite.* — *Sphène.* — *Spinthère.* — *Pictite.* — *Séméline.* — *Rayonnante en gouttière.* — *Nouveau schorl violet.* — *Titane siliceo-calcaire.* — *Silicio-titaniate de chaux.* Beud. - *Spinelline.*

Car. Infusible au chalumeau.

Forme primitive. L'octaèdre rhomboïdal.

Formes indéterminables : Canaliculée ; cruciforme ; polyédrique ; laminaire.

Fragile, rayant néanmoins le verre ; cassure raboteuse ; poussière d'un blanc-jaunâtre.

Pesanteur spécifique : 3,51.

S'électrisant par la chaleur.

Translucide ; opaque.

Blanc-jaunâtre ; orangé-verdâtre ; violàtre ; brunâtre ; brun.

Composition : Oxyde de titane, 33 à 46 ; silice, 34 à 35 ; chaux, 33 à 19.

Ce minéral a été découvert par M. Hunger, à Passau en Bavière, dans un granite ; on l'a retrouvé depuis à Addel en Norwège ; à Lauch sur les bords du Rhin ; au Saint-Gothard ; dans le Dauphiné, dans l'Auvergne, en France ; dans l'Amérique septentrionale et dans diverses autres contrées. Outre sa gangue, on trouve associés à ses cristaux du quartz, du feld-spath, du talc chlorite, de la paranthine, de l'épidote, du grenat, du pyroxène, etc. Les minéraux avec lesquels il a le plus de ressemblance sont : le titane oxydé, l'étain oxidé, l'épidote et l'amphibole actinote.

APPENDICE.

TITANE CALCAREO-SILICEUX FERRIFÈRE.

Car. Éprouvant un commencement de fusion par l'action prolongée du chalumeau, et devenant attirable à l'aimant.

Formes : Granuleuse; massive.

Rayant le verre; cassure vitreuse.

Opaque.

Brun-noirâtre.

Composition : Oxyde de titane, 42; silice, 39; oxyde de fer, 19.

Se trouve à Tromoe en Norwège, dans une siénite qui renferme en même temps des cristaux de zircon.

QUINZIÈME GENRE.

SCHÉELIN.

Irc ESPÈCE.

Schéelin ferruginé.

Syn. *Mine de fer basaltique. — Wolfram. — Tungstène minéralisé par le fer. —Tungstate manganésié. — Tungstate ferrugineux. — Tungstate de fer et manganèse.*

Car. Complétement infusible par le chalumeau:

Forme primitive et molécule intégrante : Le prisme droit rectangulaire.

Forme indéterminable : Laminaire.

Fragile ; cassure transversale raboteuse ; poussière d'un brun-rougeâtre ou d'un violet sombre.

Pesanteur spécifique : 7 à 7,33.

Acquérant difficilement de l'électricité résineuse par le frottement, et après avoir été isolé.

Opaque.

Brun ; noirâtre.

Éclat quelquefois métalloïde.

Composition : Acide tungstique ou schéelique, 77 ; oxyde de fer, 17 ; oxyde de manganèse, 6.

Ce minéral de terrains primitifs, y constitue des veines ou des dépôts ; il a ordinairement pour gangue le quartz, et se trouve associé à l'étain oxydé dans les granites de la Bohême et de l'Angleterre, à l'émeraude et à l'alumine fluatée siliceuse ou topaze dans ceux de la Sibérie. On le rencontre encore dans un assez grand nombre d'autres gisements en Norwège, en Suède, en Saxe, en France, en Asie, en Amérique. Il a beaucoup de ressemblance avec l'étain oxydé, le tantale oxydé ferrifère et le fer oligiste.

II^c ESPÈCE.

Schéelin calcaire.

Syn. *Wolfram blanc. — Mine blanche d'étain. — Fer pesant. — Tungstène blanc. — Tungstène minéralisé par la terre calcaire. — Tungstate de chaux*, MM. d'Elhuyar. — *Schéelite.*

Car. Infusible au chalumeau; se divisant en petit fragments jaunâtres dans l'acide nitrique.

Forme primitive : L'octaèdre symétrique. Molécule intégrante; tétraèdre symétrique.

Formes indéterminables : Laminaire; massive.

Fragile; médiocrement dur; se laissant gratter avec un couteau; cassure lamelleuse; poussière d'un blanc jaunâtre.

Pesanteur spécifique : 5,80 à 6.

Translucide; opaque.

Blanchâtre; jaunâtre; brunâtre; quelquefois assez éclatant.

Composition : Acide tungstique ou schéelique, 81; chaux, 19.

Ce minéral est encore rare; il fut découvert dans les mines d'étain de Zinwaldt en Bohême, d'Altemberg en Saxe et du Cornouailles en Angleterre, où le quartz forme généralement sa gangue; il a pour associés, le mica, le talc chlorite, le fer oxydulé, l'étain oxydé et le schéelin ferruginé. Il existe en outre dans plusieurs localités de la Suède, de la Bavière, du Tyrol, du Piémont et de la France, où les plus beaux cristaux ont été observés. Il a de grands rapports apparents avec l'étain oxydé blanchâtre et le plomb carbonaté.

Le schéelin fut primitivement appelé *tungstène*, nom que lui ont conservé les chimistes. Werner et Haüy, ayant pensé que ce mot de tungstène, qui veut dire pierre pesante, exprime une qualité commune à beaucoup d'autres substances, ont jugé à propos de le remplacer par schéelin, du nom de Schéele, qui, le premier, s'occupa avec succès de l'analyse de ce minéral, et y découvrit un corps particulier que, depuis, MM. d'Elhuyar ont prouvé être un métal modifié par l'acidification.

SEIZIÈME GENRE.

TELLURE.

1ʳᵉ ESPÈCE.

Tellure natif.

Syn. *Or blanc écailleux. — Or paradoxal. — Antimoine natif, aurifère. — Sylvane natif. — Or graphique. — Or de Nagyag.*

Car. Volatile en fumée blanchâtre, par le chalumeau, en dégageant une odeur de rave, et après avoir développé une flamme bleue, verdâtre sur ses bords. On obtient, avant l'entière volatilisation, un bouton métallique qui conserve pendant quelques instants sa liquidité. Soluble dans l'acide nitrique.

Forme primitive : L'octaèdre régulier.

Formes indéterminables : Laminaire; massive.

Très-fragile; cassure transversale, raboteuse; poussière grise.

Pesanteur spécifiique; 5,70 à 8,90.

D'un blanc-bleuâtre éclatant, tirant un peu sur le gris de plomb.

Le tellure natif, qui est toujours allié d'un peu d'or, n'a encore été trouvé qu'en Transylvanie, dans les mines de Maria-Lorretto et de Fatzebay; il y constitue des petites veines au sein des psammites et du calcaire de transition. Sa gangue ordinaire est un quartz altéré, renfermant aussi des cristaux de fer oxidé et du manganèse carbonaté. L'extrême rareté de ce métal est sans doute une des cause principales qu'on n'ait point encore cherché à lui donner quelques applications utiles dans les arts.

APPENDICE.

I. TELLURE NATIF AURO-FERRIFÈRE.

Syn. *Sylvanite.* — *Or blanc.*

Car. D'un blanc livide, tirant sur le jaunâtre.

Fusible avec beaucoup de facilité, par le chalumeau, en répandant une vapeur âcre et une fumée blanche.

Fragile; tendre; cassure lamelleuse; poussière grisâtre.

Pesanteur spécifique : 5,72 à 6,20. ·

Formes : Laminaire; massive.

Composition : Tellure, 92,5; fer, 7,2; or, 0,3.

A Fatzebay, en Transylvanie.

II. TELLURE NATIF AURO-ARGENTIFÈRE.

Syn. *Or graphique.*

Car. D'un blanc livide, jaunâtre ou d'un gris très-éclatant.

Forme régulière : Le prisme à quatre pans, terminé par des pyramides à quatre faces.

Forme indéterminable : Laminaire.

Composition : Tellure, 60; or, 30; argent, 10. ·

Les autres caractères sont semblables à ceux du tellure natif. Les cristaux de cette sous-espèce sont d'une grande ténuité, ils se suivent et se croisent quelquefois de manière à imiter l'écriture orientale, d'où lui est venu le nom de *graphique*. On la trouve à Offenbaya, en Transylvanie, dans une gangue quartzeuse, à laquelle sont unis de la chaux carbonatée, du fer et du zinc sulfurés, du cuivre-gris et de l'or natif.

III. TELLURE NATIF AURO-PLOMBIFÈRE.

Syn. *Or de Nagyag*. — *Tellure de plomb*. Beud.

Car. D'un gris foncé, quelquefois jaunâtre.

Très-fusible ; laissant suinter l'or par gouttelettes.

Tendre ; flexible, sans cependant être élastique.

Pesanteur spécifique : 8,91.

Formes : Hexagonale ; laminaire ; compacte.

Composition : Tellure, 52 ; plomb, 29 ; or, 19.

Les cristaux ou les petites masses de cette sous-espèce forment des petites veines dans les mines de Nagyag, où on l'exploite pour en obtenir l'or. Elle est souvent accompagnée, sur sa gangue quartzeuse, de chaux carbonaté, d'or natif, d'arsenic natif, de manganèse sulfuré, et d'antimoine sulfuré.

IIᵉ ESPÈCE.

Tellure sélénié bismuthifère.

Syn. *Tellure de bismuth*. Beud.

Car. Fusible au chalumeau en un bouton métallique, avec dégagement d'odeur de rave, et production de flamme bleuâtre.

D'un gris foncé ; éclatant.

Fragile ; cassure lamelleuse.

Pesanteur spécifique : 7,82.

Formes : Lamellaire ; massive.

Cette substance, encore extrêmement rare dans les collections, a été découverte, en 1814, par M. Esmarck, dans la mine de Mosnapomdal, en Norwège ; elle s'y trouve sur une gangue quartzeuse, accompagnée de mica, de cuivre pyriteux et de cuivre carbonaté.

DIX-SEPTIÈME GENRE.

TANTALE.

ESPÈCE UNIQUE.

Tantale oxidé.

Syn. *Tantalite. — Columbite. — Tantalate de fer et de manganèse.* Beud.

Car. Infusible au chalumeau ; communiquant au verre de borax une couleur verte.

Formes : Lamellaire ; massive.

Rayant le verre ; scintillant quelquefois sous le choc du briquet ; cassure transversale, raboteuse ; poussière d'un brun-noirâtre.

Pesanteur spécifique : 7,65 à 7,95.

Opaque.

Brun-noirâtre ; noir-bleuâtre.

Aspect : Métalloïde plus ou moins prononcé.

Composition : Oxide de tantale, 80 ; oxide de fer, 12 ; oxide de maganèse, 8.

Ce minéral, encore aussi rare que peu connu, a été découvert, il y a vingt-cinq ans environ, dans l'Amérique septentrional, près de New-London. Bientôt après il fut retrouvé, par Eckeberg, à Brodbo, en Suède, et successivement à Kisnitè, en Norwège; à Rabestein, en Bavière. Partout il paraît avoir pour gangue le granite, et se trouve associé soit à l'émeraude-béryl, soit à l'étain oxydé. Il a quelques rapports extérieurs avec la gadolinite, le fer oxydulé, l'étain oxydé, le titane oxydé et le schéelin ferruginé.

TANTALE OXIDÉ YTTRIFÈRE.

Syn. *Yttro-tantalite. — Columbium yttrifère. Tantalate d'Ytria.* Beud.

Car. Infusible au chalumeau; ne communiquant aucune couleur au verre de borax.

Forme : Massive.

Rayé par le tantale oxydé; cassure conchoïde et lamelleuse; poussière d'un gris-jaûnâtre.

Pesanteur spécifique : 5,13 à 5,40.

Opaque.

Jaune; brunâtre; noir.

Composition : Oxyde de tantale, 58; yttria, 42.

Cette sous-espèce, découverte aussi par Eckeberg, en Suède, dans les mines d'Yterby, y existe, comme la précédente, en petites, masses, engagées dans le granite.

Berzelius, considère l'yttrio-tantalite comme une combinaison d'yttria, de fer, d'urane et de tantale à l'état d'oxyde; Beudant pense également qu'il n'existe point naturellement de tantale ni d'oxyde de ce métal ; mais bien de l'acide tantalique uni à différentes bases. Les chimistes n'ont point admis le nom *tantale* ; ils ont conservé celui *columbium*, primitivement adopté et qui avait été donné en mémoire de Colomb, le premier conquérant de l'Amérique.

DIX-HUITIÈME GENRE.

CERIUM.

Ire ESPÈCE.

Cerium oxydé siliceux rouge.

Syn. *Tungsténe de Bastnaes. — Faux tungstène. — Cérite. — Cérérite.*

Car. Fusible seulement avec le verre de borax, qu'il ne colore point.

Forme : Massive.

Rayant quelquefois le verre et scintillant sous le briquet. Cassure granuleuse, presque terne. Poussière grisâtre, qui prend une teinte rouge après avoir été chauffée.

Pesanteur spécifique : 4,50 à 4,90.

Acquérant l'électricité résineuse par le frottement, et après avoir été isolé.

Translucide sur les bords ; opaque.

Brun-rougeâtre.

Composition : Oxyde de cerium, 70 ; silice 17,5 eau, 12,5.

Ce minéral, dont il existe peu d'échantillons, a été trouvé en très-petites masses dans la mine de cuivre de Bastnaes en Suède; il y était associé à du quartz, de l'amphibole, du mica, du cuivre pyriteux, du bismuth sulfuré et du molybdène sulfuré.

IIe ESPÈCE.

Cerium oxydé siliceux noir.

Syn. *Allanite.*

Car. Infusible au chalumeau; s'y convertissant en une fritte ou scorie.

Formes : Prismatique; massive.

Rayant le verre; cassure conchoïde; poussière d'un gris-verdâtre.

Pesanteur spécifique : 4.

Acquérant, par le frottement l'électricité résineuse.

Opaque.

Brun-noirâtre; noir.

Composition : Oxyde de cerium, 32; silice, 33; oxyde de fer, 23; chaux, 8; alumine, 4.

Le cerium oxydé siliceux noir n'est pas moins rare que le précédent; comme lui il est disséminé en très-petites masses dans le granite; il a été découvert dans le Groenland, puis retrouvé dans la mine de Bastnaes, en Suède.

IIIe ESPÈCE.

Cerium fluate.

Syn *Phtorure de cerium.* Beud.

Car. Infusible; dissoluble en partie dans l'acide nitrique échauffé.

Forme régulière : Prisme hexaèdre.

Forme indéterminable : Massive.

Opaque.

Rougeâtre ; brunâtre.

A Bastnaes et à Fimbo, en Suède sur une gangue quartzeuse.

DIX-NEUVIÈME GENRE.

CHROME.

Chrome oxydé.

Car. Insoluble dans l'acide nitrique ; communiquant au
verre de borax, une belle couleur verte.

Formes : Terreuse ; massive ; pulvérulente.

Fragile ; friable ; facile à racler avec un couteau.

Pesanteur spécifique : 2,50 à 2,61.

Opaque.

Vert pomme ; vert de poireau.

Composition : Chrome, 70 ; oxygéne, 30.

Cette substance, découverte par Leschevin, dans un
grès rouge et dans un granite décomposé de la montagne
des Écouchets, près du Creusot, en Bourgogne, y existe
en petites couches très-minces, dans des fissures qui
semblent avoir été produites par le retrait que prenait la
roche à mesure qu'elle se reformait secondairement. Dans
ces mêmes fissures, lorsqu'elles prennent un caractère de
crevasses, se trouvent souvent des masses de quartz coloré
par l'oxyde de chrome ayant conservé une sorte de translucidité, lesquelles forment avec la gangue une veine adhé-

rente d'un fort bel effet ; c'est ce que l'on a primitivement nommé *calcédoine du Creusot*, où le chrome, en beaucoup moindre proportion, ne peut être considéré que comme principe colorant.

VINGTIÈME GENRE.

PALLADIUM.

ESPÈCE UNIQUE

Palladium natif.

Car. Soluble dans l'acide nitro-hydrochlorique.

D'un gris livide tirant sur le blanchâtre.

Éclatant.

Malléable.

Pesanteur spéclfique : 11,30 à 11,80.

Formes : Sablonneuse ; pulvérulente.

Dans les sables platinifères du Brésil, parmi lesquels se trouvent de nombreuses paillettes d'or qui en déterminent l'exploitation.

VINGT-UNIÈME GENRE.

IRIDIUM.

ESPÈCE-UNIQUE.

Iridium natif.

Syn. *Osmiure d'iridium.* Beud.

Car. Insoluble dans les acides ; donnant une odeur de chlore par l'action du chalumeau qui ne l'altère pas autrement.

D'un gris-blanchâtre.

Éclatant.

Fragile; cassure lamelleuse.

Pesanteur spécifique : 19,25.

Forme : Granuleuse.

Ce minéral accompagne le platine dans les mines du Choco : on le trouve parmi les résidus insolubles, quand on traite les sables platinifères, par l'acide nitro-hydrochlorique.

QUATRIÈME CLASSE
SUBSTANCES COMBUSTIBLES NON MÉTALLIQUES

Ire ESPÈCE.

Soufre.

Car. Brûlant avec une flamme bleue et en répandant une odeur suffocante particulière.

Forme primitive : L'octaèdre rhomboïdal. Molécule intégrante; tétraèdre irrégulier.

Formes indéterminables : Concrétionnée; globuleuse; striée; compact; pulvérulente.

Fragile. Faisant entendre une espèce de craquement lorsqu'on le tient pendant un instant serré dans la main; se divisant ensuite. Cassure conchoïde; poussière jaune.

Pesanteur spécifique : 2.

Développant de l'électricité résineuse par le frottement.

Transparent; translucide; opaque.

Réfraction double.

Jaune-blanchâtre; jaune-verdâtre; jaune-orangé-brunâtre. D'un beau jaune clair, lorsqu'il est parfaitement pur.

Le soufre se rencontre assez fréquemment parmi les minéraux, soit à l'état de combinaison, soit à celui de simple mélange, ou même de pureté absolue. Il paraît appartenir à toutes les époques de formation ; il forme quelquefois des veines où des petites couches au sein des granites ; il se trouve souvent associé à des substances acidifères de la seconde classe de la méthode de classification adoptée pour ce travail ; quelques eaux en tiennent en suspension ou même en dissolution, par l'intermède de certains agents chimiques, des quantités notables dont une partie se précipite à la surface des corps sur lesquels roulent ces eaux ; il est vomi en abondance avec les matières en fusion, rejetées par les volcans en activité ; on le trouve, mais plus rarement et en petites masses, dans le voisinage des anciens cratères ; il se sublime dans les cavités où se condense les fluides des émanés de l'action des feux souterrains ; il forme enfin des dépôts dans les endroits où ont été enfouies des matières organiques abandonnées à la décomposition spontanée.

A l'état de combinaison, le soufre se trouve partout où il y a des sulfures et des sulfates, et ces gisements sont trop nombreux pour qu'on puisse les rapporter. En état de dissolution, à l'aide du gaz hydrogène, il constitue les eaux thermales ; et lorsque, par une cause quelconque, ces eaux peuvent se dépouiller de cette hydrogène étranger à leur composition, le soufre se précipite sous forme pulvérulente, et quelquefois en très-petits cristaux. C'est ce qu'on observe dans un grand nombre d'endroits de la

Sibérie et de la Pologne; à Rivoli, Dax, Balaruc, Aix en Savoie, Aix-la-Chapelle, Enghien, etc., etc. Le soufre accompagne la chaux carbonatée ordinaire ou fétide, à Mazzara-Summatina, Solato en Sicile; à Saint-Boes en France; à Hellia en Espagne. Il est uni à la chaux sulfatée à Riési, Milloco, Fiume, Licata, Folconara, Capo-d'Arso en Sicile; à Gebrulaz et Pesay en Savoie: à Bex en Suisse; à Oisans; Queyras, en France; il adhère à la strontiane sulfatée à Val-di-Noto, San-Caltaldo, Girgenti, en Sicile; à césine, en Italie; à Conilla, en Espagne. Il est enfin disséminé dans les mines de soude hydrochloraté de l'Islande, de la Pologne, de la Hongrie, du Hanovre, de la Thuringe, de la France de l'Espagne, etc., etc. Les marnes, les argiles, les psammites, servent également de gangue au soufre qui se trouve, en outre, souvent sali par du bitume.

Mais c'est surtout dans les lieux dévorés par l'action des feux souterrains, dans ces lieux considérés comme d'anciens cratères, encore animés par une activité moins grande, mais continue, et désignés bien expressément sous le nom de solfatares, que le soufre abonde; il y est l'objet, comme à Pouzzole près de Naples, en Islande, à la Guadeloupe, à Bourbon, à Java, d'exploitations d'une grande importance, et d'autant plus faciles, qu'il ne s'agit que d'enlever la couche de terre qui recouvre la mine, et de détacher les blocs de soufre qui cèdent aux moindres efforts. L'abondance de ce combustible est telle que deux ou trois solfatares ont pu jusqu'ici suffire à la consommation générale. Pour livrer le soufre au commerce, on a l'habitude de lui faire subir une sorte de purification au moyen de la fonte, et, lorqu'il est encore liquide, on le coule dans des moules cylindriques en bois, dont on le détache ensuite; c'est ce que l'on nomme vulgairement soufre en canon. On observe assez souvent dans l'intérieur de ces cylindres ou canons, un vide occasionné par le retrait qu'éprouve le soufre en se refroidissant; on observe souvent, dans cette cavité, des aiguilles qui la traversent d'une paroi à l'autre; ce sont des rudiments de cristallisation, qui ont été saisis par un refroidissement trop prompt.

Il est encore d'autres moyens d'obtenir du soufre et de le dégager de ces combinaisons naturelles; mais les procédés sont si nombreux et si variés, que leur description entraînerait dans des détails que ne permettent pas un simple exposé de la science des minéraux.

Il faut également se dispenser de faire un résumé des usages multipliés du soufre, et se borner à l'indication des plus essentiels, tels sont sa combinaison avec l'oxygène, et sa transformation en acides sulfureux et sulfurique, par la seule combustion, plus ou moins rapide, dans des chambres en plomb, où se trouve de la vapeur d'eau; sa conversion en gaz acide sulfureux pour le blanchîment de la laine et de la soie, exposées immédiatement au contact de ce gaz; la fabrication de mèches que l'on trempe dans du soufre fondu, pour les brûler ensuite dans les futailles avant d'y déposer le vin, opération que l'on nomme mutisme, et qui tend à préserver la liqueur de fermentations subséquentes. On sait, en outre, que le soufre entre pour un septième environ, dans la composition de la poudre; que l'on en garnit les extrémités de fragments de tiges de chanvre et d'éclats de sapin pour

en faire des allumettes ; qu'étant fondu, il conserve fidèle- ,
ment les traits les plus délicats dont sont empreints les
corps sur lesquels on le coule, ce qui permet d'en former
des moules très-avantageux ; enfin, on l'emploie comme
remède dans une foule de maladies, et particulièrement
dans les affections cutanées.

IIe ESPÈCE.

Diamant.

Car. Ne brûlant qu'à une température extrêmement
élevée

Forme primitive : L'octaèdre régulier. Molécule intégrante ; tétraèdre régulier.

Formes indéterminables : Sphéroïdale ; granuleuse ;
amorphe, ·

Rayant toutes les autres substances minérales ; cassure
transversale conchoïde ; éclatant ; poussière grise.

Pesanteur spécifique : 3,55.

Développant de l'électricité vitrée par le frottement.

Phosphorescent dans l'obscurité, après avoir été exposé
pendant un instant à l'action des rayons solaires.

Transparent ; translucide ; opaque.

Réfraction simple.

Limpide ; jaune ; orangé ; rose ; vert ; bleu ; noirâtre.

Éclat qui, sous quelques aspects, se rapproche quelquefois du métallique.

Brûlé dans des vaisseaux remplis et alimentés de gaz
oxygène, et avec le secours d'une forte lentille, il ne
donne pour résultat de la combustion que de l'acide carbonique, sans aucun indice d'autre corps, ce qui tend à

prouver que le diamant est du carbone dans un état tout particulier.

Le diamant n'a encore été observé que parmi les terrains d'alluvion ou de transition, soit dans l'Inde, soit dans l'Amérique méridionale, les seules parties du monde où l'on ait jusqu'à ce jour découvert des gisements de ce mineral. Il se trouve aussi mêlé avec l'or en paillettes parmi les sables qui forment le lit de certaines rivières, de divers torrents, où l'un et l'autre auront sans doute été entraînés avec les débris des roches, qui peuvent avoir été les gîtes primitifs du diamant comme de l'or, ce fait a surtout acquis plus de probabilité depuis que l'on a trouvé des fragments de cristaux de diamants, encore adhérents à des proportions de gangue.

La recherche des diamants est l'objet d'exploitations souveraines; on extrait d'abord les détritus que l'on soupçonne contenir de ces pierreries; on les amène sous des hangars où sont élevées des tables inclinées. Vingt ouvriers, surveillés par un chef, sont rangés de chaque côté de la table, et, à l'aide d'un rateau, font remonter vers la partie supérieure de cette table, les détritus dont elle est couverte, et sur lesquels coule constamment un filet d'eau. Dès que celle-ci cesse de se charger de parties qui la trouble, on en arrête l'écoulement, ent les ouvriers procèdent au triage à la main : dès que l'un d'eux a trouvé une pierre, il en avertit l'inspecteur, par un coup qu'il donne sur la table, et lui remet aussitôt la pierre qui est déposée dans un bassin suspendu au milieu de l'atelier. La journée terminée, l'officier de garde vient recueillir, peser enregistrer tout ce qui en a été le produit.

Les usages du diamant, comme objet de luxe et d'utilité, sont assez connus pour que l'on puisse se dispenser d'en parler. L'extrême dureté de ce précieux minéral s'est pendant longtemps opposée à toute espèce de taille, et alors les diamants étaient montés brut, ce qui nuisait considérablement à leur éclat, sans diminuer cependant la valeur intrinsèque que l'on y attachait. Ce n'est qu'en 1456, que le hasard procura à un artiste de Bruges, les moyens d'user le diamant par la poussière même de ce minéral, et, depuis cette époque, on a pu jouir de tous les feux que fait jaillir de ce singulier combustible la réflexion de la lumière décomposée par le minéral, et multipliée par un grand nombre de facettes inclinées entre elles, de manière à produire le plus d'effet possible.

IIIᵉ ESPÈCE.

Anthracite.

Syn. *Charbon fossile incombustible.* — *Plombagine charbonneuse.* — *Houillite.* — *Houille sèche.* — *Blende charbonneuse.* — *Carbone oxydulé.* — *Geanthrace.*

Car. Ne brûlant qu'à l'aide d'un feu ardent, sans flamme et sans dégagement d'odeur et de fumée.

Formes : Rudiments de cristallisation qui tend à l'octaèdre aigu ; schistoïde ; stratifiée ; globuleuse ; compacte.

Friable ; cassure écailleuse ; poussière d'un noir-bleuâtre qui s'attache assez fortement aux corps qu'elle touche.

Pesanteur spécifique : 1,80.

Électrique par communication ; acquérant l'électricité résineuse par le frottement, et après avoir été isolé.

Opaque.

Noir-bleuâtre; luisant; bronzé ou métalloïde.

Composition : Carbone, 96 ; silice, alumine et fer, 4.

Il ne paraît pas que l'anthracite appartienne aux terrains primitifs, car on ne le rencontre que dans ceux de transition ou secondaires; il y forme des couches régulières, et plus souvent des grains, des rognons et des amas; les psammites, les schistes micacés et les gneiss, constituent ordinairement sa gangue; c'est du moins ainsi qu'on le trouve à Konsberg en Norwège; à Klaustal, à Lischwitz en Saxe, en Styrie, à Schemnitz, Braudau en Hongrie, au Meissner dans la Hesse, à Visé en Belgique, au Saint-Bernard dans les Alpes, à Moustiers, Montagny Chandoline, Pesay en Piémont, à Troumose, Chalanches Fresnes, Allemont, Venose, Lavale, Sainte-Agnès, au Creusot en France, à Campomanès et Oviedo en Espagne; en Angleterre, en Irlande, en Écosse, dans l'Amérique septentrionale, etc.

Les substances qui accompagnent assez habituellement l'anthracite sont la chaux carbonatée, le quartz, le macle, le mica, l'axinite, l'argent natif, le plomb sulfuré et le fer sulfuré.

IV° ESPÈCE.

Mellite.

Syn. *Pierre de miel.* — *Succin cristallisé.* — *Alumine mellatée.*

Car. Blanchissant et perdant sa transparance à la flamme d'une simple bougie; noircissant et s'incinérant par une plus grande intensité de chaleur. Soluble dans l'acide nitrique.

Forme primitive : L'octaèdre symétrique. Molécule intégrante : tétraèdre symétrique.

Forme indéterminable : granuleuse.

Fragile; susceptible d'être entamé avec un couteau; cassure écailleuse; poussière jaunâtre.

Pesanteur spécifique : 1,58 à 1,66.

Acquérant, par le frottement, l'électricité résineuse.

Transparent; translucide.

Réfraction double.

Jaune-roussâtre.

Composition : Acide mellitique, 46; alumine, 16; eau, 38.

Cette substance, sous forme de cristaux ou de grains disséminés, occupe les couches de lignite ou de bois bitumineux, qui existe en si grande abondance, dans la Thuringe et la Saxe, où des forêts immenses se retrouvent enfouies à une légère profondeur. Il est à présumer qu'elle est un des produits éloignés de la décomposition des végétaux dont les principes se recombinant de différentes manières, on dû nécessairement donner naissance à des composés nouveaux et tous différents de ce qu'ils étaient originairement.

Vᵉ ESPÈCE.

Bitume.

Syn. *Naphte.* — *Pétrole.* — *Huile minérale.* — *Huile de gabiau.* — *Goudron minéral.* — *Poix minérale.* — *Malte.* — *Pissasphalte.* — *Bitume de Judée.* — *Asphalte.* — *Reti-*

*nasphalte. — Cahoutchouc fossile. — Élatérite. — Da-
pèche. — carbone phytogène hydrogéné.*

Car. Brûlant avec flamme et fumée noir, en repandant
une forte odeur. Résidu de la combustion peu considérable.

Odorant.

Forme et consistance : Liquide; glutineuse; élastique
solide, mais très-fragile.

Pesanteur spécifique : 0,87 à 1,20.

Manifestant de l'électricité résineuse par le frottement
Transparent; translucide; opaque.

Blanc-jaunâtre; orangé; brun-jaunâtre; noir-brunâtre;
noir.

Composition : Carbone, hydrogène, oxygène.

Le bitume, dont la production née de la décomposition
des matières organiques paraît s'opérer encore chaque
jour, occupe les sols de transport les plus récents : il
abonde dans certains lieux soumis à l'influence des feux
souterrains. Tout porte à penser que ce minéral, quelque
soit l'état sous lequel il se présente, jouit au moment de
sa formation d'une liquidité et d'une transparence par-
faites, et que son épaississement et sa coloration sont des
modifications dépendantes de l'action de l'air et de la lumière. On en acquiert la preuve en abandonnant au
contact de ces deux agents naturels, bitume le plus pur
et le plus récent possible, tel enfin, qu'on le connaît sous
le nom de Naphte.

Dans certains terrains comme à Leonforte, à Bivona, à
Sassuala, en Sicile; à Amiano, près de Gènes; à Monte-
chiaro, en Italie; à Gabiau, au Puy de la Poix; en France;

en Amérique, en Perse, au Japon, dans l'Inde, à Java, le bitume suinte par les fissures des terrains, et vient se rassembler dans les cavités les plus basses, où il est possible de le puiser; ces gisements se nomment Fontaine de Pétrole. On le trouve dans un état de mollesse en Auvergne, en Alsace, en Angleterre, en Islande; il encroûte ordinairement de la chaux carbonatée, du quartz, de la calcédoine et des schistes bitumineux. Solide, non-seulement, il abonde dans les mêmes terrains, mais on le voit encore surnager les eaux de certains lacs, tels que celui qui en a reçu le nom d'*asphaltique*; il est assez probable que cette substance éminemment combustible se sera séparée du sol, au sein même des eaux dont elle aura immédiatement gagné la surface en vertu de sa pesanteur spécifique. Les grès marneux du Col-de-Travers en Suisse, les psammites de Grund en Saxe, renferment des couches de bitume solide, friable et d'une cassure conchoïde très-luisante. Le bitume glutineux se trouve à Castleton en Angleterre.

Le bitume, dans tous les états, fournit aux besoins domestiques et aux arts industriels de précieuses ressources : liquide et dans sa plus grande pureté, on l'emploie dans la préparation des encaustiques et dans la peinture à l'huile comme dessicatif et délayant; il remplace l'huile dans l'éclairage; glutineux il tient lieu de goudron soit pour préserver de la rouille et de l'humidité les surfaces qui peuvent en souffrir, soit pour la préparation des bétons et mortiers qui doivent s'opposer à l'infiltration des eaux; solide, il entre dans la composition de certains vernis noirs qui acquièrent avec le temps une grande dureté : il était autrefois en usage en médecine ; mais on a banni, avec raison, un médicament dégoûtant, dont les propriétés étaient assez équivoques.

VIe ESPÈCE.

Houille.

Syn. *Charbon de terre.* — *Charbon de pierre.* — *Charbon fossile.* — *Jayet ou jais.* — *Terre bitumineuse feuilletée.* — *Bois bitumineux.* — *Lignite. Terre-houille.* — *Tourbe.* — *Tourbe papyracée.* — *Dusodile.* — *Carbone zoophytogène hydrogéné.* — *Zoophytanthrace.*

Car. Brûlant avec flamme et fumée, en répandant une odeur forte et désagréable, et en laissant un résidu copieux.

Formes : Laminaire ; schistoïde ; daloïde ; bacillaire ; membraneuse ou foliacée ; xyloïde ; compacte ; terreuse.

Fragile ; cassure écailleuse ou lamelleuse, assez souvent très-brillante ; poussière noire (dans les échantillons de cette nuance) s'attachant aux doigts ou aux corps qu'elle touche.

Pesanteur spécifique : 1,30.

Électrique par frottement, seulement lorsqu'elle est isolée.

Opaque.

D'un gris-verdâtre foncé ; d'un brun noirâtre noire.

Reflets : Irisés.

Composition : Carbone, 63 ; bitume, 31 ; silice, alumine et fer, 6.

Quelles que soient les différentes opinions émises sur la

production de la houille, ce minéral, qui paraît n'être qu'une modification de bitume, surchargée de carbone et de matières terreuses, existe en très-grande abondance dans les terrains secondaires ; il y forme un ombre plus ou moins considérable de couches superposées et séparées l'une de l'autre par des lits ou bancs de schiste, de calcaire, de psammites et de pséphite. Ces couches s'enfoncen t à de très-grandes profondeurs, et varient dans leur état particulier et dans la qualité du combustible, suivant leur ordre ou degré d'enfoncement. Les couches de houille ont depuis 0,^{m}20 jusqu'à 4 ou 5,00^m, et quelquefois plus, de puissance ; les bancs ou couches terreuses intermédiaires varient en épaisseur depuis 0,50^m jusqu'à 30,00, et au-delà.

Les bois bitumineux ou lignites sont des houilles moins perfectionnées ; aussi les trouve-t-on généralement dans les terrains d'une formation moins ancienne, et à de moindres profondeurs. Leurs couches reposent immédiatement sur l'argile, et ne sont séparées du sol que par des amas de sables ou de détritus analogues. Il arrive très-souvent qu'au lieu de former des couches, les fragments de bois, conservant parfaitement leurs formes originaires, sont simplement disséminés dans l'argile, le sable ou le gravier.

La tourbe paraît n'être qu'une houille ébauchée ; sa formation est extrêmement récente, et s'opère même encore tous les jours dans les marais, par la submersion et la décomposition des plantes qui ont dû céder la place à des générations nouvelles. Ces fonds tourbeux ont quelquefois une grande puisance ; on en peut juger par les bas-fonds des vallées, où l'écoulement des eaux a facilité l'établiscment d'exploitations pour ainsi dire inépuisables.

On exploite la houille par galeries; on pratique d'abord un premier puits ou *bure*, qui est celui d'extraction; un second puits, destiné à faciliter la libre circulation de l'air dans les travaux, doit être ouvert au point le plus opposé, soit directement, soit par des circuits adroitement ménagés. On place, vers la partie la plus profonde de l'établissement souterrain, le bure d'épuisement sur lequel on établit le mécanisme propre à mettre en jeu le système des pompes qui ramènent au jour les eaux rassemblées au réservoir du fond. Comme dans le creusement du bure on a dû traverser plusieurs couches, on commence toujours l'exploitation en attaquant la couche inférieure, et en continuant les tailles en remontant sur la pente de la couche, par des gradins que l'on pratique les uns sur les autres. Chaque taille, lorsquelle ne peut pas être menée droite, a d'ordinaire dix à douze mètres. On laisse entre elles un massif suffisant pour éviter tout éboulement des couches terreuses qui forment le toit de la veine houillère. On conduit la houille détachée vers le bure d'extraction, dans des baches-traîneau. Lorsque le toit de la couche terreuse est d'une nature peu solide, on est obligé de le soutenir par des étais en bois, qui sont des bouts de perche, posés verticalement. La couche inférieure étant complétement exploitée, on remonte à la couche la plus voisine, et l'on terrasse le fond du bure jusqu'au niveau de cette couche, et ainsi de suite.

Le combustible est tiré du fond dans des paniers ou cuvelles, que l'on nomme *cuffarts*, attachés aux deux extrémités d'une corde enroulée sur un treuil, que met en mouvement le mécanisme et souvent la force expansive de la vapeur.

Les bois bitumineux et lignites sont exploités de la même manière, mais en raison de leur peu de profondeur, on n'emploie à leur extraction que la force des chevaux attachés à un manége, ou plus souvent celle des hommes faisant mouvoir un tourniquet à manivelles.

Quant à la tourbe, comme elle existe à la surface du sol, toutes les exploitations sont à ciel ouvert; on la détache avec la bèche, on la coupe en parallélipipèdes allongés, et on l'arrange en tas pour la faire sécher.

Les gissements, ainsi que les usages de la houille, du lignite et de la tourbe, sont trop multipliés et trop généralement connus pour qu'il soit nécessaire de les énumérer. Outre l'emploi de la houille pour suppléer et remplacer avec avantage le bois, comme moyen général de chauffage, on a su, dans ces derniers temps, tirer le parti le plus avantageux du fluide éminemment combustible qu'elle renferme, pour l'en extraire et le faire concourir à l'éclairage des villes et des habitations. La distillation de la houille pour en séparer l'hydrogène à l'état gazeux et combiné avec une petite portion de carbone, est une véritable carbonisation qui laisse un *coak* que l'on peut souvent substituer au charbon de bois. Pour obtenir le noir de fumée, on brûle de la houille dans des fourneaux dont la cheminée aboutit à une chambre tendue de toiles sur lesquelles se dépose le charbon en molécules extrêmement tenues, emportées par le courant d'air, sous forme de fumée. Les ferroniers et les maréchaux trouvent,

dans l'usage de la houille, des avantages qu'ils cherche-
raient vainement dans celui de tout autre combustible.
On se sert de lignites et de tourbes dans les lieux où il y
a pénurie de bois et de houille; ils présentent des résultats assez satisfaisants dans la conversion du calcaire en
chaux; mais leur propre carbonisation laisse encore beaucoup à désirer. La houille compacte, ou jayet, se présente
sous une agrégation de molécules assez grande pour pouvoir prendre, sous la main du tourneur, des formes et
un poli fort agréables; on en fabrique des bijoux de deuil
et des colliers.

VIIIe ESPÈCE.

Succin.

Syn. *Ambre jaune. — Karabé.*

Car. Brûlant avec flamme, en se boursouflant et en
répandant une odeur assez agréable. Cette odeur s'exhale
aussi, mais avec beaucoup moins d'intensité, par le frottement.

Formes : Feuilletée; granuleuse; compacte; concrétionnée.

Fragile : cassure conchoïde; poussière jaunâtre.

Pesanteur spécifique : 1,07.

Développant de l'électricité résineuse par le frottement.

Transparent; translucide; opaque.

Réfraction simple.

Blanchâtre; jaunâtre; jaune; orangé; grisâtre; verdâtre.

Il paraît assez probable que le succin est une matière
d'origine résineuse, qui s'est élaborée et modifiée dans le
sein de la terre. Il existe en assez grande abondance sur

les côtes de la Baltique, pour qu'il soit détaché par les efforts des vagues et entraîné par les flots dont, en raison de sa pesanteur spécifique, il suit à la surface toutes les ondulations. La Poméranie est aussi fort riche en succin; on l'y trouve dans les couches de lignites et parmi les sables qui sont rejetés par la Baltique. D'autres contrées de la Prusse, de la Suède, de l'Allemagne, des Pays-Bas, de la France, de l'Italie, de la Sicile, de l'Espagne, etc., etc., présentent dans leurs terrains d'alluvion, dans les dépôts d'argile et de sable, des petites masses de succin plus ou moins pur.

On fabrique, avec cette substance, qui prend sur le tour les formes que l'artiste veut lui donner, une foule de petits meubles et de bijoux que le luxe s'approprie. Le succin fait la base de certains vernis d'une grande solidité; il fournit à la chimie un acide particulier, et la médecine le comprenait autrefois dans plusieurs recettes médicamenteuses.

On trouve quelquefois, renfermés dans le succin, des insectes de diverses classes, qui indiquent une liquidité primitive de cette substance; ces échantillons accidentels sont fort recherchés des curieux.

APPENDICE GÉNÉRAL.

SUBSTANCES DONT LA CLASSIFICATION EST ENCORE INCERTAINE.

I. Achmite.

Car. Réductible au chalumeau, après une action soutenue, en un bouton métallique noirâtre; attirable à l'aimant.

Formes : Cristallisé en longs prismes rhomboïdaux, terminés par des pyramides aiguës; aciculaire; fibreuse.

Rayant le verre.

Pesanteur spécifique : 3,24.

Translucide; opaque.

Vert.

Composition : Silice, 57; tritoxyde de fer, 31; potasse, 12.

Ce minéral, que l'on peut regarder comme du fer siliceo-potassé, a été trouvé à Eger en Norwége; ses cristaux étaient engagés dans une gangue quartzeuse.

II. Albite.

Syn. *Sanidin.* — *Feld-spath vitreux..*— *Cleavelandite.* — *Feld-spath de soude.* Beud.

Car. Fusible au chalumeau en émail blanc.

Formes : Aciculaire; lamellaire; granuleuse.

Etincelant sous le choc du briquet.

Pesanteur spécifique : 2,73.

Translucide; opaque.

D'un blanc mat.

Composition : Silice, 70; alumine, 19; soude, 11.

L'albite se trouve dans les granites de Finbo et de Broddbo en Suède; dans ceux de Penig en Saxe, d'Oisans et des Pyrénées en France; de Huddaw aux États-Unis. Il est quelquefois accompagné de cristaux d'épidote verdâtre ou de tourmaline rose. Beudant le considère comme une sous-espèce du feld-spath. Son nom lui est venu de sa couleur.

III. Allochroïte.

Car. Fusible au chalumeau en verre noir.

Forme : Amorphe.

Étincelant sous le briquet; cassure raboteuse, peu luisante.

Pesanteur spécifique : 3,60.

Opaque.

Gris-verdâtre; brunâtre.

Composition : Silice, 37; chaux, 36; alumine, 9; oxyde de fer, 18.

Cette substance, qui peut n'être qu'une sous-espèce du genre grenat, ainsi que le pensent différents minéralogistes distingués, a été trouvée à Virum en Norwége, et à Berggieshubel en Saxe, dans une gangue calcaire qui renfermait aussi des cristaux rhomboïdaux de grenat brun.

IV. Allophane.

Soluble en gelée dans l'acide nitrique.

Formes : Lamellaire; massive.

Rayant la chaux sulfatée; rayée par la chaux fluatée; cassure vitreuse.

Pesanteur spécifique : 1,88.

Translucide sur les bords; opaque.

Bleuâtre; verdâtre; brunâtre.

Composition : Alumine, 32; silice, 22; eau, 41; chaux, cuivre et fer, 5.

Trouvée dans les mines de cuivre de Schnéeberg et de Saalfeld en Saxe.

V. AMIANTHOÏDE.

Syn. *Asbestoïde.* — *Bissolithe.* — *Moisissure de pierres.*

Car. Fusible au chalumeau en verre noirâtre.

Formes : Aciculaire; filamenteuse; capillaire.

Flexible; élastique.

Pesanteur spécifique : 3,20.

Translucide; opaque.

Gris-jaunâtre; vert-olivâtre; brunâtre.

Composition : Silice, 44; magnésie, 12; chaux, 11; alumine, 8; fer et manganèse, 25.

Ce minéral a été trouvé dans les Alpes, à la surface de diverses espèces de roches, qu'il recouvre comme pourrait le faire une herbe très-fine ou une étoffe de velours. Il est souvent accompagné de chaux carbonatée laminaire. Beudant le considère comme une variété de l'épidote.

VI. BERGMANNITE.

Car. Fusible au chalumeau en émail blanc, après être devenu friable. Odeur argileuse par l'insuflation.

Formes : Fibreuse; amorphe.

Rayant le verre; cassure raboteuse, écailleuse.

Pesanteur spécifique : 2,30.

Translucide sur les bords; opaque.

Blanche; grisâtre; grise; rougeâtre.

Cette substance, dont la composition n'est pas plus connue que la place qu'elle doit occuper dans la méthode, a été trouvée à Friedrischwarn en Norwége.

VII. Breislakite.

Forme. Capillaire.

Brune.

Trouvée parmi les laves rejetées par l'éruption du Vésuve en 1794.

VIII. Bucholzite.

Car. Infusible au chalumeau.

Forme. Fibreuse.

Rayant le verre.

Translucide sur les bords; opaque.

Grisâtre; grise; noirâtre.

Composition : Alumine, 50 ; silice, 46 ; oxyde de fer, 2,5 ; potasse, 1,5.

Observée dans le Tyrol.

IX. Cronstedite.

Car. Soluble en gelée dans l'acide nitrique.

Forme : Prisme hexaèdre régulier.

Fragile; poussière verte.

Pesanteur spécifique : 3,35.

Opaque.

Noire.

Composition : Oxide de fer, 59 ; silice, 22, 5 ; magnésie, 5, Oxide de manganèse; 3, eau, 10,5.

Dans les mines de plomb et d'argent de Przibram, en Bohême.

X. Eudyalite.

Car. Soluble en gelée dans l'acide nitrique.

Forme primitive : Dodécaèdre rhomboïdal.

Forme indéterminable : Lamelleuse.

Rayant la chaux phosphatée. Cassure conchoïde ; poussière d'un blanc rougeâtre.

- Pesanteur spécifique : 2,90.

Opaque.

Rougeâtre.

Composition : Silice, 54,5 ; zircone, 11 ; chaux, 10,5 ; soude, 14,5 ; oxide de fer, .7 ; oxide de manganèse, 2, 5.

Ce minéral, qui a de grands rapports avec la sodalite, a été trouvé à Kaugerdluarsuk, au Groenland.

XI. EKEBERGITE.

Car. Fusible au chalumeau en émail gris.

Forme : Lamellaire.

Rayant faiblement le verre.

Pesanteur spécifique : 2,74.

Translucide; opaque.

Verdâtre.

Composition : Silice, 57 : alumine, 59.; Soude, 14.

Cette substance, qui n'est peut-être qu'une variété de la mésotype, a été découverte dans la mine de fer de Hesselkula, en Suède.

XII. FELD-SPATH APYRE.

Syn. *Andalousite*. — *Stanzaïte*. — *Micaphylite*.

Car. Infusible au chalumeau.

Forme régulière : Prisme rhomboïdal.

Formes indéterminables : Lammellaire ; massive.

Rayant le quarz.

Pesanteur spécifique : 3,20.

Translucide ; opaque.

Grisâtre ; rougeâtre ; violâtre.

Composition : Alumine, 56 ; cilice, 35 ; potasse, 9.

Dans les granites du Forez, en France ; dans ceux de Castille, en Espagne ; à Stanza, en Bavière ; à Lisens, en Tyrol.

XIII. FELD-SPATH BLEU.

Car. Difficilement fusible au chalumeau en émail blanc.

Formes : Lamellaire ; compacte.

Etincelant sous le briquet. Cassure lamelleuse.

Pesenteur spécifique : 3.

Translucide sur les bords ; opaque.

Blanc-bleuâtre ; bleu ; verdâtre.

Composition : Alumine, 72 ; silice, 14,75 ; magnésie, 5 ; chaux, 3 ; potasse, 0,25 ; eau, 5.

On le trouve en Styrie, à Krieglach, dans une roche quartzeuse, accompagné de talc.

XIV. FIBROLITE.

Syn. *Bournonite*. Luc.

Car. Infusible au chalumeau.

Formes : Fibreuse ; amorphe. Indices de prisme rhom-boïdal.

Etincelant sous le choc du briquet. Cassure raboteuse.

Pesanteur spécifique : 3,21.

Développant par le-frottement, et après avoir été isolée de l'électricité résineuse.

Frottée dans l'obscurité, elle donne des signes d'une phosphorescence rougeâtre.

Translucide sur les bords ; opaque.

Blanchâtre ; grise.

Composition : Alumine. 55,25 ; silice, 37,50 ; oxide de fer, 7,25.

Cette substance fait partie de la gangue du corindon des Indes et de la Chine. M. de Bournon est le minéralogiste qui, le premier, l'a distinguée.

XV. GABRONITE.

Car. Fusible avec difficulté, en émail blanc.

Forme : Amorphe,

Rayant le verre ; étincelant quelquefois sous le briquet. Cassure écailleuse.

Pesanteur spécifique : 3.

Translucide ; opaque.

Grisâtre ; rougeâtre ; bleuâtre.

La Gabronite, que l'on soupçonne composée de silice, d'alumine et de chaux, auxquelles se joindrait un peu de soude ou de potasse, a été découverte à Kenlig en Norwège, par M. Schumacher ; elle accompagne ordinairement la chaux carbonatée, l'amphibole, le feld-spath, le talc et le fer oligiste de ce gissement.

XVI. GIESECKITE.

Car. Difficilement fusible en émail blanc.

Forme régulière : Prisme hexaèdre.

Forme indéterminable : Compacte.

Rayant le verre ; cassure raboteuse, terne.

Pesanteur spécifique : 2,70 à 2,90.

Opaque:

Verdàtre

Composition : Silice, 48,00 ; alumine, 35,50 ; magnésie, 1,25 ; oxide de fer, 3,50 ; potasse, 6,50 ; eau, 5,25.

On a trouvé cette substance au Groenland, où elle a pour gangue une roche feld-spathique ; elle paraîtrait, sans les résultats de l'analyse chimique, ne pas différer essentiellement de la sodalite.

XVII. GISMONDINE.

Syn. *Abrasite*, — *Zéagonite*.

Car. Soluble en gelée dans l'acide nitrique.

Forme régulière : L'octaèdre à base carrée.

Forme indéterminable : Granuleuse.

Translucide ; opaque.

Blanchâtre ; rosâtre.

Composition : Chaux, 51 ; silice, 43 ; alumine, magnésie et oxide de fer, 6.

Ce minéral, qui occupe à Capo-di-Bove, près de Rome, les mêmes gissements que la wolastonite, n'en est, assez vraisemblablement, qu'une simple variété.

XVIII. HEDENBERGITE.

Car. Réductible au chalumeau en une scorie, attirable à l'aimant.

Formes : Lamelleuse ; massive.

Rayant avec peine le verre. Cassure transversale, raboteuse. Poussière olivâtre.

Pesanteur spécifique : 3,15.

Translucide ; opaque.

Vert foncé ; vert brunâtre.

Composition : Silice, 50, chaux, 22 ; deutoxide de fer, 28.

Berzelius regarde l'hedenbergite, qu'il a ainsi nommée du nom de son ami Hedenberg, comme un silicate de fer, et la place conséquemment parmi les minérais de ce métal ; Beudant la range parmi les pyroxènes calcareo-ferrugineux, et Haüy incline à la compter au nombre des variétés de l'amphibole. On la trouve en Suède, à Mormorsgrufoa.

<h3 style="text-align:center">XIX. HYALOSIDERITE.</h3>

Car. Réductible par le chalumeau en une espèce de scorie attirable.

Forme régulière : Prisme quadrangulaire.

Forme indéterminable : Massive.

Fragile ; cassure vitreuse ; poussière rougeâtre.

Pesanteur spécifique : 2,87.

Opaque.

Rougeâtre ; brunâtre.

Composition : Silice, 32 ; magnésie, 32 ; oxide de fer, 30 ; alumine, 3 ; potasse, 3.

Cette substance a été découverte par le docteur Walchner, dans une roche trapéenne de Saasbach, en Brisgaw ; elle accompagnait du pyroxène et de la chaux carbonatée magnésifère.

<h3 style="text-align:center">XX. INDIANITE.</h3>

- Car. Fusible au chalumeau en émail blanc.

Forme : Lamelleuse ; compacte. Tissu saccharoïde.

- Fragile.

Opaque.

Bleuâtre ; grisâtre ; rougeâtre.

Composition : Silice, 43,5 ; alumine, 38,5 ; chaux, 15 ; oxyde de fer, 3.

M. Beudant présume que l'indianite n'est qu'une variété de feld-spath à base de chaux ; elle a été trouvée à Ceylan dans une gangue de gneiss.

XXI. JADE.

Syn, *Jade ancien.* — *Jade oriental.* — *Jade néphrétique.* — *Néphrite.* — *Pierre des Amazones.* — *Pierre de Reims.* — *Pierre divine.* — *Takourave.*

Car. Fusible au chalumeau en émail blanc.

Forme : Amorphe.

Rayant le verre ; étincelant sous le choc du briquet. Difficile à briser ; cassure écailleuse.

Pesanteur spécifique : 2,95.

Translucide ; opaque.

Blanchâtre ; verdâtre.

Eclat : Gras, huileux.

Composition : Silice, 52 ; magnésie, 32 ; alumine, 10 oxyde de fer, 6.

Cette substance, qui se rencontre en Chine, dans l'Inde et sur les bords de l'Amazone, n'a point encore trouvé place dans les méthodes minéralogiques, quoique bien des fois, elle ait été l'objet des travaux particuliers des savants. Les Indiens, vu sa dureté, ou plutôt sa tenacité, en font des haches ou d'autres armes défensives ; elle est suscep-

tible de prendre, sous la main du tourneur et du sculp-
teur, des formes agréables.

XXII. KILLINITE.

Car. Fusible au chalumeau en émail blanc.

Formes : Laminaire; compacte. Indices de prisme rhomboïdal.

Fragile ; cassure lamelleuse.

Pesanteur spécifique : 2,70,

Translucide.

Blanchâtre; jaunâtre; verdâtre; brunâtre.

Composition : Silice, 56 ; alumine; 36 ; potasse, 5 ; oxyde, de fer, 3.

Ce minéral a été découvert à Killeney, en Irlande, par le docteur Taylor ; il accompagnait, dans un granite qui lui servait de gangue, des cristaux de triphane et de grenat.

XXIII. LAZULITE DE WERNER.

Syn. *Klaprothite.* — *Vaurolite.* — *Azurite.* — *Tyrolite* — *Sidérite.*

Car. Infusible au chalumeau, dont l'action cependant lui fait perdre sa couleur.

Formes : En petits cristaux indéterminés; granuleuse ; massive.

Fragile, quoique suceptible de rayer le verre; cassure lamelleuse.

Translucide; opaque.

Bleuâtre; Bleu foncé, mais terne.

Composition : Alumine, 67; magnésie, 18,5; silice, 10; chaux, 2; oxyde de fer 2,5.

Cette lazulite qui diffère essentiellement du *lapis lazuli*, se trouve à Werfen en Tyrol, à Wienerisch-Neustadt en Autriche, et à Vorau en Styrie. Elle a pour gangue un schiste argileux verdâtre.

XXIV. LEELITE.

Car. Fusible avec difficulté en émail grisâtre.

Forme : Massive.

Rayant le verre.

Pesanteur spécifique : 2,71.

Translucide; opaque.

Rouge.

Composition : Silice, 75; alumine, 22,5; oxyde de manganèse, 2,5.

Ce minéral, encore très-rare dans les collections, a été trouvé à Gryphylta, en Suède.

XXV. LENZINITE.

Syn. *Collyrite.*

Car. Absorbant l'eau avec sifflement lorsqu'on l'y plonge, et s'y divisant en un grand nombre de fragments. Happant à la langue; toucher un peu gras. Acquérant de la dureté par l'action de la chaleur.

Forme : Massive.

Tendre; friable. Cassure largement conchoïde.

Pesanteur spécifique : 1,80 à 2,10.

Translucide; opaque.

Blanc-mat ; bleuâtre ; verdâtre.

Composition ; Silice, 38 ; alumine, 37 ; eau, 25.

Cette substance, que l'on pourrait placer à la suite de l'espèce alumine hydratée avec l'épithète distinctive de *silicifère*, suivant l'opinion de quelques minéralogistes, devrait, selon d'autres, constituer une espèce particulière. Elle a été découverte dans l'Eiffeld, l'une des provinces de la Prusse rhénane, et retrouvée depuis peu dans les environs de Liége, royaume de Belgique.

XXVI. LIGURITE.

Car. Infusible au chalumeau.

Forme : Le prisme rhomboïdal.

Fragile ; cassure vitreuse.

Transparente ; translucide ; opaque.

Verte.

Composition : Silice, 60 ; chaux, 26 ; alumine, 8 ; magnésie, 3 ; oxyde de fer, 3.

Des Apennins, où cette substance a pour gangue une roche talqueuse. Quelques recherches faites par M. Vauquelin, sur la véritable nature de ce minéral, tendent à faire croire qu'il est une modification du titane calcareo-siliceux.

XXVII. MÉLILITE.

Car. Fusible au chalumeau, et avec bouillonnement en verre jaunâtre, transparent ; poussière soluble en gelée dans l'acide nitrique.

Formes : L'octaèdre rectangulaire ; granuleuse.

Étincelant sous le choc du briquet.

Translucide; opaque.

Jaune-orangé.

Composition : Silice, 39; chaux, 20; magnésie, 20; alumine, 3; oxyde de fer, 12; oxyde de titane, 4; oxyde de manganèse, 2.

Des environs de Rome, à Capo-di-Bove, où M. Fleuriau de Bellevue l'a découvert dans une lave.

XXVIII. Nacrite.

Syn. *Talc granulaire.* — *Chlorite blanche.*

Car. Fusible au chalumeau en émail grisâtre.

Formes : Lamellaire; écailleuse.

Onctueuse au toucher; friable. Poussière s'attachant à la peau.

Opaque; translucide sur les bords des petites lames.

Blanc-grisâtre; jaunâtre; verdâtre. Éclat nacré.

Composition : Silice, 50; alumine, 26; potasse, 17; oxyde de fer, 4; chaux, 3.

Ce minéral, que l'on a confondu avec le talc, paraît en différer assez essentiellement; on le trouve en Piémont, dans les roches talqueuses des Alpes. Il existe également à Freyberg en Saxe, à Sylva en Bohême, à Gieren en Silésie, au Brésil, au Chili, etc., etc.

XXIX. Pierre grasse.

Syn. *Eléolites.* — *Lithrodes.*

Car. Fusible par l'action du chalumeau, en émail blanc.

Soluble en gelée dans l'acide nitrique.

Formes : Laminaire; compacte.

Rayant le verre; étincelant sous le briquet. Cassure chatoyante.

Pesanteur spécifique : 2,54.

Translucide sur les bords; opaque.

Gris-verdâtre obscur; brun-rougeâtre.

Composition : Silice, 53; alumine, 25; chaux, 17; potasse, 5.

Cette substance se trouve en Norwége, à Friedrischwarn; elle a pour gangue, de même que le zircon et le feld-spath opalin, une variété de siénite.

XXX. Pierre de savon.

Car. Infusible au chalumeau.

Forme : Massive.

Fragile; douce au toucher.

Pesanteur spécifique : 2,41.

Opaque.

Grisâtre; bleuâtre.

Composition : Silice, 48; magnésie, 25; alumine, 9; eau, 18.

Trouvée dans une roche serpentineuse du cap Lisard, en Angleterre.

XXXI. Pimélite.

Car. Infusible au chalumeau.

Formes : Massive; terreuse.

Fragile; friable; onctueuse au toucher.

Opaque.

Vert clair.

Composition : Silice, 43; oxyde de nickel, 17; eau, 40.

Ce minéral se trouve à Kosemütz en Silésie, dans une roche serpentineuse.

XXXII. — RUBELLAN.

Car. Fusible au chalumeau en émail noirâtre.

Forme : Le prisme hexaèdre.

Fragile.

Pesanteur spécifique : 2,50 à 2,70.

Translucide ; opaque.

Rougeâtre ; brunâtre.

Composition : Silice, 47,5 ; alumine, 10,5 ; magnésie 10,5 ; oxyde de fer, 21 ; potasse, 10,5.

Trouvé à Chima, en Bohême.

XXXIII. — SAPHIRINE.

Car. Infusible au chalumeau.

Formes : Granuleuse ; massive.

Rayant le quarz. Cassure vitreuse.

Pesanteur spécifique : 3,43.

Transparente : translucide ; opaque.

Bleue : verdâtre.

Composition : Alumine, 61 ; magnésie, 19 ; silice, 16 ; oxyde de fer, 4.

Du Groenland, où elle a été trouvée par M. Gieseke, dans un schiste micacé.

XXXIV. — SILLIMANITE.

Car. Infusible au chalumeau.

Forme : Prisme rhomboïdal oblique.

Rayant le quartz.

Pesanteur spécifique : 3,41.

Translucide ; opaque.

Grise ; brune.

Composition : Alumine,.55 ; silice, 45.

Ce minéral, encore peu connu, a été trouvé aux États-Unis, près de Suybrook, dans une gneiss; il avait pour gangue le quartz.

XXXV. — SPINELLANE,

Car. Fusible au chalumeau en émail blan? ; soluble en gelée dans l'acide nitrique.

Forme primitive : Le rhomboïde obtus.

Rayant le verre.

Pesanteur spécifique : 2,28.

Translucide ; opaque.

Blanche ; grisâtre ; brunâtre.

Composition : Silice, 47 ; alumine, 31 ; soude, 20 ; oxyde de fer, 2.

Ce minéral fait partie d'une roche feld-spathique, renfermant aussi des cristaux de quartz, d'amphibole et de fer oxidulé, que l'on trouve sur les bords du lac de Laach, près du Rhin.

XXXVI. — TALC GRAPHIQUE.

Syn. *Pierre de lard.* — *Pierre à magots.* — *Pagodite.* — *Koréite.* — *Lardite.* — *Agalmatholite.*

Car. Infusible au chalumeau.

Forme : Massive.

Susceptible d'être rayé par le frottement de l'ongle; poussière blanche, douce et onctueuse au toucher ; cassure écailleuse.

Pesanteur spécifique : 2,61 à 2,81.

Acquérant l'électricité résineuse par le frottement, et après avoir été isolé.

Translucide sur les bords ; opaque.

Blanchâtre ; jaunâtre ; grisâtre ; rougeâtre,

Composition : Silice, 59 ; alumine, 3? ; potasse, 7 ; chaux, 2.

De la Chine, où son gissement est encore un secret des habitants qui nous envoient la pierre sculptée sous les formes les plus bizarres, et ordinairement d'un travail fini.

XXXVII. — TORREYLITE,

Car. Faisant effervescence avec l'acide nitrique.

Forme : Massive.

Rayant le verre ; poussière rouge de rose.

Action légère sur le barreau aimanté.

Opaque.

Rouge vif.

Composition : Silice, 34 ; chaux, 26 ; oxyde de fer, 23 ; oxyde de cérium, 13 ; alumine, 4.

Cette substance a été trouvée à Andower, aux États-Unis, dans une mine de fer.

XXXVIII. — TURQUOISE.

Syn. *Calaïte.* — *Agaphite.* — *Johnite.* — *Odontolithe.*

Car. Se décolorant par l'action du chalumeau, sans se fondre.

Formes : Massive; pseudomorphique.

Plus ou moins fragile ; rayant quelquefois le verre.

Pesanteur spécifique : 2,45.

Opaque.

Verte; bleuâtre; bleu-verdâtre.

Composition : Alumine, 73,5; cuivre, 4,5; fer 4; eau, 18.

On appelle turquoise de vieille roche celle qui présente un aspect purement pierreux, et de nouvelle roche celle qui offre encore des indices d'une substance osseuse pétrifiée. Du reste, toutes deux ont la même origine : ce sont des matières dures, animales, pénétrées d'oxyde de cuivre, et minéralisées par cet agent. On en trouve dans toutes les mines de ce métal, et particulièrement en Sibérie, en Perse, en Asie, en Silésie, en Styrie, en Bohême, en Suisse, en France, en Espagne, etc.

N. B. Les roches, rentrant naturellement dans le domaine de la géologie, leur classification doit être comprise dans le Traité particulier de cette science, ou de cette partie des sciences naturelles.

FIN.

TABLE ALPHABÉTIQUE

DES MATIÈRES.

GUIDE PRATIQUE

DE

MINÉRALOGIE

BIBLIOTHÈQUE DES PROFESSIONS INDUSTRIELLES ET. AGRICOLES
SÉRIE D, N° 15,

GUIDE PRATIQUE

DE

MINÉRALOGIE

USUELLE

EXPOSITION SUCCINCTE ET MÉTHODIQUE

DES MINÉRAUX

DE LEURS CARACTÈRES, DE LEUR COMPOSITION CHIMIQUE,

DE LEURS GISEMENTS

E LEURS APPLICATIONS AUX ARTS ET A L'INDUSTRIE

PAR **M. DRAPIEZ**

PARIS

LIBRAIRIE SCIENTIFIQUE INDUSTRIELLE ET AGRICOLE

EUGÈNE LACROIX

Imprimeur-Éditeur du Bulletin officiel de la Marine et de plusieurs
Sociétés savantes.

54, RUE DES SAINTS-PÈRES, 54

FIN DE LA TABLE ALPHABÉTIQUE.

www.ingramcontent.com/pod-product-compliance
Ingram Content Group UK Ltd.
Pitfield, Milton Keynes, MK11 3LW, UK
UKHW020115130726
13696UKWH00001B/58